I0050620

Georges Buffon

Büffons Naturgeschichte der Vögel

3. Band

Georges Buffon

Büffons Naturgeschichte der Vögel
3. Band

ISBN/EAN: 9783743461611

Hergestellt in Europa, USA, Kanada, Australien, Japan

Cover: Foto ©berggeist007 / pixelio.de

Manufactured and distributed by brebook publishing software (www.brebook.com)

Georges Buffon

Büffons Naturgeschichte der Vögel

Büffons
Naturgeschichte
der Vögel.

Aus dem Französischen
mit Anmerkungen und Zusätzen.

Dritter Theil.

Mit gnädigsten Privilegio.

Leipzig
bey Johann Samuel Heinsius, 1779.

An das Publicum.

Lange habe ich das Vergnügen entbehren müssen, den Interessenten des gegenwärtigen Werks durch Ueberlieferung eines neuen Bandes nützlich zu werden. Drey ganzer Jahre hat dasselbe nicht durch meine Saumseligkeit, sondern wegen anderer Hindernisse, unbearbeitet liegen bleiben müssen. Was mir außer dem Mißfallen des Publicums das Verdrießlichste bey dieser Zögerung seyn mußte, war, daß ich der Ausgabe meines verewigten Freundes, D. Martini, nicht nachkommen konnte, und mich also immer noch genöthiget sehe, in Synonymie und Allegaten andrer Schriftsteller denselben auszuschreiben. Auch noch im gegenwärtigen Bande hat dieses geschehen müssen; allein die Veränderung des Verlags und verschiedene andre Umstände lassen mich meinen Lesern mit Zuverläßigkeit versprechen, daß Sie niemals wieder über Zögerungen klagen, sondern alle Jahre einen, auch wo möglich, zween deutsche Bände erhalten sollen.

In den vorigen zween deutschen Bänden habe ich angefangen Abhandlungen aus der Vogelgeschichte vorzusetzen. Ich war auch fest entschlossen, es dieses mal wieder zu thun, wenn nicht die Eilfertigkeit, womit das

Ganze

Ganze besorgt werden mußte, mich verhindert hätte, diejenigen Collecta-
neen und eignen Versuche, welche ich zu dieser Abhandlung bestimmt hatte,
mit der nöthigen Aufmerksamkeit zu sammlen. Ich bleibe daher diese Arbeit, so wie auch das linneische Namenregister, meinen Lesern bis auf den
künftigen Band schuldig.

Uebrigens empfehle ich mich meinen Lesern nach einem so lange unterbrochenen Umgange mit denselben aufs neue, und wünsche nichts eifriger,
als daß Sie meine Arbeit mit günstiger Beurtheilung aufnehmen, und die
Fehler (denn in welcher Geburt eines Bürgers unter dem Monde giebt es
keine?) gütigst entschuldigen und liebreich verbessern mögen. Dresden,
am 12 April, 1779.

D. Carl Joseph Oehme,

der Leipziger öconomischen Societät ordentliches, und der
Gesellschaft naturforschender Freunde zu Berlin
Ehrenmitglied.

Büffons

Büffons
Naturgeschichte der Vögel.

I. Der Trappe [1] (l'Outarde [*]).

S. die 245. illuminirte und unsre erste Kupfertafel.

Wenn man die natürliche Geschichte eines Thiers aus einander setzen will, so ist das Erste, was man dabey zu thun hat, daß man über seinen Namen eine scharfe Untersuchung anstellt und genau bestimmt, mit was für Benennungen man dasselbe in allen Sprachen und zu verschiednen Zeiten belegt hat. Man muß hiebey, so viel als möglich die verschiednen Gattungen unterscheiden, denen man einerley Namen gegeben hat. Dieses ist das einzige Mittel die Kenntniß den Alten zu nützen, und sie mit den Entdeckungen der Neuern zu seinem Vortheil zu verbinden, und folglich ist es auch das einzige Mittel, in der natürlichen Geschichte weiter zu kommen. Wie könnte sonst, ich will nicht sagen, Ein Mensch, sondern eine ganze Geschlechtsfolge, ja mehrere Geschlechtsfolgen hintereinander die vollständige Geschichte eines einzigen Thieres liefern? Beynahe alle Thiere fürchten und fliehen den Menschen — Das gebietrische Ansehn, womit der Allmächtige seine Stirne bezeichnet hat, prägt ihnen mehr Schrecken als Hochachtung ein. Sie können seinen Blick nicht ertragen, sie sind mistrauisch gegen seine List, sie fürchten seine Waffen. So gar die Thiere, welche sich durch ihre Stärke gegen ihn vertheidigen, oder durch ihre Größe ihm widerstehn könnten, fliehen in Wüsten, wohin wir ihnen nicht folgen, oder in Wälder, wohin wir nicht eindringen können. Kleinere, die sich durch ihre geringe Größe vor uns retten können, leben wider unsern Willen unter uns, und nähern sich auf unsre Kosten, ja oft gar von uns selbst, ohne daß wir sie darum besser kennen. Viele von den zahlreichen Mittelklassen, welche unter diesen beyden Hauptklassen begriffen sind, ver-

A 2

graben

---

[1] Anm. Ackertrappe, Trappgans, Kleine Vogelrust. durch Reyger. S. 18. n. h. *Otis Tarda*, *maris capite juguloque vtrinque cristato*. *Linn*. S. N XII. p. 265. n. l. der Trappe Müllers Linn. Naturs. Th. II. S. 441. A d. Ueb.

[*] Anm. Franz. *Outarde*. Gr. "*Otis*. Lat. *auis tarda*. Teutsch, Trappe Poln. Drop. Engl. Bustard — Tarda. Frisch. tab. 106. mit einer guten ausgemalten Figur. — *Outarde Edw*. tab. 73. das Männchen und 74. das Weibchen, mit gut ausgemalten Figuren. Seeligmann T. III. 4. 43. — Ostarde, Houtarde, Bistarde. *Belon* Hist nat. des Oiseaux. p. 235. Portraits d'Oiseaux. p. 167 a. — *Osarde*, Memoires pour servir à l'histoire des animaux, Partie II. p. 101. — *Outarde, Brisson* Ornithologie T. V. p. 18.

graben sich in unteriedische Höhlen, andre verbergen sich in die Tiefe des Wassers, noch andre verlieren sich in dem weiten Raume der Luft, alle aber entziehen sich den Blicken des Tyrannen der Natur. Wie können wir also in einem kurzen Zeitraume alle Thiere, in allen den Verfassungen kennen lernen, worinn man sie kennen muß, wenn man sich von ihren Naturtrieben, ihren Gewohnheiten, ihren Instinkten, kurz von allen den Hauptstücken unterrichten will, die zu ihrer Geschichte gehören? Man mag immer mit großen Kosten zahlreiche Sammlungen von diesen Thieren zusammenbringen, ihre äußere Hülle mit Sorgfalt verwahren, ihre Knochengerippe künstlich zusammengefüg: daneben stellen, jedem Thiere seine eigenthümliche Stellung und sein natürliches Ansehn geben, so bleibt es doch nur die todte, unbeselte, nur nach ihrer äußern Oberfläche betrachtete Natur. Ja wenn auch gleich ein Fürst die wahrhaftig große Idee gefaßt hätte, diesen schönen Theil der Naturwissenschaft dadurch zu befördern, daß er große Thiergärten anlegen ließe, und so eine Menge Gattungen lebendiger Thiere den Beobachtern zum Besten zusammen brächte, so würde man sich auch daraus noch nur unvollständige Begriffe von der Natur machen. Man könnte an diesen Thieren, welche durch die Gegenwart der Menschen furchtsam gemacht, durch seine Beobachtungen beunruhiget, und über dieses von der Niedergeschlagenheit, die von der Gefangenschaft untrennbar ist, befallen würden, nichts als eine veränderte und gezwunge Lebensart wahrnehmen, welche die Bemerkung des Weltweisen, für den die freye, unabhängige, und wenn man so sagen will, wilde Natur, ganz allein die schöne Natur ist, ganz und gar nicht verdiente.

Will man also die Thiere etwas genauer kennen lernen, so muß man sie in dem Stande der Wildheit beobachten, und sie in ihre Zufluchtsörter, die sie sich selbst wählen, in die tiefen Höhlen und in die steilen Felsen verfolgen, wo sie in vollkommner Freyheit leben. Man muß sich bey diesen Beobachtungen so gar hüten, daß man nicht von ihnen gesehn werde. Denn hier würkt das Auge des Beobachters würklich auf den Gegenstand und bringt ihn in Unordnung, wenn sich der Beobachter nicht auf irgend eine Art versteckt. Weil es aber sehr wenige Thiere, besonders unter den Vögeln giebt, die sich auf diese Art beobachten lassen, und weil man blos von ferne Gelegenheit hat, sie in der Freyheit handeln, und ihre ungezwungenen Naturtriebe äußern zu sehen; so folgt, daß Jahrhunderte erfodert werden, und viele glückliche Zufälle noch dazu kommen müssen, — wenn man alle hieher gehörige Facta sammlen will. Es ist eine große Aufmerksamkeit nöthig, um jede Beobachtung auf den Gegenstand, den sie betrift, anzuwenden, und folglich auch die Verwirrung der Namen zu vermeiden, welche nothwendig auch eine Verwirrung der Sachen nach sich zieht. Ohne diese Vorsicht würde eine gänzliche Unwissenheit einer solchen so genannten Wissenschaft vorzuziehn seyn, die im Grunde nichts als ein Gewebe von Unwissenheiten und Irrthümern wäre [2]).

Der

---

[2]) Anm. Diese Betrachtung des Verfassers ist vortreflich und dient besonders dazu,   die Unzulänglichkeit der künstlichen Methoden einzusehn. Ich wollte darum aber doch nicht gern

Der Trappe giebt uns hiervon ein einleuchtendes Beyspiel. Die Griechen hatten ihn Ὠτις genennt. Aristoteles redet an drey verschiedenen Stellen *) von demselben unter diesem Namen, und alles, was er davon sagt, kommt ganz genau mit der Geschichte unsers Trappen überein. Die Lateiner hingegen haben ihn, vermuthlich durch den ähnlichen Klang des Worts hintergangen, mit dem Otus verwechselt, der ein Nachtvogel ist. Plinius sagt zwar ganz richtig, daß der Vogel, den die Griechen Ὠτις nennen, in Spanien avis tarda heißt, welches dem Trappen zukommt, allein er setzt hinzu, daß sein Fleisch übelschmeckend **) sey, welches von dem Otus, nach dem Aristoteles und der Wahrheit, richtig ist, allein von dem Trappen gar nicht gesagt werden kann. Man kann sich von diesem Versehen desto eher überzeugen, da Plinius im folgenden Kapitel den Ὠτις mit dem Otus, d. i. den Trappen mit der Ohreule ganz augenscheinlich verwechselt ***).

Alexander Myndius fällt beym Athenäus ****) in eben diesen Fehler, da er dem Otus und Otis, die er für einerley Vögel hält, Hasenfüße, d. i. rauche Schenkel zu schreibt; welches zwar von dem Otus, oder dem Uhu, wahr ist, der, wie die meisten Nachtvögel, rauche Füße hat, die bis an die Nägel mit zarten Federn bewachsen sind. Von dem Otis aber, der unser Trappe ist, gilt dies nicht. Denn bey diesem ist nicht nur der Fuß, sondern auch der ganze Untertheil des Schenkels über dem Fuße ganz ohne Federn.

Sigismund Galenius, der im Hesychius, die Benennung ῥάδος, ohne Bestimmung der Bedeutung gefunden hatte, eignete diesen Namen nach seinem eignen Gefallen dem Trappen †) zu, und nach ihm haben sie Möhring und Brisson dem Dronte beygelegt, ohne uns die Ursachen zu entdecken, die sie dazu bewogen haben.

Die neuern Juden haben eigenmächtig die alte Bedeutung des hebräischen Wortes Anapha geändert, welches eine Art von Raubvogel bedeutete, und bezeichnen jetzt den Trappen mit demselben ††).

A 3   Bris-

---

gern so viel folgern, als Büffon nach seinem bekannten Hasse wider die Systeme schließen zu wollen scheint. Die Systeme müssen uns freylich nicht einschläfern, nicht weiter zu gehn, allein sie müssen uns auch selbst zu solchen Bemerkungen, als der Herr Graf v. Büffon verlangt, vorbereiten, wenn solche nicht übereilt und ohne Nutzen ausfallen sollen.   A. d. Ueb.
*) Anm. Hist. animal. L. II. c. 17. L. VI. c. 6. L. IX. c. 33.

**) Hist. nat. X. c. 22.

***) Otis bubone minor est, noctuis maior, aureis plumeis eminentibus, vnde nomen illi. Ibid. c. 23.

****) Hist. L. IX.

†) In Lexico symphono.

††) Paul Fagius, apud Gesn. de Auibus. p. 489.

Briſſon giebt erſt das Wort ὦτις als die griechiſche Benennung des Trappen nach dem Belonius, und gleich darauf das Wort ὠτίδα *) als den griechiſchen Namen nach dem Aldrovand an. Er muß nicht bemerkt haben, daß ὠτίδα der accuſativus von ὦτις, und alſo einerley Name iſt; es verhält ſich eben ſo, als wenn er geſagt hätte, einige nennten dieſen Vogel *tarda*, andre *tardam*.

Schwenkfeld glaubt, der *Tetrix*, von welchem Ariſtoteles **) ſpricht, und welcher der *Ouvax* der Athenienſer war, ſey unſer Trappe ***). Allein ſo wenig auch Ariſtoteles vom Tetrix ſagt, ſo ſtimmt es doch nicht mit dem Trappen überein. Der Tetrix niſtet unter niedrigen Pflanzen, und der Trappe unter dem Getraide u. ſ. w., das Ariſtoteles doch gewiß nicht unter der allgemeinen Benennung der Pflanzen verſtehen konnte. Wir wollen ſehn, wie ſich der Philoſoph hierüber erklärt: „ Die Vögel, ſagt er, welche wenig fliegen, als die Rebhühner und Wachteln, bauen kei- „ ne Neſter, ſondern legen ihre Eyer auf die Erde, auf kleine Haufen von Blättern, die „ ſie zuſammen ſcharren: die Lerche und der *Tetrix* thun eben dieſes.„ Wenn man dieſe Stelle nur etwas aufmerkſam lieſt, ſo findet man gleich, daß hier von ſchweren Vögeln die Rede iſt, welche wenig fliegen, und daß Ariſtoteles hernach auch von der Lerche und dem Tetrix redet, welche wie die Vögel, die wenig fliegen, auf der Erde niſten, ob ſie gleich nicht ſchwer ſind, da die Lerche unter dieſelben gerechnet wird; nur daß alſo Ariſtoteles, wenn er von unſerm Trappen unter dem Namen Tetrix hätte reden wollen, denſelben ohne Zweifel als einen ſchweren Vogel zu den Rebhünern und Wachteln, nicht aber zu den Lerchen geſetzt haben würde, welche ſich, wie Schwenkfeld ****) ſelbſt ſagt, wegen ihres hohen Fluges, das Beywort, *coelipetae*, erworben habent.

Longolius *****) und Geßner †) bilden ſich beyde ein, der *Tetrax* des Dichters Nemeſianus ſey kein andrer Vogel, als unſer Trappe. Es iſt wahr, die angegebne Größe ††) und die Farbe der Federn kommt faſt damit überein †††); allein dieſe Aehnlichkeiten ſind nicht hinlänglich um zu beweiſen, daß dieſer Vogel mit dem Trappen einerley ſey. Sie ſind um ſo viel weniger hinreichend, da ich bey genauer Vergleichung deſſen, was Nemeſianus von ſeinem Tetrax ſagt, mit dem was wir von unſerm Trappen wiſſen, zwo merkwürdige Unterſcheidungszeichen finde. Erſtlich, ſcheint der Tetrax dumm zu ſeyn, denn er ſtürzt ſich in die Netze, die er ſelbſt für ſich hat aufſtellen ſehn ††††), da hingegen der Trappe ſich dem Menſchen nicht ſehen läßt, ſondern in einer großen Entfernung vor ihm fliehet †††††). Zweytens; macht der Tetrix ſein

*) Ornithologie Tom. V, p. 18.
**) Hiſt. Animal. L. VI. c. 1.
***) Auiarium Sileſiae. 355.
****) Auiarium Sileſ. p. 191.
*****) Dialogi de Auibus.
†) de Auibus L. III. p. 489.
††) Tarpeiae eſt cuſtos arcis non corpore maior.

†††) Perſimilis cineri dorſum (collum forte) maculoſaque terga. Inficiunt pullae cacabantis (perdicis) imagine notae.
†††) Anm. Cum pedicas necti ſibi contemplauerit aditas. Immemor ipſe ſui, tamen in diſpendia currit.
††††) Anm. Neque hominem ad ſe appropinquantem ſuſtinent, ſed cum eum loa-

sein Nest am Fuß des Appenninischen Gebürges, da hingegen Aldrovand, als ein Italiäner uns für gewiß versichert, daß man in Italien keine Trappen finde, außer wenn sie durch sehr starke Winde dahin gebracht würden *). Willoughby vermuthet zwar, daß sie in diesen Gegenden nicht selten seyn müssen, weil er bey seiner Durchreise durch Modena daselbst einen auf dem Markte zum Verkauf gesehen habe; allein mich dünkt, daß ein einziger Trappe auf dem Markte einer Stadt wie Modena mehr für die Versicherung des Aldrovands, als für die Muthmaßung des Willoughby spreche.

Perrault **) giebt dem Aristoteles schuld, er habe gesagt, daß der Otis in Scythien seine Eyer nicht wie andre Vögel lege, sondern sie in einen Fuchs- oder Hasenbalg einwickele, und sie unter einen Baum legte, worauf er sich setzte. Allein Aristoteles schreibt dem Trappen nichts von dem allen zu, sondern einem Vogel in Scythien, vermuthlich einem Raubvogel, weil er doch Haasen und Füchse abziehn konnte, und welcher nur die Größe eines Trappen hatte, wie Plinius ***) und Gaza ****) solches übersetzen. Uebrigens muß ja Aristoteles, wenn er den Trappen auch nur ein wenig gekannt hat, doch gewußt haben, daß er sich nicht auf Bäume setzet.

Der zusammengesetzte Name Trapp-Ganß, den die Teutschen diesem Vogel zuweilen beylegen, hat zu noch andern Irrungen Gelegenheit gegeben. Trappen heißt gehen, und der Sprachgebrauch hat den daher abgeleiteten Wörtern noch einen Nebenbegrif von Langsamkeit beygelegt, ohngefehr wie bey den Lateinern das gradatim oder das andante der Italiäner bey sich führt. Auf diese Art kann das Wort Trapp diesem Vogel sehr passend beygelegt werden, er, wenn man ihn nicht verfolgt, langsam und schwer einher geht. Auch denn, wenn diese Idee nicht dabey wäre, würde es ihm noch angemessen seyn, weil wenn man einen Vogel von seiner Fähigkeit zu gehen benennt, es eben so viel ist, als wenn man sagt, er fliege sehr wenig.

Was das Wort Ganß betrift, so ist es einer Zweydeutigkeit fähig. Hier muß man es vielleicht so schreiben, wie ich es geschrieben habe (Ganfz), wo es viel bedeutet und einen Superlativus anzeigt. Schreibt man es aber mit den kleinen s (Gans), so bezeichnet es das französische oie, anser. Einige Schriftsteller, die es im letzten Verstande genommen haben, haben es durch anser trappus übersetzt. Dieser Fehler im Namen hat auf die Sache einen Einfluß gehabt, und man hat daher gesagt, der Trappe wäre ein Wasservogel, welcher die Sümpfe liebte †), und selbst Aldrovand, den ein holländischer Arzt von der Zweydeutigkeit der Benennung belehret hatte, und der sonst geneigt war, das Wort so wie ich zu erklären ††), läßt den Belon, welchen er in einer

---

longinquo cernunt, statim fugam capessunt.
Willoughby Ornitholog. p. 129.

*) Anm. Italia nostra has aues nisi forte ventorum turbine advectas non habet. *Aldrov. Ornithologia* T. II. p. 92.

**) S. Memoires pour servir à l'Hist. des Animaux P. II. p. 104.
***) Nat. Hist. L. X. c. 33.
****) Hist. Animalium L. IX. c. 33.
†) *Sylvaticus* ap. *Gesner.* p. 488.
††) *Ornitholog.* T. II. p. 86.

ner Stelle übersetzt, sagen, der Trappe liebe die Sümpfe *), da doch Belon gerade das Gegentheil sagt **). Dieser Irrthum hat so gleich einen andern erzeugt, und man hat den Namen Trappe einem Wasservogel gegeben. Dieses ist eine schwarze und weiße Gans; die man in Canada und andern Provinzen des nördlichen Amerika findet ***). Aus diesem Irrthume schickte man vermuthlich auch einen Vogel mit Schwimmfüßen Gesnern, aus Schottland unter dem Namen Gustarde ****) zu, welchen Namen man in diesem Lande dem wahren Trappen beylegt, und den Geßner von tarde, langsam, und Guß, Goose im holländischen und englischen eine Gans, herleitet *****). So ist denn der Trappe ein Vogel, der ganz auf dem Lande lebt, in einen Wasservogel verändert worden, mit dem er doch fast nichts gemein hat. Diese wunderbare Verwandlung ist dem ungeachtet durch nichts, als durch die Zweydeutigkeit dieser Worte hervorgebracht worden. Diejenigen, welche die Benennung Trappgans rechtfertigen oder entschuldigen wollen, haben entweder sagen müssen, daß die Trappen wie die Gänse zögen †), oder daß sie mit ihnen einerley Größe hätten ††); gleich als ob die Größe oder der Trieb zu fliegen ganz allein eine Gattung bezeichnen könnten; auf diese Art könnte man die Geier und Auerhähne mit der Gans zusammen setzen. Allein ich halte mich zu lange bey einer Ungereimtheit auf, ich will das Verzeichniß von Irrthümern schließen; diese Kritick kann etwas zu lang seyn, aber ich hielt sie für nöthig ').

Belon hat geglaubt, der *Tetrao alter* des Plinius †††) wäre der Trappe ††††) allein ohne Grund, denn Plinius, redet an eben dem Orte vom Auis tarda. Zwar sucht Belonius diesen seinen Irrthum durch einen andern zu vertheidigen, indem er behauptet, der auis tarda der Spanier und der Otis der Griechen bezeichne den Uhu. Allein, wenn man das sagen will, muß man vorher beweisen:

1) Daß sich der Trappe auf hohen Bergen aufhalte, wie Plinius von dem Auis tarda versichert (gignunt eos Alpes †††††), welches dem zuwider ist, was

*) *Ornitholog.* T. II, p. 92.
**) *Belonius* Nature des Oiseaux L. V. c. 3.
***) I. Hist. et Descript. de la nouvelle France, par le P. *Charlevoix* Tom III. p. 156. -- Voyage du Capitaine *Robert Lade*, Tom. II. p. 262. — Voyage du *Pere Théodat*, p. 300. Lettres édifiantes, XI. Recueil, p. 310. et XXIII. Recueil p. 258.
****) *Gesner* de Auib. p. 164 et 489.
*****) Ibid. p. 142.
†) *Longolius*, ap. Gesner p. 486.
†† *Frisch.* tab 1064.
') Anm. Ich hätte diese Stelle, welche wie mich dünkt, sich auf eine überflüßige

Kritick gründet, weggelassen, oder ihren Inhalt wenigstens in eine Anmerkung bringen können, ich habe aber den Leser die Art nicht vorenthalten mögen, womit ein Franzos eine Sprache kritisirt, die er nicht versteht, wie aus der Ableitung von Trapp und Gans zu ersehn ist. Uebrigens heißt trappen wohl nicht langsam gehn, sondern mit einer besondern Erhebung der Beine fortschreiten. Daher der Trapp der Pferde. A. d. Ueb

†††) S. Hist. nat. L. X. c. 22.
††††) Hist. naturelle des Oiseaux L. V. c. 3.
†††††) Plin. Hist. nat. L. X. c. 23.

was alle Naturforscher von diesem Vogel sagen, ausgenommen Bar=
rere *).

2) Daß nicht der Trappe, sondern der Uhu in Spanien Auis tarda und griechisch
Otis geheißen habe. Eine Behauptung, die nicht zu vertheidigen ist, und
dem Zeugniße aller Schriftsteller zuwider läuft.

Was den Belon betrogen haben kann, ist, daß Plinius seinen *Tetrax alter* für ei=
nen der größten Vögel nach dem Strauß angiebt, welches, nach Belons Urtheil,
blos von dem Trappen gelten kann. Wir werden aber in der Folge sehn, daß der
Tetrax maior oder Auerhahn zuweilen den Trappen an Größe übertrift. Wenn aber
Plinius hinzusetzt, daß das Fleisch des *Auis tarda* übelschmeckend sey, welches auf
den *Otus* oder den Uhu weit besser, als auf den *Otis* oder Trappen paßt, so hätte es
dem Belonius wohl einfallen können, daß dieser Naturforscher den Otis mit dem Otus
verwechselt, wie ich schon oben bemerkt habe, und daß er einer Gattung die Eigen=
schaften von zwo sehr verschiedenen Gattungen zuschreibt, die in seinen Sammlungen
mit fast ähnlichen Namen bezeichnet waren; aber daher hätte er nicht schließen sol=
len, daß der Auis tarda würklich ein Uhu wäre.

Eben dieser Belon war geneigt zu glauben, sein Oedicnemus wäre ein junger
Trappe **) und in der That hat dieser Vogel nur drey Voderzeen, wie der Trap=
pe. Allein er hat einen andern Schnabel, einen weit dickern Voderfuß (Tarse)
einen kürzern Hals, und er scheint überhaupt dem Wasserhun näher zu kommen, als dem
Trappen; doch dieses werden wir in der Folge näher untersuchen.

Endlich müßen wir noch erinnern, daß einige Schriftsteller durch die Aehn=
lichkeit der Benennungen verführt, den Namen *Starda*, der in Italien einen Trap=
pen bedeutet, mit dem Worte *Starna*, welches ein Rebbhuhn anzeiget, verwechselt
haben ***).

Aus allen diesen Untersuchungen folgt nun, daß der Otis der Griechen, nicht
aber der Otus, unser Trappe sey; daß man ihm den Namen ῶαϕος so von ohnge=
gefehr, wie nachgehends dem Dronte zugelegt habe; daß der Name Anapha, den
er bey den heutigen Juden trägt, ehemals dem Hühnergeyer zukomme; daß er der
Auis tarda des Plinius, oder vielmehr der Spanier zu den damaligen Zeiten sey,
und diesen Namen von seiner Langsamkeit, nicht aber, wie Nyphus will, daher
habe,

*) Barrere giebt zwo Arten von Trap=
pen in Europa an, er ist aber der einzige,
der sie als Vögel der Pyrenäen beschreibt.
Doch weiß man, daß dieser Schriftsteller,
der aus Roussillon gebürtig war, den Py=
Büffon Vögel III. B.

räneen alle Thiere der benachbarten Gegen=
den zueignete.   A. d. V.
**) Hist. nat. des Oiseaux L. V. c. 5.
***) Petrus Aponens Patauinus seu conci-
liator apud Aldrov. Ornithol. XIII. c. 12.
B

habe, daß er in Rom sehr spät bekannt worden — daß er weder der *Tetrix* des Aristoteles, noch der *Tetrax* des Dichters Nemesianus, noch der scytische Vogel, von dem Aristoteles in seiner Geschichte spricht *), noch den *Tetrao* alter des Plinius, sey — und daß ihm im italiänischen nicht die Benennung *starna*, sondern *starda* zukomme **).

Um sich zu überzeugen, wie wichtig diese vorläufige Abhandlung sey, stelle man sich einmal vor, was für wunderbare und lächerliche Begriffe sich ein Anfänger von dem Trappen machen müßte, welcher ohne Wahl und mit blindem Vertrauen alles gesammlet hätte, was die Schriftsteller von dem Trappen, oder vielmehr bey dem Namen, unter den er denselben in ihren Werken beschrieben fand, sagen. Er würde sich darunter zu gleicher Zeit einen Tag- und Nachtvogel, einen Vogel,

---

*) Lib IX. c. 33.

**) Hier sind alle Namen unter welchen die Schriftsteller davon reden:

Otis, Tarda, Bistarda. Gesn. de Auib. p 484 — 486; et Icon Auium p. 67.

Otis, sue Tarda. Ionston, de Auibus, p. 42.

Otis seu Tarda auis. Aldrov. Ornithol. T. II. p. 85.

Otis, Tarda, Bistarda. Charlet. Exercit. p. 82. n. 8.

Otis Graecis; Tarda, Isidoro; Bistarda, Alberto, Rzaczynski, Hist. nat. Poloniae, p. 289. et Auctuarium eiusd. p. 401.

Tarda, Sibbaldi Scotia illustrata. P. II. L. III. p. 16.

Otis, Tarda Willoughby, ornithol. p. 129.

Otis, Tarda. Ray, Synopsis Auium, p. 58.

Otis iugulo vtrinque cristato, Tarda. Linnaeus, Syst. nat. edit. X, gen. 81. sp. 1.

Tarda recentiorum. Schwenckfeld, Auiar. Silesiae p. 355.

Tarda, Klein, de Auibus p. 18. n. 1.

Tarda Pyrenaica fulua, maculis nigricantibus, marginibus pennarum roseis. Barrere, Ornitholog. Class. III. Gen. IX. Sp. I. Nota. Nicht der Rand der Federn, sondern die Pflaumfedern, die an diesem Rande sind, sind rosenroth.

Tetrax seu Tarax Nemesiani: Longolio, Gesn. — Tetravn: Schwenckfeld. Charlet, Klein. — Tetrix, Ourax: Aristot. Schwenckfeld. — Erythrontaon. Olai Magni Schwenkfeld, Charlet. Klein. — Arser-trappa: Rzaczynski, Auctuarium, Hist. nat Polon p. 401. — Französisch Outarde. Albin. III. I. Edw. Tab 73.74. — Otarde: Memoires pour seruis. Part II. p. 101. Osterde. Belon, Hist nat. des Oiseaux, p. 236. — Ostarde, Bistarde: Rehm. Portraits d' O seaux p. 56. — Hebräisch Albubbris: Gesn. NB Man muß diesen Namen nicht mit dem Wortkenhaanp vermengen, welches in der Barbarey den kleinen Trappen bedeutet, den wie beschreiben werden. — Clas, i. e. Tarda auis heißt. Gesn. p. 484. — Anapha Pauli Fagii. Gesn. p. 489. Griech. Otis, Otis, ovris, Gesn. — Pagas. Sigifm. Galenii, Gesn. p. 486. Italiän. Starda — Teutsch, Trappe: Gesn. Schwenckfeld, Rzaczynski, Frisch. — Ackertrappe: Gesn. Trappe: Schwenckfeld, Rzaczynski. — Ackertrappe Schwenckfeld. — Holländisch Trappgans: Gesn. — Trappgans: Schwenckfeld. — Schwedisch Trapp. — Pohl. (Drop) Trop. Rzaczynski. — Illyr. Drof. Gesn. — Bistard Gesn. — Engl. Bustard Willoughby, Charleton, Albin. Schottisch G sharde: Hector, Booth. — Gustard. Aldrov.

Vogel, der sich in Berg und Thal, in Europa und in Amerika, im Wasser und auf dem Lande aufhält, welcher Körner und Fleisch frißt, und sehr groß und sehr klein ist, kurz ein Ungeheuer, und so gar ein unmögliches Ungeheuer vorstellen müssen. Wollte er unter diesen widersprechenden Eigenschaften eine Wahl treffen, so könnte es doch nicht anders geschehen, als wenn er die ganze Sammlung der Benennungen berichtigte, wie wir es gethan haben, indem wir das, was man von diesem Vogel weiß, mit dem verglichen haben, was wir bey den Naturforschern vor uns davon finden [*]).

Allein wir haben uns lange genug bey den Namen aufgehalten, wir wollen nun auf die Sache selbst kommen. Gesner [*]) freute sich, daß er zuerst bemerkt habe, der Trappe könnte unter das Hühnergeschlecht gebracht werden. Es ist wahr, nach seinem Schnabel und seinem schweren Fluge ist er den Hühnern ähnlich, aber seine Dicke, seine dreyzechichten Füße, die Gestalt seines Schwanzes, seine kahlen Schenkel, die größeren Oefnungen seiner Ohren, der Bart von Federn unter dem Schnabel, der bey ihm die Stelle der fleischichten Lappen der Hühner vertritt, unterscheiden ihn von demselben, des Unterschiedes im innern Bau zu geschweigen [+*]).

Aldrovand ist in seiner Muthmaßung nicht glücklicher, wenn er den kornfressenden Adler, von welchem Aelian [**]) spricht, wegen seiner Größe für einen Trappen erklärt [***]); als ob die Größe allein hinreichend sey, einen zu bewegen, daß er einen Vogel für einen Adler halte. Ich glaube vielmehr, Aelian habe dadurch den großen Geyer verstanden, der, wie der Adler, ein Raubvogel, aber mächtiger, als der gemeine Adler ist, und doch im Nothfall auch Körner frißt. Ich habe einen dieser Vögel geöfnet, der von einem Baum herunter geschossen wor-

B 2

---

[*]) Hier sehen wir das Verdienst eines vernünftigen Systems in seiner ganzen Stärke. Durch ein solches wird ein Anfänger für diesem Abwege verwahrt, und zugleich ihm so viel Mühe erspart, zu zerstreuten und doch immer unsichern Nachrichten seine Zuflucht zu nehmen. Dank sey es dem größten, vernünftigen, uns nun geraubten Systematicker, dem unsterblichen Linnäus, daß er die herkulische Arbeit über sich genommen, die Naturgeschichte von den Traditionen zu säubern, und dem Anfänger, (dem auch schon die Büffonischen Schriften zu weitläuftig, und vielleicht nachtheilig seyn können), die Natur in einem Abrisse vorzulegen. Dieses Verdienst wird er immer behaupten.
A. d. Ueb.

[*]) Quamquam gallinaceorum generi *Otidem* adscribendam nemo adhuc monuerit, mihi tamen recte *ad id referri videtur. Gesn. de Av. p.* 484.

[+*]) Er stehet eigentlich zwischen dem Hühnergeschlecht und den Stelzenvögeln (Grallis), mit denen er durch den Krannich, der Körner frißt, zusammenhänget. Man sehe Beckmanns Phys. Bibl. VI. Band. S. 380.
A. d. Ueb.

[**]) L. IX. de nat. Auium. c. 10. Dieser hieß, nach dem Aelian, der Adler des Jupiters, und fraß noch mehr Körner, als der Trappe, denn dieser frißt Gewürme, dahingegen jener Adler gar keine Thiere fressen soll.

[***]) S. Ornitholog. Tom. II, p. 93.

worden war, und einige Tage in Kornfeldern zugebracht hatte.   Ich fand in seinen Gedärmen blos einen grünen Brey, welcher vermuthlich von den halbverdau-
ten Kräutern herrührte. ⁴ᵒᵒ)

Weit leichter könnte man die Zeichen des Trappen in den *Tetrax* des Athenäus finden, der größer als der stärkste Hahn ist, (deren es doch in Asien sehr
starke giebt) nur der drey Zeen, und an jeder Seite des Schnabels einen Bart hat,
glänzend, scheckigt, (*emaillé*) aussieht, stark schreyet, und dessen Fleisch, wie
das Fleisch des Strausses schmeckt, mit dem der Trappe noch außer dem so viel
Aehnliches hat *).   Allein auch dieser Vogel kann kein Trappe seyn, weil Athenäus hinzu setzt, daß Aristoteles nichts von ihm sage, da dieser Philosoph von
dem Trappen an verschiedenen Stellen redet.

Noch könnte man mit Perrault **) vermuthen, daß die indianischen Rebhühner, von denen Strabo redet, und welche er größer als eine Gans angiebt, eine Art
von Trappen wären.   Das Männchen unterscheidet sich von dem Weibchen durch
die Farben, die bey ihm anders vertheilt und lebhafter sind; ferner durch den Bart
von Federn, der auf beyden Seiten des Halses herunter hängt, und wobey ich mich
wundre, daß Perrault nichts davon erwehnt, und daß Albin denselben bey dem
Weibchen gezeichnet habe; noch mehr aber durch die Größe, da er doppelt so groß als
das Weibchen ist, eine Ungleichheit in dem Verhältnisse der Größe, die doch bey
keiner andern Gattung zwischen dem Weibchen und Männchen beobachtet worden ist, als
bey dieser ***).

Belon ****) und einige andre, die weder den Kasuar, noch den Touyou,
noch den Dronte, vielleicht auch wohl nicht den großen Geyer kennten, betrach-
teten den Trappen als einen Vogel der zweyten Größe, und der der Dickste nach
dem Strausse ist.   Und doch ist der Pelikan, der ihnen nicht unbekannt seyn
konnte †), nach dem Perrault, weit größer.   Unterdessen kann Belon einen starken
Trappen und einen kleinen Pelikan gesehn haben, und so besteht sein ganzer Irrthum, so wie bey andern Schriftstellern, darinn, daß er von der ganzen Gattung
etwas versichert, was nur von einzelnen Subjekten gilt.

Edwards macht dem Willoughby den Vorwurf, er habe sich gröblich geir-
ret, und den Albinus zugleich verführt, welcher ihm nachgeschrieben; indem er
gesagt, der Trappe sey von der Schnabelspitze bis zum Ende des Schwanzes gerechnet,

---

⁴ᵒᵒ) Es kann aber auch vielleicht blose
Galle gewesen seyn.   A. d. Ueb.

*) *Gesner*, de *Avibus*, p. 487. Otis avis
fulipes est, tribus infistens digitis, magnitudine gallinacei maioris, capite oblongo,
oculis amplis, nostro acuto, lingua ossea,
gracili collo.

**) Memoires pour servir à l' hist. des
animaux P. II. p. 102.

***) *Edwards* nat. Hist. of Birds, tab. 74.

****) Ibid. 236.

†) Ibid. p. 153.

rechnet, sechzig Zoll englischen Maaßes lang. Es ist auch wirklich wahr, daß die-jenigen, die ich, und auch die, so Brisson gemessen, wenig über drey Fuß hat-ten, und daß der größte Trappe, des Edwards gemessen hatte, nach der an-gegebnen Art zu messen, drey und einen halben Fuß, und von dem Schnabel auf die Füße gerechnet, drey Fuß neun und einen halben Zoll lang gewesen ist °). Die Verfasser der brittischen Zoologie bestimmen seine Länge auf vier englische Fuß, welches noch etwas über drey Fuß, neun Zoll, französischen Maaßes be-trägt °°); die Flügelbreite verändert sich in verschiedenen Subjekten um die Hälfte. Edwards fand sie sieben Fuß, vier Zoll, die Verfasser der brittischen Zoologie auf neun Fuß, Perrault auf vier französische Fuß, welcher aber versichert, er habe immer nur Männchen gemessen, die doch allemal größer als die Weibchen sind.

Das Gewicht dieses Vogels verändert sich eben so beträchtlich. Einige haben ihn 10 Pfund °°), andre 27 Pfund °°°), noch andre 30 Pfund °°°°) schwer gefunden; außer diesen Verschiedenheiten des Gewichts und der Größe, hat man aber noch eben so große Abweichungen im Verhältniß der Theile wahrgenommen. Es scheint gleichsam, als ob nicht alle einzelne Subjekte dieser Gattung nach einem Muster gebauet wären. Perrault hat gefunden, daß bey einigen der Hals länger, bey andern kürzer gewesen ist, als die Schenkel, bey andern war der Schnabel schärfer, bey noch andern waren die Ohren durch längere Federn bedeckt †). Alle aber hatten einen längern Hals und längere Beine als die, welche Gesner und Aldrovand untersucht haben. An denen Trap-pen, die Edwards betrachtet hatte, waren auf jeder Seite des Halses zween kahle Flecke, von violetter Farbe, welche mit Federn besetzt waren; wenn der Hals sehr lang war ††). Eine Bemerkung, die kein anderer Beobachter, außer ihm, gemacht hat. Klein hat endlich bemerkt, daß die Trappen in Pohlen den englischen nicht ganz ähnlich wären †††), und man findet auch wirklich einige Verschiedenheiten an ihnen; als am Schnabel, an den Federn u. s. w. °°°°).

Ueberhaupt unterscheidet sich der Trappe von dem Strauße, dem Touyou, dem Kasuar und dem Dronte, durch seine Flügel, welche zwar der Schwere seines Körpers nicht angemessen, aber doch im Stande sind, ihn in die Luft zu erheben und darinnen einige Zeit zu halten. Die Flügel der übrigen vier nur genannten Vögel sind aber zum Fluge ganz unnütz. Er unterscheidet sich auch fast von allen übrigen Vögeln, durch seine Di-

B 3

cke,

°) Edwards, nat. Hist. of Birds tab. 73.
°°) Man weiß, daß der pariser Fuß fast um 9 Linien größer ist, als der englische A. d. V.
°°°) Gesn. de Avibus p. 488.
°°°°) Brittish Zoology. p. 87.
°°°°) Rzaczynski, Auctuarium. p. 401.
†) Memoires pour servir à l' histoire des Animaux II. p. 99 — 102.

††) Edwards nat. Hist of Birds. p. 74.
†††) Hist. Aulum. p. 18.

°°°°) Es giebt vielleicht mehrere Arten die-ses Vogels, die aber einander sehr ähnlich sind. Man unterscheidet, wie in der Bock-mannischen Bibliothek VI. B. S. 380 er-wähnt wird, von Strasburg große, mittlere und kleinere Trappen. A. d. Ueb.

cke, seine drey getrennten Füße ohne Haut, seinen truthahnähnlichen Schnabel, seine rosenfarbnen Pflaumfedern und den kahlen Stellen an den Schenkeln. Diese Merkmale sind zwar einzeln genommen nicht hinreichend, wenn sie aber zusammen genommen werden, so kann man die Gattung darnach bestimmen.

Der Flügel des Trappen besteht aus sechs und zwanzig Federn, nach dem Brisson, und aus zwey bis drey und dreyßig nach dem Edwards, welcher wahrscheinlicher Weise den falschen Flügel mitgerechnet hat. Was ich noch bey diesen Flügeln erinnern muß, und wovon man sich bey der bloßen Betrachtung der Figur nicht einmal einen Begrif machen kann, ist, daß bey der dritten, vierten, fünften und sechsten Feder jedes Flügels, die äußern Bärte auf einmal kürzer werden, so, daß diese Federn, an dem Orte, wo sie unter ihren Bedeckungen herauskommen, nothwendig schmaler sind, als die übrigen *).

Der Schwungfedern sind zwanzig, die mittelsten zwo aber unterscheiden sich von allen übrigen,

Perrault **) rechnet es dem Belon für einen Irrthum an, daß er gesagt hat, der Trappe sey über den Flügeln weiß ***), da die Herren der Akademie beobachtet haben, und man auch an den Vögeln überhaupt findet, daß das mehreste Weiße am Bauche und überhaupt am untern Theil des Körpers, und an dem obern Theil, mehr von brauner oder andern Farbe zu sehen sey. Ich glaube aber, daß man den Belon hierüber leicht rechtfertigen kann; denn er hat genau, eben so wie die Herren der Akademie gesagt, daß der Trappe am Bauche und unter den Flügeln weiß sey. Wenn er gesagt hat, daß der Flügel oben weiß sey, so hat er vermuthlich von den Federn des Flügels nahe am Körper reden wollen, die doch würklich über den Flügeln sind, wenn man den Vogel stehend und seine Flügel zusammengelegt annimmt). In diesem Verstande ist das, was er gesagt, wahr, und der Beschreibung des Edwards gleichlautend, nach welcher die sechs und zwanzigste und die folgenden Federn des Flügels bis zur dreyßigsten, ganz weiß sind ****).

Perrault macht aber auch eine andere gegründetere Bemerkung. Einige Federn des Trappen haben, nicht nur an der Wurzel, sondern auch an der Spitze Pflaumfedern, so, daß der mittlere Theil der Feder, welcher aus einem vesten zusammenhängenden Barte besteht, oben und unten bloße Pflaumfedern hat. Was hiebey sehr merkwürdig ist, ist, daß diese Pflaumfedern an jedem Flügel, ausgenom-

---

*) S. Brisson Ornithologie Tom. V. p. 22.
**) Memoires pour servir à l' Hist. des Animaux Part. II. p. 102.
***) Belon, Nature des Oiseaux, 235.

) Anm. Rectrices primores nigrae, secundariae maximam partem albae. Linn. c. l.
ð. Ueb.
****) Edwards nat. hist. of Birds, tab. 73.

nommen an den Federn der äußersten Flügelspiße, hochroth und nahe am Rosenfarbnen ist. Dieses Merkmal ist dem großen und kleinen Trappen gemein, und das
Ende des Kiels hat eben diese Farbe *).

Der Fuß und der untere Theil des Schenkels, der mit dem hintern Theil desselben die Gelenke macht, sind mit sehr kleinen Schuppen bekleidet. Die Schuppen der Zeen sind länglich und schmal. Alle sind von Farbe grau, und mit einer
kleinen Haut überzogen, die sich, wie eine Schlangenhaut, abstreift **)

Die Nägel sind kurz und unten eben so gewölbt, wie oben, wie bey dem
Adler, den Belon Haliaetos nennt ***); so, daß wenn man sie senkrecht durch ihre Axe
schnitte, der Durchschnitt fast zirkelrund seyn würde ****).

Salerne hat daher geirrt, wenn er behauptet, der Trappe habe vielmehr
nach unten zu hohle Klauen *****) ⁵).

Unten am Fuß sieht man nach vorne zu einen Höcker oder Schwüle, welcher
die Stelle der Fersen vertritt †).

Die Brust ist stark und rund ††). Die Größe der Oeffnung des Ohrs muß
vermuthlich veränderlich seyn, den Belon hat sie am Trappen größer, als an irgend
einem Vogel gefunden †††), die Herren der Akademie hingegen haben nichts
besonders daran wahrgenommen ††††). Diese Oeffnungen liegen unter den Federn
versteckt, inwendig haben sie zween Gänge, wovon der eine in den Schnabel, der
andre zum Gehirne geht †††††). ⁵ *)

Am Grunde und dem untern Theile des Schnabels giebt es in der Haut,
welche diese Theile bekleidet, viel drüsigte Körper, die sich in der Höhlung des Schnabels durch verschiedne sehr sichtbare Kanäle öffnen ††††††).

Die

---

*) Memoires pour servir à l' hist. des ani-
maux P. II. p. 103.

**) Ibid. p. 104.

***) Belon. nat. des Oiseaux. L. II. c. 7.

****) Memoires pour servir etc. p. 104.

*****) Ornithol. p. 154.

⁵) Der Verfasser der Recension des büffonischen Werkes in der beckmannischen Bibliothek, der wo ich nicht irre, Herr Professor Herrmann in Strasburg ist, versichert, daß in seinem Exemplare, die Nägel
würklich so beschaffen waren, als sie Salerne beschreibet — der Pflaum ist nach ihm

rosenroth, die Federn aber an der Spiße
nicht pflaumenartig.   A. d. Ueb.

†) Belon. nature des Oiseaux 235. Gesn. de
Auib. p. 488. etc.

††) Belon p. 235.

†††) Man könnte füglich einen Finger in
dessen Gang stecken. Belon. p. 235.

††††) Memoires pour servir etc. p. 102.

†††††) Belon. nat. des Oiseaux p. 235.

⁵ *) Dieses ist wohl ungegründet, wenn
man es ganz genau nimmt.   A. d. Ueb.

††††††) Mem. pour servir etc. p. 109.

Die Zunge des Trappen ist nach außen zu fleischicht, nach innen zu hat sie einen knorpelichten Kern, der mit dem Zungenbein (os hyoides) zusammen hängt. An den Seiten ist sie mit einer sägenförmigen Substanz besetzt, die ein Mittelding zwischen Haut und Knorpel ist (††††). Diese Zunge ist ferner an dem Ende hart und spitzig, aber nicht gespalten, wie der Ritter von Linne sagt, welcher vermuthlich durch eine falsche Interpunktion, die man bey dem Aldrovand findet *), und die einige nachgeschrieben haben, hintergangen worden ist.

Unter der Zunge findet sich die Oeffnung von einer Art von Tasche, die ohngefehr sieben englische Pinten hält, und die der Doktor Douglaß, der sie zuerst entdeckt hat, für ein Behältniß ansieht, welches der Trappe mit Wasser anfüllt, um sich dessen in Nothfall zu bedienen, wenn er sich in weiten trocknen Ebnen befindet, wo er sich am liebsten aufhält. Dieses besondre Behältniß ist den Männchen eigen **), und mich dünkt, es hat dem Aristoteles Gelegenheit zu einem Versehen gegeben. Dieser große Naturkenner behauptet, daß der Schlund des Trappen in seinem ganzen Umfange weit sey †), da doch die Neuern und besonders die Herren der Akademie ††) beobachtet haben, daß er sich nur nahe am Magen erweiterte. Diese beyden Meynungen können, so widersprechend sie scheinen, doch vereinigt werden, wenn man annimmt, daß Aristoteles oder die Beobachter, denen er aufgetragen hatte, die facta, woraus er seine Thiergeschichte zusammen setzte, zu sammlen, diese Tasche oder Behälter, der in der That sehr weit im Umfange ist, für den Schlund angesehen haben.

Der wahre Schlund ist an der Stelle, wo er dick wird, mit sehr regelmäßig geordneten Drüsen besetzt, der Magen, welcher gleich darauf folgt, (denn es ist kein Kropf vorhanden,) ist ohngefehr vier Zoll lang und drey weit. Er ist so hart als der Magen der gemeinen Hühner. Diese Härte kommt aber nicht von der Dicke seiner fleischichten Substanz, wie bey den gemeinen Hühnern, her, denn diese ist bey dem Trappen sehr dünne: sondern von der innern Haut, welche sehr hart, dick und über dieses noch faltig, und über einander gelegt ist, welches die Dicke des Magens ansehnlich vermehrt.

Die

---

*) Mem. pour servir etc. p. 109.

**) Lingua serrata, vtrimque acuta; anstatt Lingua serrata vtrimque, acuta. Diese Redensart ist nur eine Uebersetzung von den Worten des Belon: sa langue est dentelée de chaque coté, pointue et dure par le bout. Woraus man sieht, daß das

vtrimque auf *serrata* und nicht auf *acuta* geht.

***) *Edwards.* Nat. Hist. of Birds tab. 73.
****) Hist. animal. L. II. c. vltimo.

†) *Gesn.* de Auib. p. 489. — *Aldron.* Ornithol. Tom. II. p. 92. Memoir. pour seruir Part. II. p. 106.

Diese innere Haut scheint keine Fortsetzung der innern Haut des Schlundes zu seyn, sondern sie nur mit ihrem Ende zu berühren. Die letztere ist ohnedem weiß, da die erstere goldgelb ist *).

Die Länge der Gedärme, die Blinddarme abgerechnet, beträgt, ohngefehr vier Fuß. Die innere Haut des Ileum ist der Länge nach gefalten, sie hat aber an ihrem Ende einige Falten, welche querüber laufen **).

Die beyden Blinddarme gehen von dem Darm etwa sieben Zoll weit von der Oeffnung des Mastdarms von hinten nach vorne ab. Nach Gesner sind sie in in ihrem Maaße ungleich und der längste ist allemal der engste in einem Verhältniß von 6 zu 5 ***). Perrault sagt nur, daß der rechte, der ohngefehr einen Fuß lang ist, gemeiniglich etwas länger als der linke ist ****).

Ohngefehr einen Zoll von der Oeffnung des Mastdarms, zieht sich der Darm zusammen; wird aber sogleich wieder weiter, und macht eine Tasche, worinn ohngefehr ein Ey Platz hat, und wohin sich die Harngänge und der Saamenableiter (bis deseren) öffnen. Diese Tasche im Darme, welche der Sack des Fabricius heißt †), hat auch einen zween Zoll langen, und drey Linien weiten Anhang, und das Loch, das von einem zum andern geht, ist mit einer Falte der innern Haut bedeckt, die ihr zu einer Valvel dient ††).

Aus dieser Beobachtung folgt, daß der Trappe im geringsten nicht mehrere Magen, und lange Gedärme, wie die wiederkäuenden Thiere, habe, sondern daß vielmehr bey ihm der Kanal der Gedärme sehr kurz und enge, und nur ein Magen vorhanden sey. Es ist daher die Meynung derer, welche glauben, der Trappe kaue wieder, hiedurch hinlänglich wiederlegt †††). Eben so wenig aber darf man mit dem Albertus glauben, der Trappe sey ein fleischfressender Vogel, nähre sich von todten Körpern, stoße so gar auf kleineres Wildpret, und fresse nur in der größten Noth Kräuter und Körner; man muß hieraus auch nicht mit eben diesem Albertus schließen wollen, daß er einen krummen Schnabel und Klauen haben müsse. Dieses alles sind irrige Meynungen, welche vom Albertus ††††) zusammen gesucht worden, weil er eine Stelle des Aristoteles unrecht verstanden †††††) hat, die Ges-

ner

---

*) Memoires pour feruir etc.
**) Ibid.
***) Gesn. de Auib. p. 486.
****) Memoires pour servir T. II. p. 107.
†) Er hat den Namen von Fabricius ab Aquapendente, der ihn zuerst entdeckt hat.
††) Memoir. pour servir T. II. p. 107.
†††) Athenaeus, Eustachius, siehe Gesn. p 484.
††††) Gesn. de Auibus p. 485.

††††††) Aldrovand glaubt, daß Albertus durch die Stelle des Aristoteles: Auis Scythica quaedam — — etc. die ich oben erklärt habe, auf den Einfall gekommen sey, den Trappen zu einem Raubvogel zu machen. S. Aldrov. Ornitholog. T. II. p. 90. So viel ist gewiß, daß Albert diesen Begriff nicht durch die Zergliederung des Trappen erhalten habe.

ner *) mit einigen Einschränkungen zugelassen, aber alle andre Naturforscher ver-
worfen haben.

Der Trappe ist ein körnerfressender Vogel. Er nährt sich von Kräutern,
Getraide, und allerley Sämereyen, von Kohlblättern, Löwenzahn, Rüben, Maus-
öhrlein, Eppich, Möhren, und so gar Heu. Er frißt auch die großen Würmer,
die man vor dem Aufgang der Sonne auf den Dünen kriechen sieht **). Im harten Winter, und wenn alles verschneit ist, frißt er auch die Rinde von den Bäumen ***). Zu allen Zeiten verschluckt er kleine Steine, und so gar Stücken Me-
tall, wie der Strauß, ja oft noch in größerer Menge. Die Herren der Akademie fanden den Magen eines der sechs Trappen, die sie untersuchet haben, zum
Theil mit Steinen, deren einige die Größe einer Nuß hatten, und zum Theil mit
neunzig Stück Kupfermünzen angefüllt, die alle an den Stellen, wo sie sich an
einander gerieben hatten, sehr abgerieben und glatt waren, ohne daß man jedoch
wahrgenommen hätte, daß sie von einer Säure angefressen worden wären ****).

Willoughby hat in dem Magen dieser Vögel zur Zeit der Aerndte, drey oder
vier Gerstenkörner, aber eine große Menge Saamen von Schierling gefunden †),
welches anzeiget, daß er diese Art von Körnern andern vorziehe, und daß man sie
also am bequemsten zur Lockspeise brauchen könne, wenn man ihn fangen will.

Die Leber des Trappen ist sehr groß. Die Gallenblase und die Zahl ihrer
Kanäle, so wie der Zusammenhang dieser und der Gallengänge, sind bey verschiedenen Subjekten auch verschiedenen Abweichungen unterworfen ††).

Die Hoden haben die Gestalt einer kleinen reifen Mandel, von ziemlich harter Substanz; der Saamenableiter geht, wie ich oben gesagt habe, in den untern
Theil des Sackes am Mastdarm und an dem obern Rande der Oeffnung desselben
sieht man einen kleinen Anhang, der die Stelle der männlichen Ruthe vertritt.

Perrault setzt zu diesen anatomischen Beobachtungen, folgende Anmerkung
hinzu: Es habe sich unter so vielen von den Herren der Akademie zergliederten
Trappen, kein einziges Weibchen gefunden; wir haben aber schon im Artikel vom
Strauße gesagt, was wir von dieser Anmerkung denken.

Zur

*) Gesn. de Avib. p. 485.
**) British Zoology p. 38. Man findet
dieses auch bey fast allen in diesem Artikel
angeführten Schriftstellern.
***) Gesn. de Avib. p. 458.

****) Memoires pour servir Part. II. p.
107.
†) Ornithologie p. 129.
††) Memoires pour servir p. 105.

Zur Paarungszeit geht das Männchen ganz stolz um das Weibchen herum, und macht eine Art von Rad mit dem Schwanze °).

Die Eyer sind nur so groß als Gänseeyer. Sie sind von einer blaß braunen Olivenfarbe, mit kleinen dunkeln Flecken eingesprengt, worinnen die Farbe der Eyer eine offenbare Aehnlichkeit mit der Farbe der Federn hat.

Das Weibchen baut kein Nest, sondern scharrt nur ein Loch in die Erde °°) und legt ihre zwey Eyer hinein, welche es dreyßig Tage lang bebrütet, wie, nach dem Aristoteles °°°), alle größere Vögel thun.

So bald diese sorgsame Mutter argwohnt, daß Jäger in der Nähe sind, und befürchtet, man trachte nach ihren Eyern, so nimmt sie solche unter ihre Flügel, (nur hat noch Niemand angezeigt, wie sie dieses möglich mache) und bringt sie an einen sichern Ort †). Sie begiebt sich gemeiniglich um ihre Eyer zu legen, in reife Kornfelder, und folgt darinn dem Naturtriebe fast aller Thiere, ihre Jungen so zu setzen, daß sie sogleich eine ihnen angemeßne Nahrung finden. Klein will, der Trappe ziehe die Haberfelder vor, weil sie niedriger sind, damit, wenn er auf den Eyern sitzt, sein Kopf über das Feld hervorrage, und er alles, was um ihn herum vorgeht, sehen könne. Allein dieser Umstand, den Klein behauptet ††), besteht weder mit den allgemeinen Meynungen der Naturkenner, noch mit dem Naturell des Trappen; welcher bey seiner Wildheit und Mißtrauen sich eher im hohen Getraide zu seiner Sicherheit verstecken, als daß er, um die Jäger von weitem sehen zu können, Gefahr laufen werde, selbst gesehen zu werden.

Der Trappe verläßt zuweilen seine Eyer, um Futter zu holen, wenn aber Jemand während seiner kurzen Abwesenheit dieselben berührt, oder auch nur anhaucht, so sagt man, daß er es sogleich merke und sie verlaße †††)

Ohngeachtet der Trappe sehr dick ist, so ist er doch sehr furchtsam, und fühlt weder seine Stärke, noch weiß er sie anzuwenden. Sie versammlen sich oft in Schaaren von funfzig bis sechzig, und doch giebt ihnen ihre so große Anzahl eben so wenig Muth, als ihre Stärke und Größe. Die geringste Gefahr, oder vielmehr die geringste neue Erscheinung, setzt sie in Schrecken, und sie suchen sich durch nichts in Sicherheit zu setzen, als durch die Flucht. Sie fürchten besonders die Hunde, und das ist natürlich, weil man sie gemeiniglich damit hetzt; sie fürchten aber auch den Fuchs, das Wiesel und jedes andre noch so kleine Thier,

C 2 das

°) *Klein, Hist. auium*, p. 18. — *Merula ap. Gesn. de Au.* p. 487.
°°) *British. Zoology,* p. 85.
°°°) *Hist. Animal.* Lib. VI. c. 6.

†) *Klein Hist. avium*, p. 18.
††) *Ibid.*
†††) *Hector Boeth.* ap. *Gesn.* p. 488.

das kühn genug ist sie anzufallen. Um so vielmehr scheuen sie die wilden Thiere und die Raubvögel, wider welche sie sich noch weniger zu vertheidigen getrauen würden. Ihre Zaghaftigkeit ist so groß, daß, wenn man sie im geringsten verwundet, sie eher vor Furcht als an der Wunde sterben *). Klein aber behauptet dennoch, daß sie zuweilen zornig werden, und daß ihnen alsdenn die Haut, die ihnen unter dem Halse hängt, aufschwelle. Wenn man den Alten glauben darf, so lieben die Trappen die Pferde so sehr, als ihnen die Hunde zuwider sind. Kaum werden sie eins gewahr, so fliegen sie, die sonst alles fürchten, ihm entgegen, und setzen sich ihm fast unter seine Füße **). Will man diese besondre Sympathie zwischen zwey verschiedenen Thieren für ausgemacht annehmen, so könnte man, dünkt mich, die Ursache davon angeben, daß der Trappe in dem Mist des Pferdes immer halbverdaute Körner findet, die ihm in Ermangelung anderes Futters zur Nahrung dienen ***).

Wenn der Trappe gejagt wird, so läuft er sehr geschwind, indem er sich mit den Flügeln forthilft, und er läuft so viele Meilen, ohne sich aufzuhalten ****). Weil er aber sehr schwer und nur alsdenn fliegt, wenn ihm von einem glücklichen Winde geholfen, oder er vielmehr davon in die Höhe gehoben wird, und weil er entweder wegen seiner Schwere, oder weil ihm die hintere Zee zum Festsitzen und Anhalten an einem Zweige fehlt, sich nicht auf Bäume setzen kann, so kann man den Alten und Neuern wohl glauben *****), daß man ihn mit Windspielen und Hasenhunden hetzen könne. Man baizet sie auch mit den Falken †), oder stellt ihnen Netze, worinn man sie durch ein Pferd oder auch dadurch locket, daß man sich in eine Pferdehaut einhüllet ††). Es kann keine Falle so sichtbar seyn, wodurch man sie nicht hintergehen kann, wenn es wahr seyn sollte, was uns Aelianus davon erzählt. Im Königreich Pontus sollen sie nämlich die Füchse an sich ziehen, indem sie sich auf die Erde legen und ihren Schwanz in die Höhe halten, den sie so viel als möglich, das Ansehn und die Bewegung eines Vogelhalses geben. Die Trappen sollen diese Figur für einen Vogel ihrer Gattung ansehen, sich ohne Mißtrauen nahen, und der Raub des listigen Thiers werden †††). Allein dieses setzt sehr viel feine List bey dem Fuchs, sehr viel Dummheit bey dem Trappen und vielleicht noch mehr Leichtgläubigkeit bey dem Schriftsteller, der es erzählt, voraus.

Ich habe oben gesagt, daß diese Vögel oft in Schaaren von funfzig bis sechzig zusammengiengen. Dieß geschieht besonders in den Ebenen von Engelland.
Sie

*) Gesn. de Auib. p. 488.
**) Oppian. de Aucupiis L. III.
***) Otibus amicitia cum equis, quibus appropinquare et simum deiicere gaudent, Plutarch. de Societate animal.
****) Urittish Zoology, p. 88.

*****) Xenophon, Aelianus, Albinus, Frisch etc.
†) Aldrovand, Ornitholog. Tom. II. 92.
††) Athenaeus.
†††) Aelian. Hist. Nat. animal. L. IV. c. 24.

Sie vertheilen sich alsdenn in die Felder, welche mit Rüben besäet sind, und richten darinn große Verwüstungen an *). In Frankreich sieht man sie gemeiniglich im Frühling und Herbst, jedoch in kleinern Schaaren ziehen und sie setzen sich da bloß in sehr erhabenen Gegenden. Man hat diesen ihren Zug in Bourgogne, Champagne und Lothringen bemerkt.

Nach Plutarchs **) Berichte findet man den Trappen in Lybien in den Gegenden um Alexandrien. Er findet sich auch in Syrien ***) Griechenland ****), Spanien *****), Frankreich; in den Ebenen von Poitou und Champagne †), in den weitläuftigen westlichen und südlichen Gegenden von Großbritanien, von der Provinz Dorset bis Mercia und die Lothiane in Schottland ††), in den Niederlanden; in Deutschland †††), in der Ukraine und in Polen, wo er nach dem Rzaczynsky den Winter zuweilen mitten im Schnee zubringt. Die Verfasser der brittischen Zoologie versichern, daß sich diese Vögel nicht sehr von dem Lande entfernen, worinnen sie geboren worden, und daß ihre weitsten Reisen sich nicht über zwanzig bis dreyßig Meilen erstrecken ††††.) Aldrovand hingegen behauptet, daß sie im Herbst truppweise in Holland ankommen und sich am liebsten in Gegenden aufhalten, die von Städten und bewohnten Oertern entfernt sind †††††). Der Ritter von Linné sagt, sie zögen nach Holland und Engelland ⁵). Aristoteles ††††††) redet auch von ihrem Zuge, es ist dieses aber auch ein Punkt, der genauere Beobachtungen erfodert, wenn man ihn aus einander setzen will.

Aldrovand wirft dem Gesner vor, er habe etwas widersprechendes behauptet, wenn er sagt, der Trappe zöge mit den Wachteln ⁶) fort, da er doch weiter oben behauptet hätte, er verließe die Schweiz, wo er jedoch nicht häufig wäre, nicht, sondern man fienge auch zuweilen im Winter Trappen **). Allein dieses kann beydes mit einander vereinigt werden, wenn man die Wanderung der Trappen zwar annimmt,

C 3

*) *Brittish Zoology*, p. 88. — Nec vllam pestem odere magis olitores, nam rapis ventrem fulcit, nec mediocri praeda contentus esse solet. *Longol.* ap. *Aldrov. Ornithol.* T. II, p. 93.

**) Wenn man nicht hier, wie oft, den *Otis*, mit dem *Otus* verwechselt hat.

***) *Gesn.* de Auib. p. 484.

****) *Pausanias* in *Phocicis*.

*****) *Plin.* L. X. c. 22. — *Hispania otis des producit. Strabo.*

†) *Ornithol.* de *Salern*, p. 153.

††) *Brittish Zoology*, p. 88. — *Aldrou. Ornithologie*, T. II. p. 92

†††) Brisch nennt den Trappen die größte Henne in Deutschland, welches nicht beweist, daß er unter das Hühnergeschlecht ge-

höre, sondern daß er in Deutschland gefunden werde.

††††) *Brittish Zoology*, p. 88.

⁶) *Migrat per Belgium, Angliam. Linn.* Syst. Nat. l. c. — Dieses kann aber auch heißen: er zieht in diesen Ländern herum.

b. Ueb.

†††††) *Ornithol.* p. 92.

††††††) *Hist. Animal.* L. VIII.

*) *Gesner* de *Auib.* p. 484. Otidem de qua scribo molare puto cum coturnicibus, sed corporis grauitate impeditum, perseuerare non possit, in locis proximis remanere.

**) *Otis magna*, si ea est quam vulgo Trappum vocant, non audiat, nisi fallor, ex nostris regionibus (etsi Heluetiae rara est) et hieme etiam interdum capitur apud nos. *Gesner ibid.*

annimmt, aber so einschränkt, wie die Verfasser der brittischen Thiergeschichte
gethan haben. Uebrigens sind die Trappen in der Schweiz nicht einheimisch, sondern
gleichsam nur veriret, in geringer Anzahl, und ihre Gewohnheiten können uns nicht zur
Regel für die ganze Gattung dienen. Könnte man nicht auch noch hinzusetzen, daß
man ja keine sichere Beweise habe, ob die Trappen, die man bey Zürich zuweilen
im Winter gefangen hat, auch würklich die sind, welche den vorhergehenden Sommer daselbst zugebracht hatten?

Gewiß ist es wohl, daß der Trappe in bergichten oder sehr bewohnten Gegenden, wie die Schweiz, Italien, Tyrol, und verschiedene Provinzen von Spanien, Frankreich, Engelland und Deutschland sind, nur selten angetroffen werde,
und daß man ihn noch am ersten im Winter daselbst finde *). Allein ob er gleich
in kalten Ländern dauern kann, und nach einigen Schriftstellern ein Zugvogel ist,
so scheint es doch nicht, als ob ihn der Nordwind jemals nach Amerika geführt
habe. Zwar sind die Berichte der Reisenden mit Trappen angefüllt, die man in
der neuen Welt gefunden haben will, allein man kann leicht sehen, daß diese sogenannten Trappen, wie ich schon oben bemerkt habe, Wasservögel, und von den
Trappen, von welchem hier die Rede ist, ganz verschieden sind. Barrere redet
zwar in seinem Versuche einer Vogelgeschichte (S. 33.) von einem aschfarbenen
amerikanischen Trappen, den er beobachtet haben will. Allein

1) scheint er ihn nicht in Amerika gesehen zu haben, weil er in seiner France
equinoxiale nichts davon sagt,
2) ist er und Klein der einzige, der von einem amerikanischen Trappen redet.
Nur aber hat der Kleinische, welches der *Macucagua* ⁷) des Markgraf
ist, nicht die diesem Geschlecht eignen Merkmale; denn er hat vier Zeen **)
an jedem Fuße mit Federn bedeckt, er hat keinen Schwanz, und hat keine
weitere Aehnlichkeit mit dem Trappen, als daß es ein schwerer Vogel ist,
der

*) Memini ter quaterque apud nos captum,
et in Rhaetia circa Curiam, Decembri et Ja-
nuario mensibus, nec apud nos, nec illis a
quoquam, agnitum *Gesn. de Auib.* p. 486.

„Man sieht den Trappen in der Gegend von
„Orleans wenig, sagt Salerne *Ornithol.* p. 153.
„außer im Winter, wenn es geschneyet hat.
„Ein Mann, der mich nicht hintergehen
„würde, setzt er hinzu, hat mir erzählt, daß
„einmal an einem Tage, wo die Gegend mit
„Schnee und Reif bedeckt war, einer seiner
„Bedienten früh des Morgens auf dreyßig
„entfernte Trappen gefunden, die er für Trut-
„hähne hielt, die man draussen gelassen, sie
„mit sich nach Hause genommen, und sie nicht

„eher für das, was sie waren, erkannt hät-
„te, bis sie aufgethaut waren.“ Ibid. —
Ich erinnere mich selbst, daß ich zu zwey
unterschiedenen Malen zween Trappen in einer fruchtbaren, aber doch bersichten Gegend
von Bourgogne gesehen habe, es war aber
beydemal im Winter bey Schneegestöber.

⁷) Anm. der *Macucagua* des Markgraf
ist kein Trappe, sondern die *Psophia* cre-
pitans des Ritters von Linne. Dieser Vogel
ist zwar in Kleins Vogelhist. durch Reyger
p. 18. unter den Trappen aufgeführt, kommt
aber S. 104. noch einmal vor.
A. d. Ueb.

**) *Klein* Ordo Auium p. 18.

der sich nicht auf Bäume setzt, und fast gar nicht fliegt *). Bar-
reres Ansehen ist auch nicht von so großem Gewichte in der Naturgeschichte, daß sein Zeugniß mehr als das Zeugniß aller andern gelten sollte.
3) scheint sein aschfarbner amerikanischer Trappe wohl eher das Weibchen des
afrikanischen zu seyn, welches, nach dem Ritter Linné, ganz aschfarben ist **).

Man wird mich vielleicht fragen, warum der Trappe, der bey aller seiner
Schwere, doch einmal Flügel hat, nicht auf der nördlichen Seite nach Amerika
übergegangen seyn sollte, da doch verschiedene vierfüßige Thiere dieß gethan haben. Ich
antworte hierauf, er kann nicht dahin übergegangen seyn, weil er zwar fliegt, aber
kaum anders, als wenn er gejagt wird, weil er niemals weit fliegt, und weil er
endlich nach Belons Berichte, besonders alles Gewässer vermeidet, und daher nicht
gewagt haben wird, eine so große Breite über das Meer zu fliegen; ich sage mit
Fleiß, eine große Breite, denn obgleich das Wasser, welches die beyden Welttheile
auf der nördlichen Seite trennet, nicht so groß ist, als die Meere welche sie zwischen
den Wendezirkeln trennen, so ist seine Größe doch immer gegen den Raum beträchtlich, den der Trappe mit fortgesetztem Fluge zurücklegen kann.

Man kann also den Trappen für einen der alten Welt eignen Vogel ansehen, der
aber, in diesen Welttheilen an kein Klima besonders gebunden ist, weil er in Libyen,
an den Küsten des baltischen Meers und in allen zwischen beyden gelegnen Ländern leben kann.

Der Trappe ist ein gutes Wildpret; das Fleisch der Jungen ist, wenn man
es ein wenig liegen läßt, besonders schmackhaft. Haben einige Schriftsteller das
Gegentheil behauptet, so kam es daher, weil sie den Otis mit dem Otus verwech-
selten, wie ich schon angemerkt habe. Ich weiß nicht, warum Hippocrates sein
Fleisch denen mit der fallenden Sucht behafteten Personen untersagt haben mag †). Plinius findet an dem Trappenfette ein besonders Mittel die Krankheiten zu lindern,
welche die Kindbetterinnen nach der Geburt an den Brüsten befallen. Man bedient
sich seiner Federn, so wie der Gänse- und Schwanfedern, und die Fischer suchen
sie besonders, um sie an die Angeln zu befestigen, weil sie glauben, die kleinen
schwarzen Flecken, womit sie besprenget sind, schienen dem Fische eben so viel kleine
Fliegen zu seyn, wodurch sie gelockt würden, desto eher anzubeißen ††).

Zusätze zur Naturgeschichte des Trappen.

Es ist würklich wunderbar, daß in der natürlichen Geschichte eines so bekannten
Vogels als der Trappe ist, doch noch so viele Dunkelheiten übrig geblieben
sind. So viel ist gewiß, daß er in den Gegenden, von denen ich hier rede, das
ganze

*) Maregrav. Hist. nat. Brasil. p. 213.　　†) S. Aldrov. Ornithol. p. 95.
**) Linné System. Nat. et. X. p. 155.　　††) Gesn. de Avib. p. 488.

ganze Jahr hindurch und so gar im strengsten Winter anzutreffen ist, und folglich wohl kein Zugvogel ist. Der Trappe schränkt sich auf sehr kleine Gegenden
ein. In Sachsen giebt es Striche von drey bis vier Meilen, wo er wechselsweise häuf-
fig und gar nicht vorhanden ist. So kennt man ihn, z. B. um Dreßden gar
nicht, hingegen um Großenhayn, in einer Entfernung von vier Meilen von der
Hauptstadt ist er hin und wieder anzutreffen: bey Leipzig, sonderlich nach Halle
und Dölitsch zu, endlich ist er sehr häufig. Dieses ist ein Beweiß dafür, daß
er die geringsten bergichten Gegenden fliehe und sich nirgends als in Ebenen aufhalte.

Der selige Herr Prof. Statius Müller bestimmt die Kennzeichen des Trap-
pengeschlechts, nach dem Ritter von Linné, nach welchem es vier Gattungen
begreift, folgendermaßen: „Ein etwas kegelförmiger Schnabel, die Nasenlöcher
‚oval, die Flügel zum Flügen ungeschickt, die Füße aber zum Laufen eingerichtet,
„denn sie sind dreyfingerich, ohne den hintern Finger.“ Es ist also wohl mehr ein
Druckfehler, wenn im Linn. System, zwölfter Ausgabe l. c. steht, pedes cur-
sorii *tetradactyli* und muß *tridactyli* gelesen werden.

Ohngeachtet der Trappe nicht eigentlich zum Hühnergeschlecht gerechnet werden kann, so halte ich ihn doch für den Uebergang zu demselben, oder vielmehr für
das Mittelglied zu dem Abfalle vom Hühnergeschlecht zu den Vögeln, welche gar
nicht fliegen. Gesner hatte also nicht Unrecht, wenn er diese Aehnlichkeit entdeckte.
Der sogenannte kalekutische Hahn führet uns von ihm zum Hühnergeschlechte, und
wir bemerken schon am Trappen große Aehnlichkeiten mit demselben. Seine Größe,
der Halskragen des Männchens, sein Zorn, seine Ungeschicklichkeit im Fliegen, seine
Nahrung zeigen, daß er sich diesem Geschlechte nähere, so wie die einigermaßen verschiedene Struktur seines Magens, der lange Hals und die dreyzeichten Füße ihn
dem Straußgeschlecht benachbart machen. In diesem Betracht ist er immer ein
merkwürdiger einheimischer Vogel.

Wegen seiner Schüchternheit ist er schwer zu fangen. Er steht oft auf hundert
und mehr Schritte vor dem Jäger auf. Man schießt ihn daher von einem dazu ge-
wöhnten Pferde, welches die Stelle des Hundes vertreten muß, den man bey den
Rebhühnern gebraucht, weil der Trappe vor dem Pferde nicht fliehet, oder schießt
ihn, wie die wilden Gänse mit der Karrenbüchse vor einem gemalten Ochsen. Um
Strasburg (siehe Beckmanns Bibl. VI. Band. S. 383.) fängt man sie nur, wenn
alles voll Schnee lieget. Man lockt sie durch ausgestopfte Bälge von Trappen, zwischen welche man Kohlköpfe in die Erde steckt. Darbey wird ein einfaches Schlaggarn
geleget, dessen Zugseil die Länge eines ganzen Ackers hat. Wenn der Trappe mit
dem Garne bedeckt wird, so giebt er keine andre Stimme von sich, als daß er blä-
set und schnaubt.

II. Der

II. Der kleinere Trappe [1] (la Cane-petière *)

S. die 25. u. 10. illuminirte und unsre 2te Tafel.

Dieser Vogel ist vom Trappen nur darinnen unterschieden, daß er viel kleiner ist und einige Verschiedenheiten in der Farbe der Federn hat. Er hat so gar das mit dem Trappen gemein, daß man ihn im Französischen von der Ente benennt [**], (Cane, und Canard), ob er gleich mit den Wasservögeln eben so wenig Aehnlichkeit hat, als der Trappe, und man ihn niemals am Wasser sieht [***]. Belon will, man habe ihn so genennt, weil er sich auf der Erde so versteckte, wie es die Enten im Wasser zu thun pflegen [****]. Salerne hingegen behauptet, er heiße darum so, weil er einigermaaßen einer wilden Ente ähnlich, und so wie diese fliegt [†]. Allein

---

[1] Num. Trieltrappe oder Gries, kleine Trappe, *Tarda minor* S. Klein b. Reyger S. 16. *Otis Tetrax* capite inguloque caluis *Linn.* S. N. XII. p. 264. n. 3 der kleine Trappe Müllers Naturs. II. p. 144.

[*] *Petite Outarde ou Canepetiere* Ital. *Fasonella.* — *Canepetiere Belon. Hist. nat. des Oiseaux* p. 237. — *Capetiere* bey einigen. *Olive* und *Belon. Portrait d' Oiseaux* p. 56. 6. — *Petite Outarde Edw. Glanures* p. 25. mit einer guten ausgemalten Figur des Weibchens. — *la petite Outarde, Brisson. Ornithol.* T. V. p. 24. mit einer Abbildung des Männchens und Weibchens. Tab. 2. Anm. d. Ueb.

„Was die Etymologie anbetrift, sagt „Salerne, (S. 155). so nennt man ihn „Canepetiere oder Canepetrace, 1) Weil er ei= „nigermaaßen der Ente ähnlich ist, und auch „so wie sie fliegt. 2) Weil er gerne zwi= „schen den Steinen wohnt. Einige haben „geglaubt, er habe diesen Namen davon, „daß er sein Nest oder Lager mit den Füs= „sen zusammentritt. (patrie). Noch andre „glauben, er habe ihn deswegen erhalten, „weil er Blähungen läßt (peter). Die Büffon Vögel III. B.

letzte Ableitung ist vermuthlich nur nach der Analogie gemacht, den kein Natur-forscher hat je etwas ähnliches von diesem Vogel gesagt, auch sogar Belon nicht, den alle übrige ausgeschrieben haben. Ich setze noch hinzu, daß der Raubvogel, von wel-chem *Salerne* S. 251. und 292. redet, pe-teux genannt wird, obngeachtet man in sei-ner Geschichte nichts davon liest, daß er sich gern im Wiesen, Klee u. s. w. aufhalte. Der kleinere Trappe aber heißt auch *Anas pratensis.*

[**] *Belon Hist. Naturelle des Oiseaux.* p. 237. nennt ihn Canepetière. *Gesn.* de Av. p 795. heißt ihn eben so — *Iohnston.* Anas cam-pestris, de Auib. p. 43. — *Charleton* eben so in Exercit. p. 83. n. 9. — *Aldrov. Ornithol.* T. II. 96. — *Willoughby* desgl in Ornitholog. p. 129. — *Raius,* desgl. in Synops. meth. Auium. p. 59. n. 11. — *Albin.* desgl. *Hist. nat. des Oiseaux* Tom. III. p. 17. Canard des prés.

[***] *Salerne Hist. nat. des Oiseaux.* p. 155.
[****] *Belon Hist. nat. des Oiseaux* p. 237.
[†] *Salerne* l. c.

D

Allein die Ungewißheit und die wenige Uebereinstimmung dieser etymologischen Muthmaßungen zeigen, daß eine einzige und noch dazu entfernte Aehnlichkeit kein hinreichender Grund sey einem Vogel den Namen eines andern beyzulegen. Denn, wenn ein Leser, der diesen Namen findet, nicht zugleich auf diese Aehnlichkeit verfällt, die man damit anzeigen wollte, so wird er nothwendig einen falschen Begriff bekommen, und man kann um vieles weiter, daß diese Aehnlichkeit, wenn sie die einzige ist, nur wenigen Lesern in die Augen fallen wird.

Der Name des kleinen Trappen, den ich vorgezogen habe, ist dieser Unbequemlichkeit nicht unterworfen. Denn da dieser Vogel außer der Größe alle Hauptkennzeichen des Trappen hat, so kommt ihm der zusammengesetzte Name: der kleine Trappe, in dem ganzen Umfange seiner Bedeutung zu, und kann keinen Irrthum hervorbringen. Belon hat die Muthmaßung geäußert, als ob dieser Vogel der *Tetrax* des *Athenäus* wäre. Er gründet sich hierbey auf eine Stelle dieses Mannes, wo er ihn in Absicht auf die Größe mit dem *Spermologus* *) vergleicht, welchen Belon für eine Holzkrähe, oder eine sehr große Krähe hält. Aldrovand hingegen versichert, es sey eine Art von Sperling, und daher könne der *Tetrax* des *Athenäus* gar nicht der kleine Trappe seyn **); überdieses behauptet auch Willoughby, daß dieser Vogel von den Alten nicht angegeben worden sey ***)

Aldrovand sagt uns ferner, daß die Fischer bey Rom einen Vogel *stella* nennten, ohne zu wissen, warum? Er habe diesen Vogel anfangs für den kleinen Trappen gehalten, er habe ihn aber nach genauer Betrachtung von demselben verschieden gefunden ****). Ohngeachtet dieses formellen Geständnisses sagen Ray und nach ihm Salerne, daß die Stella des Aldrovand ¹) mit dem kleinen Trappen einerley sey †).

Sie scheinen sogar dem Charleton und Willoughby Schuld zu geben, daß sie eben dieses geglaubt hätten ††), da doch diese Schriftsteller sich mit vieler Sorgefalt

---

*) *Tetrax*, inquit *Alexander Myndius*, avis est magnitudine spermologi, colore figlino, sordidis quibusdam maculis lineisque magnis variegato: frugibus vescitur, et quando peperit, quadruplicem emittit vocem. *Athenaeus* L. IX.

**) *Ornitholog.* L. XIII. p. 61.

***) *Idem* p. 130. Veteribus indicta videtur.

****) *Aldrov. Ornithol.* Tom. II. p. 98. Arbitrabar cum *Belloniana* caneperiere eandem esse, sed ex collata vtriusque descriptione, diuersam esse iudicaui.

¹) Anm Eben dieses thut der sel. Herr Prof. Statius Müller am angef. Orte.
Anm. d. Ueb.

†) S. Ray Synopf. auium p. 59. und Salerne Hist. nat. des Oiseaux p. 154.
††) Ornithol. p. 25.

fait gehütet haben, diese beyden Arten von Vögel nicht zu verwirren, die sie wahr-
scheinlicherweise nicht einmal gesehn hatten *).

    Von einer andern Seite hat Barrere den kleinen Trappen mit dem Ral-
lus verwechselt, und ihn daher *ortygometra melina* genennt. Er eignet ihm auch
noch eine vierte Zee an jedem Fuße zu **). Hieraus sieht man, wie wahr es ist,
daß die Menge der Methoden nur immer neue Irrthümer erzeugt, ohne uns mit
reellen Kenntnissen zu bereichern.

    Dieser Vogel ist also, wie schon gesagt, ein wahrer Trappe, der aber auf ei-
ner niedrigen Stufe steht, daher ihn Klein den Zwergtrappen nennt ***). Seine
Länge beträgt von der Schnabelspitze bis an die Spitze der Nägel gerechnet, 18.
Zoll, das ist nur halb so viel als die Länge des großen Trappens eben so gemessen.
Aus diesem einzigen Maaße ergeben sich alle andre. Man muß nicht mit Ray
daher schließen, daß sich der kleine Trappe zum größern wie eins zu zwey ****) ver-
halte, sondern wie eins zu achte, weil die Volumina ähnlicher Körper sich gegen
einander wie die Würfel ihrer einfachen Ausmessungen, die sich auf einander beziehn,
verhalten. Er ist ohngefehr so dick als ein Fasan †), er hat so wie der große
Trappe nur drey Zeen an jedem Fuße, den untern Theil der Schenkel kahl ohne Federn,
einen Hühnerschnabel, und unter allen Federn des Körpers rosenfarbne Pflaumfedern.
Allein er hat zwey Federn weniger im Schwanze, zwo mehr im Flügel, dessen letztere
Federn, wenn der Flügel zusammen gelegt ist, fast eben so weit herausgehn, als die erstern, unter welchen man hier diejenigen versteht, die am weitsten von dem Körper ab-
stehen. Ueberdieses hat das Männchen den Bart nicht, den das Männchen der
größern Gattung hat, und Klein setzt hinzu, daß seine Federn nicht so schön sind
als bey dem Weibchen ††) welches das Gegentheil von dem ist, was sonst bey den
Vögeln gewöhnlich ist. Allein diesen Unterscheid ausgenommen, der sehr geringe ist,

findet

---

*) *Nota.* Charleton macht zwey verschiedne Gattungen, davon die eine, als die
neunte unter den Vögeln, die sich von
Pflanzen nähren (Phytivores) der kleine Trappe, und die andre die zehnte Gattung eben
dieses Geschlechts, die *Stella* des Aldrovands ist. Bey dieser verweist er auf den
Johnston, von der andern redet er blos nach
dem Belon. Willoughby nennt den kleinen Trappen nicht *Stella* (Ornithol. p. 129)
und die *Stella* auch nicht *canepetière*. Siehe
die Figur unten auf seiner 32. Tafel, die
nach der *Stella* des Aldrov. gezeichnet zu
seyn scheint. S. auch das Wort *Stella* im
Register.

**) *Specimen Ornithol. Claſſ:* III. Gen.
XXXV. p. 62.

***) *Tarda nana: an otis, vti videtur,
seu tarda aquatica.* Ordo avium p. 18. n. 11.
Hier ist schon wieder der kleine Trappe in
einen Wasservogel verändert worden.

****) *Tardae persimilis est, sed duplo mi-
nor. Ray,* Synopſ. av. p. 59.

†) Wer die Figur des Zwergtrappen haben will, der stelle sich eine sehr gefleckte
Wachtel in der Größe eines mittlern Fasans
vor. Belon Hist. nat. des Oiseaux p. 238.

††) *Klein* Ordo Av, p. 18.

findet man bey dem kleinen Trappen alle äußerliche, ja sogar fast alle innerliche Eigenschaften, die Naturtriebe, die Sitten und Gewohnheiten des größern. Es scheint als ob der kleine Trappe aus einem Ey des großen entstanden wäre, dessen Keim nicht genung Stärke zur Entwickelung gehabt habe.

Das Männchen unterscheidet sich vom Weibchen durch ein doppeltes weißes Halsband, und durch einige Verschiedenheiten in den Farben [?]. Allein diese sind am obern Theile des Körpers bey beyden Geschlechtern fast einerley, und sind nach Belons Bemerkung überhaupt weniger Abänderungen unterworfen.

Nach dem Salerne haben diese Vögel ein besonders Geschrey der Liebe, welches im Monat May anfängt, dieses Geschrey ist Pru, bru, sie wiederhohlen es oft, besonders die Nacht, und man hört es sehr weit. Hierauf streiten sich die Männchen sehr erzürnt mit einander, und suchen sich Meister von einem Distrikte zu machen. Ein Männchen kann mehrern Weibchen Gnüge leisten, und dann ist der Platz der Begattung, wie die Tenne einer Scheune festgetreten.

Das Weibchen legt im Monat Junius drey, vier bis fünf Eyer, welche sehr schön aussehen, und von einer glänzenden grünen Farbe sind, wenn die Jungen ausgekrochen sind, so führt sie dieselben, wie eine Henne die Ihrigen. Sie lernen erst im Monat August fliegen, und wenn sie ein Geräusch hören, ducken sie sich auf die Erde nieder, und lassen sich eher ertreten, als daß sie sich rührten [*]).

Man fängt das Männchen vermittelst eines ausgestopften Weibchens, deren Geschrey man nachahmt. Man läßt auch Falken auf sie stoßen. Man kann ihnen überhaupt schwer beykommen, weil sie immer auf hohen Gegenden in den Haberfeldern auf ihrer Huth sind. In Rocken- und Waizenfeldern soll man sie gar nicht antreffen. Am Ende der schönen Jahrszeit machen sie sich fertig, in ein ander Land zu ziehen, da man sie sich denn in Schaaren versammlen sieht. Alsdenn ist zwischen dem Alten und ihren Jungen kein Unterscheid mehr [**]).

Sie

[?] Anm. Mas collo nigro torque albo Linn. l. c.   A. d. Ueb.

[*]) Salerne hist. nat. des Oiseaux, p. 155. Anm. Der Verfasser zeigt die Quellen nicht an, woher er alle diese Nachrichten gezogen hat. Sie haben viel Aehnliches mit dem was man vom Auerhahne sagt, den man Tetrix nennt. (S. ibid. 136) und da man den kleinen Trappen immer Tetrax genannt hat, so könnte man befürchten, daß hier eine Irrung ist, die aus dem zweydeutigen Namen entsteht; da besonders Salerne der einzige Naturforscher ist, der sich so weitläuftig über die Zeugung des kleinen Trappen verbreitet, ohne seinen Gewährsmann zu nennen.   A. d. V.

[**]) Salerne Hist. nat. des Oiseaux, p. 155.

Sie nähren sich nach dem Belon *), wie die großen Trappen, von Kräutern und Körnern, überdieses freffen sie auch Ameiffen, Käfer und kleine Fliegen. Nach dem Salerne hingegen find die Insekten ihre Hauptnahrung, nur zuweilen im Frühling freffen sie die zarteften Blätter vom Hasenkohl **).

Die kleinen Trappen find seltner als die Großen und ihre Gattung ist in einem engen Kreise eingeschloffen. Linnäus sagt, man fände ihn in Europa und besonders in Frankreich ***). Dieses ist etwas unbestimmt gesagt. Denn es giebt in Europa sehr große Länder, und besonders auch in Frankreich große Provinzen, wo er unbekannt ist. Der Himmelsstrich von Schweden und Pohlen find solche, wo es ihm nicht gefällt. Der Ritter von Linne' selbst erwehnt ihn in seiner *Fauna sueeica* nicht, so wenig als der P. Rzaczynsky in seiner natürlichen Geschichte von Pohlen. Klein hat einen einzigen in Danzig, der aus der Menagerie des Markgrafen von Bayreuth kam, gesehen ****).

Er muß in Deutschland eben so wenig gemein seyn, weil Frisch, der sich vornimmt die Vögel dieses Reichs zu beschreiben, und von dem großen Trappen sehr weitläuftig spricht, kein Wort von dem kleinen sagt, und weil ihn auch Schwenckfeld nicht mit anzeigt.

Gesner nennt ihn blos unter den Vögeln, die er nicht gesehen hatte, und er muß ihn auch würklich nicht gesehen haben, weil er ihm rauhe Füße, wie dem Schneerhuhn †) zuschreibt. Ein Beweis, daß er in der Schweiz wenigstens sehr selten seyn muß.

Die Verfaffer der brittischen Zoologie, welche sich zum Gesetz gemacht hatten, blos englische, oder doch nur solche Thiere zu beschreiben, die ursprünglich aus Engelland wären, glaubten, sie überträten ihr Versprechen, wenn sie einen Vogel dieser Gattung beschrieben, der in Cornwall getödtet worden war. Sie hielten diesen Vogel für verirrt und Engelland ganz fremd ††), und er ist es auch so sehr, daß, als der königl. Gesellschaft ein solcher Vogel überreicht wurde, die Mitglieder, die damels gegenwärtig waren, denselben nicht kannten, und man daher den Edwards ernennen mußte, um zu bestimmen, was es wäre.

Von der andern Seite versichert uns Belon, daß zu seiner Zeit die Gesandten von Venedig, Ferrara und Rom, denen er einen kleinen Trappen zeigte,

D 3   ihn

---

*) Belon. Hift. nat. des Oiseaux, p. 237.
**) Salerne, l. c. p. 155.
***) Linnaeus Syft. nat. Edit. X. p. 154.
****) Klein Ordo avium p. 18. Vögelhift. durch Reyger S. 18. n. 2, nor.

†) Gesner de Auib. p. 715 et 795.

††) Brittifh. Zoologie, p. 288.

†††) Edwards Glanures, Tab. 202.

ihn eben so wenig kannten, so wie auch Niemand von ihrem Gefolge, und daß einige ihn für einen Fasanen hielten, woraus er mit Recht schließt, daß er in Italien sehr selten seyn müsse *). Dieses ist auch sehr wahrscheinlich, obwohl Ray, als er durch Italien gieng, einen auf dem Markte gesehen hat **). So sehen wir, daß Dohlen, Schweden †), Engelland, Deutschland, Schweiz und Italien aus der Zahl der Länder in Europa auszuschliessen sind, wo sich dieser Trappe aufhält. Man könnte euch glauben, daß diese Ausnahmen noch zu eingeschränkt sind, und daß Frankreich der einzige diesen Trappen eigene Himmelsstrich sey, weil die französischen Naturforscher ihn am besten zu kennen, und fast ganz allein von ihm aus eigenen Bemerkungen zu sprechen scheinen. Alle andre, Klein ausgenommen, der aber doch nicht mehr als einen gesehen hatte, reden von ihm nach dem Belon.

Man muß aber doch nicht einmal glauben, daß der kleine Trappe in allen Provinzen von Frankreich gemein sey. Ich kenne grosse Districte dieses Königreichs, wo man ihn gar nicht findet.

Salerne sagt, man sehe ihn oft in Beauce, wo er sich aber doch nur als ein Zugvogel aufhält. Er komme in der Mitte des Aprils an, und ziehe bey der Annäherung des Winters wieder fort; er halte sich gerne in unfruchtbaren steinichten Gegenden auf, und deswegen nenne man ihn canepetrace und seine Jungen petraceaux. Man sieht ihn auch in den Ländchen Berri, wo man ihn canepetrotte benennt **). Endlich muß er in Maine und in der Normandie sehr gemein seyn, weil Belon alle Gegenden von Frankreich aus dieser beurtheilte, die er am besten kannte und daher sagt: es sey kein Bauer im Königreich, der diesen Vogel nicht zu nennen wisse †).

Der kleine Trappe ist von Natur listig und argwöhnisch, daher man von ihm ein französisches Sprichwort hat, das man von Leuten braucht, welche diese Eigenschaft in ihrem Charakter haben und von ihm sagt: qui sont de la canepetière ††).

Wenn diese Vögel einige Gefahr vermuthen, so stehen sie auf und fliegen zwey bis dreyhundert Schritte sehr ungeschickt und nahe bey der Erde. Wenn sie sich nachher einmal wieder gesetzt haben, so laufen sie so geschwind, daß sie kaum ein Mensch einholen kann †††).

Das

---

*) Belon. Hist. nat. de Oiseaux, 237.
**) Ray Synopsis Avium, p. 59.
†) Anm. Im Linn. System ist gleichwohl die fauna succica 196. citirt, wo ich ihn aber demohngeachtet nicht finden können.
     A. d. Ueb.

***) Salerne Hist. nat. des Oiseaux p. 155.
†) Belon. Hist. nat. des Oiseaux, p. 237.
††) Id. ibid.
†††) Id. ibid.

Das Fleisch des kleinern Trappen ist schwarz und sehr wohlschmeckend. Klein versichert uns, daß die Eyer des Weibchens, das er gehabt hat, sehr gut zu essen waren. Er bemerkt noch, daß das Fleisch des Weibchens vom Trappen besser sey, als das Fleisch der kleinen Auerhähne *), wovon er aus eigner Vergleichung urtheilen konnte.

Was den innern Bau anbetrift, so ist er nach dem Belon, fast eben der, wie bey allen kornfressenden Vögeln **).

Zusätze zur natürlichen Geschichte des kleinern Trappen.

Von diesem Vogel ist noch weniger als vom großen Trappen zu sagen, weil er überhaupt seltener, schwerer zu fangen und zu schiessen und bey uns ganz fremd ist. Der sel. Herr Prof. Müller glaubt, er sey der Rhaad oder Saf-Saf der Barbaren, wovon wir bald mehr hören werden. Buffon ist gewiß derjenige Schriftsteller, der von ihm am meisten gesammlet, und die besten eigenen Nachrichten hinzu gesetzt hat. Man kann daher keine weitere Zusätze zu seiner Geschichte bey uns vermuthen.

*) Klein Ordo Avium, p. 18.   **) Belon Hist. nat. des Oiseaux, p. 238.

Freunde

Fremde Vögel

welche mit den Trappen einige Aehnlichkeit haben.

I. Der Lohong oder der gekrönte oder gehaubte arabische Trappe [1].

Siehe die dritte Kupfertafel.

Der Vogel [*]), den die Araber **Lohong** nennen, und den **Edwards** zuerst be-schrieben hat, ist ohngefehr so dick als unser großer Trappe. Er hat so wie dieser drey Zeen an jedem Fuß, nur etwas kürzer, die Füße, der Schnabel und der Hals sind länger, und er scheint überhaupt nach leichtern Verhältnissen gebauet zu seyn.

Die Federn am obern Theil des Körpers sind mehr braun, und wie bey der Schnerpe gelblich mit dunkelbraunen Durchzügen, und auf den Flügeln mit halb-mondfärbigen weissen Flecken eingesprengt. Der untere Theil des Körpers, so wie der Umkreis des obern Theils der Flügel ist weiß. Die Kehle und der Vordertheil des Halses haben Querstriche von dunkelbrauner Farbe im aschfarbnen Grunde. Der untere Theil der Schenkel, der Schnabel und die Füße sind helbraun und gelblich. Der Schwanz hängt herab, wie bey einem Rebhuhn, mit einem schwarzen Quer-bande durchzogen. Die großen Federn des Flügels, so wie der Federbusch, sind von eben der Farbe.

Diese Federkrone ist ein sehr merkwürdiges Stück bey dem arabischen Trap-pen. Sie ist spitzig, geht hinterwärts und liegt fast horizontal. Aus ihrer Wur-zel gehen zwo schwarze Linien aus, deren eine sehr lang ist, über das Auge geht, und eine Art von Augenbraunen macht. Die andre, welche viel kürzer ist, nimmt ihre Richtung nach dem untern Theil des Auges, um es gleichsam einzufassen, kömmt aber nicht ganz bis an das Auge. Das Auge selbst ist schwarz, und steht in einem weissen Raume.

Betrach-

---

[1] *Otis arabica* Briff. T. V. p. 30. *Otis Arabs* auribus erecto-cristatis. *Linn.* S. N. ed. XII. p. 264. n. 2. — Der arabische

Trappe. Müllers Naturf. Th. II. S. 444.
A d. Ueb.

[*] Siehe unsre dritte Kupfert.

Betrachtet man diese Federkrone von der Seite in einiger Entfernung, so glaubt man etwas niedrige Ohren zu sehen, welche etwas niedergeschlagen sind und nach hinten gehen. Da nun der arabische Trappe denen Griechen ohne Zweifel bekannter gewesen, als der unsrige, so ist es wahrscheinlich, daß sie ihn wegen dieser Art von Ohren *Otis* genennt haben, so wie sie den Uhu wegen eben solcher Federbüsche, die ihn von den Eulen unterscheiden, *Otos* benennten.

Ein Vogel dieser Gattung, der von Mocka im glücklichen Arabien gekommen, hat viele Jahre in dem Vogelhause des Ritters Hans Sloane gelebt. Edwards, der uns eine ausgemalte Figur von ihm giebt, hat uns keine ausführliche Nachricht von seinen Naturtrieben, Gewohnheiten, ja nicht einmal von der Art sich zu nähren *) gegeben. Er hätte ihn aber wenigstens nicht mit dem Hühnergeschlecht vermengen sollen, wovon er so auszeichnend unterschieden ist, wie ich unter dem Artikel vom Trappen gezeigt habe **).

Zusatz zur Geschichte des arabischen Trappen.

Müller Linn. Naturf. Theil II. S. 444. n. 2. beschreibt ihn also: „Der „arabische Trappe unterscheidet sich von dem vorigen durch die aufgerichteten „Haubenohren und wird in Arabien gefunden, wo er von den Einwohnern von „Mocha Lohong genennt wird. Die Größe kömmt mit unserm gemeinen Trap„pen überein. Doch sind Schnabel und Füße länger und der Hals dünner. Die „Farbe ist oben röthlich mit schwarzen Querstrichen, unten weiß. Die Haube der „Ohren ist schwarz, und über die Augen geht gleichfalls ein schwarzer Strich. Die „Kehle und der untere Theil des Halses sind aschgrau mit braunen Querstrichen. „Die Schwanzfedern wie bey der vorigen Art. Der Schnabel blasfärbig; Au„genringe und Füße braun. Er ist nicht nur im glücklichen Arabien, sondern auch „in den übrigen Morgenländern gemein."

Klein hält ihn (Vogelhist. durch Reyger S. 18. n. 3.) für den Rhaad oder Saf-Saf des D. Shaw, den aber Büffon besonders beschreibt.

*) *Edwards* nennt ihn Arabian Bustard, tab. 12. (*Seeligmann* T. I. tab. 23.) *Linn.* edit. X. Gen. LXXXV. Spec. 2. *Otis arabs* auribus erecto cristatis. — *Klein* Tarda Mochaensis arabica. *Ordo Anium*, p. 18. n. 3.

**) Die Araber nennen ihn, wie Edwards sagt, Lohong. Dieser Name ist zwar nicht in dem zur zwölften Platte gehörigen Texte, aber doch in der französ. Uebers. befindlich, welche der Verfasser gebilligt hat.

34   Historie der Natur.

II. Der afrikanische Trappe [1].

Der Ritter von Linné macht aus ihm seine vierte Gattung. Er ist vom arabischen Trappen durch die Farbe unterschieden. Die schwarze ist die Hauptfarbe, der Rücken aber ist aschfarben, und die Ohren sind weiß.

Das Männchen hat gelbe Füße und einen eben solchen Schnabel. Der obere Theil des Kopfes ist aschfarben und der äußere Rand der Flügel weiß. Das Weibchen hingegen ist ganz aschfarben, außer dem Bauche und den Schenkeln, welche schwarz sind, wie bey dem indianischen Trappen [*].

Dieser Vogel findet sich, nach dem Ritter von Linné in Aethiopien. Vermuthlich ist der, von welchem der Reisebeschreiber le Maire [**] unter dem Namen des fliegenden Strauses spricht, von dem unsrigen nicht verschieden. Denn ob dieser Reisende gleich nur sehr wenig von ihm sagt, so ist dieses Wenige doch so beschaffen, daß es mit der obigen Beschreibung in vielen Stücken übereinkommt, und in keinem Stücke verschieden ist. Nach ihm ist das Gefieder grau und schwarz, das Fleisch wohlschmeckend, und die Dicke ohngefehr, wie ein Schwan. Allein diese Muthmassung gewinnt eine neue Stärke durch das Zeugniß des Herrn Adanson. Dieser geschickte Naturforscher versichert uns von einem sogenannten fliegenden Strauße, den er in Senegal getödtet und sogleich in der Nähe untersucht hatte, er sey in vieler Betrachtung unsern europäischen Trappen ähnlich, unterscheide sich aber von demselben durch die Farbe der Federn, welche durchgehends aschgrau sern, durch den längern Hals und durch eine Art von Federbusche, den er hinten auf dem Kopfe trägt [***].

Dieser Federbusch ist ohne Zweifel das, was der Ritter von Linné die Ohren nennt, und die angegebene aschgraue Farbe ist ganz genau die Farbe des Weibchens. Da nun dieses die Hauptzüge sind, wodurch sich der afrikanische Trappe

[1] Anim. Otis Afra, nigra, dorso cinereo, auribus albis. Linn. Syst. Nat XII. p. 264. n. 4. — Der äthiopische Trappe Müllers Naturf. Theil II. S. 445. mit einer Abbildung. Taf. 18. Fig. 1. welche aus einer Sammlung von Zeichnungen afrikanischer Vögel vom Hrn. Prof. Burmann berührt. A. d. Ueb.

[*] Linn. Syst. nat. edit. X. p. 155.

[**] Voyage de la Maire, aux Iles Canaries, Cap-verd, Senégal etc. Paris 1695. p. 106.

[***] Voyage au Senégal p. M. Adanson, Paris 1757. 4to p. 160.

pe des Ritters von Linné und der fliegende Strauß von Senegal von unserm
europäischen Trappen unterscheiden, so kann man, meiner Meynung nach, daraus
schliessen, daß diese Vögel einander sehr ähnlich sind, und daß man daher auf ben-
de ausdehnen kann, was wir von jedem besonders gesagt haben; z. B. daß sie fast
so stark als unsre Trappen sind, und einen noch längern Hals haben. Dieser
lange Hals, von welchem Adanson redet, ist ein Zug, den dieser Vogel mit dem
arabischen Trappen gemein hat, welcher fast in eben diesem Himmelsstriche wohnt.
Das Stillschweigen des Ritters von Linné ist kein Einwurf hierwider, denn dieser zeigt kein einziges Maaß für seinen afrikanischen Trappen an. Was seine Größe
anbetrift, so sagt le Maire, er käme dem Schwane gleich*). Adanson hingegen
vergleicht ihn hierin mit dem europäischen Trappen, weil er erst sagt, er komme
diesem in vielen Stücken gleich, und doch nachher, wo er die vornehmsten Abweichungen giebst, in diesem Punkte keine Ausnahme macht **). Da überdieses
Aethiopien oder Abyssinien, als das Vaterland des afrikanischen Trappen, und
Senegal, das Vaterland des fliegenden Strausses, so entfernt sie von einander
liegen, doch einerley Himmelsstrich haben, so ist es mir höchst wahrscheinlich, daß
diese Vögel zu einer Gattung gehören.

III. Der Churge oder mittlere indianische Trappe [1]

Dieser Trappe ist nicht allein kleiner als der europäische, arabische und afrikanische, sondern er ist auch verhältnißmäßig geschlanker, und hat höhere
Schenkel als irgend ein andrer Trappe. Er ist von der Fläche, worauf er steht,
bis auf den obern Theil des Körpers gerechnet, zwanzig Zoll hoch. Sein Hals
scheint, mit der Länge der Füße verglichen, kürzer, er hat aber übrigens alle Merkmale des Trappen, als: nur drey getrennte Zeen an jedem Fuß, von Federn ent-
blößte Schenkel, einen etwas krummen, aber längern Schnabel. Ich sehe daher
nicht ein, warum ihn Brisson zum Geschlecht der Wasserhühner gerechnet hat.

E 2 Das

---

*) Voyage de le Maire aux Iles Canaries,   [1] Anm. Linn. Klein und Müller haben
p. 72.   ihn nicht angegeben.

                                      A. d. Ueb.

**) Voyage au Sénégal, l. c.

Das unterſcheidende Merkmal, welches Briſſon zwiſchen den Trappen und Waſ‐
ſerhühnern feſtſetzt, beſteht in der Geſtalt des Schnabels, welcher bey dieſen ein
gekrümmter Kegel, bey jenen aber gerade und am Ende dicker iſt. Nun hat aber
der indianiſche Trappe, von dem wir ſprechen, mehr einen krummen als geraden
Schnabel, und er iſt bey ihnen auch nicht, wie bey den Waſſerhühnern, an der
Spitze dicker. So ſtellt ihn wenigſtens Edward *) in einem Kupfer vor, wel‐
ches Briſſon für richtig erklärt °°). Ich kann noch hinzuſetzen, daß ſein Schna‐
bel noch krümmer und an der Spitze nicht ſo dicke ſey, als am arabiſchen Trap‐
pen des Edwards †), deſſen Figur dem Briſſon ebenfalls ſehr genau zu ſeyn
ſcheint °°°), und den dieſer Schriftſteller dennoch ohne Schwierigkeit unter die
Trappen rechnet.

Man darf übrigens die Geſtalt des indianiſchen Trappen nur ganz obenhin
betrachten, und ſie mit der Geſtalt der Waſſerhühner vergleichen, um einzuſe‐
hen, daß er ſich durch das ganze Anſehn und durch die Verhältniße von ihnen un‐
terſcheide. Er hat einen längern Hals, kürzere Flügel, einen freyern Körper.
Man denke ſich noch hinzu, daß er viermal größer iſt, als das größte Waſſer‐
huhn, das nur ſechzehn Zoll von der Schnabelſpitze bis auf die Zeen mißt ††), da
hingegen dieſer Vogel ſechs und zwanzig Zoll in der Länge hat †††.)

Die ſchwarze, dunkelgelbe, weiße und graue Farbe, ſind in ſeinem Gefieder
die vornehmſten, wie ſie es bey dem europäiſchen Trappen ſind; nur ſind ſie anders
vertheilt. Das ſchwarze iſt oben auf dem Kopfe, dem Halſe, den Schenkeln und
unten am Körper. Das Dunkelgelbe iſt auf den Seiten des Kopfs und um die
Augen heller: auf dem Rücken, dem Schwanz, dem Theil des Flügels, der am näch‐
ſten am Rücken iſt, brauner und mit ſchwarz vermiſcht. Oben auf der Bruſt macht
dieſe Farbe einen breiten Gürtel auf ſchwarzem Grunde. Das Weiße iſt auf den
Deckfedern der Flügel, die am weiteſten vom Rücken abziehn, und iſt auf ihren mitt‐
lern Theile mit Schwarz vermiſcht. Das Dunkelgraue ſteht auf den Augenliedern,
am Ende der längern Federn im Flügel ††††) an einigen mittlern und kürzern, und
einigen Deckfedern; endlich das Hellgraue und faſt Weißliche auf dem Schnabel
und an den Füßen.

Dieſer

*) Edwards Glanures Taf. 250.

**) Briſſon T. V. p. 82.

***) Edwards Birds. Tab. 12.

†) Briſſon Ornithologie Tom. V. p. 30.

††) Briſſon Ornitholog. T. V. p. 76.

†††) Ibidem, p. 82. Dieſes widerſpricht
dem, was ich oben geſagt habe, daß er näm‐
lich vom Kopfe bis auf die Fläche, worauf
er ſteht, zwanzig Zoll in der Höhe halte, gar
nicht, denn wenn man die Höhe auf dieſe
Art mißt, ſo bringt man weder die Länge
des Schnabels noch der Füße mit in Rech‐
nung.

††††) Wie bey einigen europäiſchen Trap‐
pen. S. Memoires pour ſervir etc. p. 103.

Dieser Vogel ist eigentlich aus Bengalen, wo man ihn Churge nennt, und nach der Natur gezeichnet hat *). Man muß anmerken, daß das Klima von Bengalen, dem von Arabien, Abyssinien und Senegal fast ähnlich ist, wo sich die zween vorigen Trappen befinden. Man kann den jetzt beschriebnen, den mittleren Trappen nennen, weil er zwischen der großen und kleinen Gattung das Mittel hält.

Zusatz.

Wenn man dem System des Ritters von Linne' folgen will, so muß man diesen *indian Bustard* des Edwards nothwendig für eine Abänderung der *Otis afra* des Ritters halten.

IV. Der Houbaara oder kleine gehaubte afrikanische Trappe.

Wir haben bey dem großen Trappen gefunden, daß es gehaubte und ungehaubte gebe, wir finden eben diesen Unterschied unter den kleinern Trappen. Unser kleine Trappe hat keinen Federbusch, und hat auch den Bart von Federn nicht, den man an unserm großen Trappen findet. Diese Trappen aber haben nicht nur Federbüsche, sondern auch Bärte. Merkwürdig ist es, daß alle gehaubte Trappen, so wohl der großen als kleinen Gattung, sich in Afrika aufhalten.

Der Trappe, den die Einwohner der Barbarey Houbaara nennen, hat würklich Federbusch und Bart. Shaw, welcher ihn gezeichnet hat **), sagt für gewiß, daß er in seiner Gestalt und Farbe des Gefieders, mit unserm Trappen übereinkomme, aber nur viel kleiner sey und einen Kappaun an Größe nicht übertreffe. Aus diesem Grunde tadelt der sonst verdienstvolle Reisende, der aber wahrscheinlicher

C 3

cher

*) *Edwards Glanures*, Tab. 252. Tom. I. c. 40.
**) *Travels* or *observations* relating to several parts of *Barbary* and the *Levant*. by *Thomas Shaw*. p. 252.

cher Weiſe unſern kleinen franzöſiſchen Trappen nicht kannte, den Golius, daß
er das Wort, Houbaary durch Trappe überſetzt habe.

Er nähret ſich, wie unſer einheimiſcher von Gewächſen und Inſekten, und
hält ſich mehrentheils in den Wüſten auf.

Ohngeachtet Shaw in ſeiner Beſchreibung nichts von einem Federbuſche
ſagt, ſo hat er ihn doch in der dazu gehörigen Figur gezeichnet. Dieſer Federbuſch
ſcheint nach hinten zu gerichtet zu ſeyn, und gleichſam überzuhängen. Sein Bart
wird von langen Federn gebildet, die am Halſe entſtehen und etwas aufſchwellen,
wie bey unſerm Haushahne, wenn er zornig iſt.

Es iſt merkwürdig, ſagt Shaw, ihn zu ſehen, wenn ihm ein Raubvogel
droht, wie er durch öfteres Hin- und Hergehen, durch verſchiedne Wege und Herumlaufen, kurz durch mannichfaltige Liſt und Geſchwindigkeit ſeinem Feinde zu entgehen ſucht.

Dieſer gelehrte Reiſebeſchreiber ſetzt noch hinzu, daß man ſeine Galle und
eine gewiſſe im Magen befindliche Materie, als ein vortreffliches Mittel in Augen-
krankheiten empfehle, und beydes aus dieſer Urſache oft ſehr theuer bezahle.

V. Der Rhaad, oder der andre kleine gehaubte afrikaniſche Trappe.

Der Rhaad unterſcheidet ſich von unſerm kleinen franzöſiſchen Trappen durch
den Federbuſch, und von dem afrikaniſchen Houbaara dadurch, daß er keinen Bart oder Halskrauſe hat. Uebrigens iſt er eben ſo groß als dieſer. Sein Kopf
iſt ſchwarz, der Federbuſch dunkelblau, der obere Theil der Flügel und des Körpers
gelb, und braun gefleckt. Der Schwanz etwas heller, mit ſchwarzen Querſtreifen,
der Bauch weiß, und der Schnabel und Schenkel ſtark.

Der kleine Rhaad unterſcheidet ſich vom großen bles durch die geringe
Größe, worinn er kaum ein gemeines Huhn übertrift, durch einige Verſchiedenheiten in den Farben, und dadurch, daß er keinen Federbuſch hat. Bey alle dem aber
iſt es doch möglich, daß er mit dem großen von einerley Gattung, und nur nach
dem

dem: Geschlechte von ihm verschieden ist. Ich gründe diese Muthmaßungen auf folgende Umstände:

1) Weil, ob sie sich gleich beyde unter einerley Himmelsstrich aufhalten, sie doch nur einerley Namen führen.

2) Weil fast bey allen Vögeln, die Raubvögel ausgenommen, das Männchen eine mehrere Fähigkeit zur Entwickelung zu haben scheint, die sich äußerlich durch die Höhe, durch die Stärke der Muskeln, die Größe gewisser Theile, als der muskulösen Membranen, der Sporn u. s. w. ferner durch Federbüsche, Kragen u. a. m. zeigt, welches alles gleichsam einen Ueberfluß in der Organisation zu erkennen giebt. Hierzu kommt noch endlich die Lebhaftigkeit in den Farben, welche gemeiniglich bey dem Männchen stärker ist.

Dieses bey Seite gesetzt, so hat man dem kleinen und großen Rhaad auch den Namen Saf-Saf beygelegt. Rhaad bedeutet auf afrikanisch der Donner, und zeigt das Geräusche an, das dieser Vogel macht, wenn er sich von der Erde erhebt; Saf-Saf aber bezeichnet den Ton, den er mit den Flügeln macht, wenn er in vollem Fluge ist. *)

Zusatz zur Geschichte des Rhaad.

Klein hält, an mehrmals angeführten Orten, den Rhaad oder Saf-Saf, so wie auch den Houbaary des D. Shaw für den arabischen Trappen. Müller ordnet ihn unter den *Otis tetrax* des Ritters, den wir unter dem Namen des kleinen Trappen abgehandelt haben.

*) *Thomas Shaw*, Travels. etc. p. 225.

Der

Der Hahn¹) *).

Siehe die illuminirten Kupfertafeln, Nummer 1. und unsere
vierte Kupfertafel.

Dieser Vogel, ob er gleich zum Hausgeflügel gehört, wird dennoch vielleicht
nicht genug gekannt. Außer den Wenigen, welche die Naturgeschichte ganz
sonders betreiben, giebt es noch viele, denen von seiner äußern Gestalt, von dem Bau
seiner innern Theile, von seinen Natur- und Kunsttrieben, von dem Unterschiede, der
vom Geschlecht, Himmelsstrich und Nahrung herrühret, ein gehöriger Unterricht fehlt.
Eben dieses gilt auch von den Abänderungen der mancherley Arten, die sich früher
oder später von ihrem anfänglichen Stamme abgesondert haben.

So wie aber der Hahn von den meisten nur wenig gekannt wird, so setzt er
auch oft den methodischen Naturforscher in Verlegenheit, der einen Gegenstand
nicht eher zu kennen glaubt, bis er einen Platz in den Klassen und Geschlechtern
für ihn gefunden hat. Denn wenn ein solcher die Hauptkennzeichen seiner methodischen
Eintheilungen in der Zahl der Zeen setzen will, so bringt er ihn unter die Vier-
zeeichen. Wo will er aber das Huhn mit fünf Zeen hinthun, welches doch gewiß auch ein Huhn und schon von sehr alten Zeiten her dafür erkannt worden ist;
indem schon Kolumella von ihm als einer ausgezeichneten Art redet **)? Will
man

---

¹) Anm. Unter dieser Benennung verbinden wir hier das nothwendig drey Gegenstände,
nämlich das Männchen, als dem eigentlich
sogenannten Hahn: das Weibchen, die Henne, und den durch die Kunst verstümmelten
Hahn, oder dem Kapaun. Hebr. heißt er Ga-
ber, franz. Coqu, die Jungen heißen im gemeinen Leben Küchlein, franz. Poulettes, lat.
Pulli. Das Weibchen franz. la Poule, lat.
Gallina. Der Kapaun, lat. Capus. Gallus
Spado. Gallus femineus, Schwenkfeld. p. 276.
franz. Chapon. Engl. Capon. Ital. Capo-
ne. Phasianus Gallus, caruncula compressa
verticis geminaque gulae, auribus nudis, cauda compressa adscendente. Linn. Syst. Nat.
XII. T. I. p. 270. 1. M. und d. Ueb.

*) Griech. Ἀλέκτωρ. Lat. Gallus. Span.
und Ital. Gallo. Savoyard. Cq, Gou,
Geau. Deutsch, Hahn. Pohln Kur, Kogut
Schwed. Hoens, Tupt. Engl. Cok. Alt.
französ. Gal. Gog. — Gallus gallinaceus.
Gesner. de Auibus, pag. 394. — Coc, Coy,
Gau, Geau, Gal, Gog. Belon, Hist. nat.
des Oiseaux, p. 242. et portraits d'Oiseaux,
p. 58. a — Le coq et la Poule. Brisson,
Tom. I. p. 166.

A. d. V.

**) Generosissimae creduntur, quae qui-
nos habent digitos. Columella Lib. VIII.
cap. 11.

man aber dem Hahn, der sich durch seinen besondern Schwanz auszeichnet, eine Klasse vor sich anweisen, wo will er alsdenn den Hahn ohne Bürzel, und mithin ohne Schwanz lassen, der doch auch ein Hahn ist? Nimmt man aber auf der andern Seite die bis zum Knöchel mit Federn besetzten Beine zum Kennzeichen dieser Gattung an, so setzt uns der federfüßige Hahn wieder in Verlegenheit, dem seine Federn bis an die Zeen, und der japauische, dessen Federn bis an die Krallen gehen. Will endlich ein systematischer Naturforscher das ganze Hühnergeschlecht unter die Klasse der körnerfressenden Vögel setzen, weil er in ihren Verdauungstheilen und in ihren Eingeweiden ihre Bestimmung, sich von Körnern und Vegetabilien zu nähren, klärlich wahrzunehmen glaube: wie will er ihre vorzügliche Lust zu den Erdwürmern und zu allem kleingeschnittenen rohen oder gekochten Fleische, erklären? Er nähme denn an, daß die Natur das kornfressende Huhn zu gleicher Zeit wegen seiner langen Eingeweide und seines doppelten Magens auch zum Wurmfressen, und wegen seines etwas krummen Schnabels, zum Fleischfressen gemacht habe. Muß nicht ein solcher Naturforscher vielleicht, wenn er offenherzig genug ist, eingestehen, daß die Muthmaßungen, welche man sich über die Absichten der Natur erlaubt, und die Mühe, welche man anwendet, um die unerschöpfliche Mannichfaltigkeit ihrer Werke in die Grenzen einer willkührlichen Methode einzuschränken, nur schwankende und geringfügige Grübeleyen eines Geistes sind, der größere Betrachtungen nicht fassen kann, und sich vom wahren Pfade der Natur und der wesentlichen Kenntniß ihrer Produkte um so mehr entfernt. [²])

Ich werde mich daher, ohne die zahlreiche Familie der Vögel unter eine strenge Methode zu zwingen, oder sie ganz in dieses scientifische Netz, aus dem uns doch immer wieder einer entrinnen würde, einschliessen zu wollen, mich begnügen zu lassen, diejenigen zusammen zu bringen, welche die meiste Aehnlichkeit unter sich haben, und ich werde sie durch die ausgezeichnersten Züge ihrer innern Gleichförmigkeit, und insonderheit durch die hauptsächlichsten Nachrichten ihrer Geschichte kenntlich zu machen suchen.

Der Hahn ist ein schwerer Vogel, dessen Gang gesetzt und langsam ist, der, wegen seiner kurzen Flügel nur selten, aber manchmal mit einem Geschrey fliegt, wel-

²) Anmerk. Einer von den gewöhnlichen Ausfällen des Herrn Grafen von Büffon wider die Systeme, ohne die er doch gewiß das nicht geworden wäre, was er ist. Wir haben an mehreren Orten die Unbilligkeit gezeigt, mit welcher er gegen die Methodisten und unter diesen Namen allemal vorzüglich gegen den nun sel. Ritter von Linné zu Felde geht. Hier hat er wieder offenbar unrecht. Der Ritter hat die Kennzeichen des

hühnergeschlechts, welches bey ihm eine besondere Ordnung ausmacht, und des Hahns insbesondere, welchem er seine Stelle bey den Fasanen (*Phasianus*) anweist, so vorsichtig gewählt, daß alle diese Abarten dabey eingeschlossen sind. Er setzt den generischen Charakter des *Phasianus* in die kahlen Seitentheile des Kopfes (genae cute nuda laevigata.) Syst. Nat. XII. p. 270.

A. d. Ueb.

welches seine Anstrengung ausdrückt. Er kräht ohne Unterschied bey Tag, und bey
Nacht, aber nicht just zu gewisser Zeit, und viel anders als sein Weibchen; wiewohl es deren auch giebt, die wie ein Hahn krähen, nämlich mit einer eben so starken Anstrengung der Kehle, sie geben aber nur einen schwächern Ton von sich. Ihre
Stimme hat nicht die Stärke, und ihr Krähen keine so gute Mensur. Sein Futter sucht er sich durch Scharren in der Erde, verschluckt dabey eben so viel kleine
Kiesel als Körner, und verdaut daher desto besser. Bey dem Trinken nimmt er
das Wasser in den Schnabel und hält jedesmal den Kopf in die Höhe, um es
hinunter zu schlucken. Wenn er schläft, hält er sehr öfters ein Bein in die Höhe *) und seinen Kopf steckt er in den Flügel auf der nämlichen Seite. In seiner
natürlichen Stellung trägt er den Körper wagrecht, eben so den Schnabel, aber
den Hals in die Höhe. Sein Vorkopf ist mit einem rothen und dickfleischigten
Kamme, und sein Untertheil des Schnabels mit einer doppelten Haut von gleicher
Farbe und Eigenschaft geschmückt; es ist aber eigentlich weder Fleisch noch Haut,
sondern eine besondre Substanz, die keiner andern gleich sieht.

Beyde Geschlechter haben die Nasenlöcher auf beyden Seiten des Obern-
schnabels und die Ohren auf den beyden Seiten des Kopfs, nebst einem blauen
Häutchen unter jedem Ohre. Ihre Füße haben gewöhnlich vier Zeen, manchmal
fünfe, jedoch allemal drey vorn und die übrigen hinten. Die Federn kommen
paarweise aus jedem Kiele, ein besonderes Kennzeichen, das nur wenige Naturforscher bemerkt haben ²⁰). Der Schwanz ist gerade; aber dennohngeachtet fähig
sich nach der Seite des Halses und der gegenüberstehenden zu biegen. Dieser
Schwanz besteht bey allen Gattungen des Hühnergeschlechts, die einen haben, aus
vierzehn großen Federn, die sich in zwo gleiche Flächen theilen, und auf einander
zu laufen, so, daß ihre Ränder einen mehr oder weniger spitzen Winkel machen.
Das Unterscheidende des Männchens, sind die zwo Federn in der Mitte des
Schwanzes, welche viel länger sind, als die andern, und sich, wie ein Bogen, zu-
sammenkrümmen; ferner auch die Hals- und Bürzelfedern, welche lang und schmal
sind, eben so auch ihre gespornten Füße. Es finden sich freylich auch Hühner mit
Sporen, aber selten, welche auch in vielen andern Stücken viel Aehnlichkeit mit dem
Männchen haben. Ihr Kamm borstet sich, wie ihr Schwanz, sie ahmen das Krähen
des Hahns nach; und wollen es ihm auch in wesentlichern **) Dingen nachthun. Well-
te

*) Anm. Dieser gewöhnliche Stellung
zufolge ist der Schenkel, auf welchem der
Körper gewöhnlich ruht, fleischichter, den
auch unsere Schmauser in den Kapaunen
und Masthühnern von dem andern trefflich
zu unterscheiden wissen.
                          A. d. V.
²⁰) Der Verfasser der oben angeführten
Recension in der Beckmannischen Bibliothek,

hat dieses auch an dem Phasan, Auerhahn,
Feldhuhn u. s. w. wahrgenommen, doch ist
der eine Kiel kleiner und nur mit Pflaumen
bedeckt. Selbst Buffon hat es im Casuar
gesehen.
                          A. d. Ueb.
²⁰) Aristot. Hist. Anim. Lib. IX. c.
XLIX.

te man sie aber deswegen für Zwitter halten, so würde man unrecht thun; weil sie der würklich männlichen Verrichtungen unfähig sind, und da sie an den für sie besser passenden, keinen Geschmack finden, so sind sie, die Wahrheit zu sagen, mangelhafte, und unbestimmte Einzelne, die des Gebrauchs des Geschlechts und selbst der wesentlichen Eigenschaften ihrer Gattung beraubt sind, weil sie sich nicht fortpflanzen können.

Ein guter Hahn muß Feuer in den Augen, Keckheit im Gange, Ungezwungenheit in seinen Bewegungen und alle mit der Stärke verbundne Verhältnisse haben. Ein dergleichen Hahn würde freylich einen Löwen nicht schrecken¹), aber wohl würde er vielen Hühnern Wollust einflößen. Will man ihn schonen, so muß man ihm nicht über zwölfe oder funfzehn lassen. Nach dem Kolumella, soll er deren nur fünfe haben, wiewohl er, wenn man ihm täglich funfzig erlaubte, nach einiger Vorgeben, doch keine übergehen würde²). Doch kann man nicht gewiß behaupten, daß seine Bedienungen allemal wesentlich, würksam und die Eyer des Weibchens zu befruchten, fähig sind.

Seine Begierde ist eben so heftig, als sein Bedürfniß häufig zu seyn scheint. Wenn man ihm am Morgen den Hühnerstall öffnet, wo er die Nacht über eingesperrt gewesen ist, so ist die Begattung mit seinen Hühnern der erste Gebrauch, den er von seiner Freyheit macht, und das Fressen scheint bey ihm erst das zweyte Bedürfniß zu seyn. Wenn er einige Zeit seiner Hühner beraubt gewesen ist, so wendet er sich an das erste Weibchen, das ihm vorkommt, wenn es mit seinem Geschlechte eine noch so geringe Verwandschaft hätte ²*), ja er macht sich wohl ein Weibchen aus dem ersten Männchen, das ihm in den Wurf kömmt. Das erstere führt Aristoteles an, und das andere bestätigt die Bemerkung des Edwards ²**)
und

F 2

¹) Eine Anspielung auf die Fabel der Alten, daß der Löwe das Hahnengeschrey fürchte, und bey demselben die Flucht nehme. Diese Fabel ist sehr alt, und die alten Naturforscher haben sie nicht nur einander nachgeschrieben, sondern auch weitläuftige Untersuchungen darüber angestellt, als z. B. Plinius L. VIII. 86. und L. X. 21. und Lucretz de natura rerum L. IV. welcher letztere diese vorgebliche Erscheinung, die, wenn sie sich auf facta gründete, wundersam genug ware, durch antipathische Ausflüsse aus dem Körper des Hahns und dem Augenstern des Löwen erklärte. Itzt wissen wir, daß die ganze Sache erdichtet ist, und brauchen keine Hypothesen mehr davon. S. Aldrovand. Ornithol. T. II. L. XIV. p. 115.
A. d. Ueb.

²) Aldrovand. Tom. II. L. XIV.

²*) Ex perdice et gallinaceo tertium generatur, quod procedente tempore feminae assimilatur. Arist. l. c.

²**) Da ich drey oder vier junge Hähne in einen Ort gesperrt hatte, wo sie mit keiner Henne zusammen kommen konnten, so legten sie ihre vorige Erbitterung bald ab, und anstatt sich zu beissen, trat einer den andern. Es war freylich keiner recht damit zufrieden, getreten zu werden. S. dessen Vorrede zu den Gleanings, T. II.

A. d. V.

und ein Gesetz, dessen Plutarch gedenkt *), welches jeden Hahn, der dieser Aus-
schweifung der Natur überwiesen worden war, zum Feuer verurtheilte.

Wenn man eine reine Art haben will, so müssen die Hühner bey einerley
Hahn gehalten werden; sucht man aber die Gattung zu verändern, oder gar zu ver-
vollkommnen, so muß man sie mit andern sich paaren lassen. Diese Bemerkung ist den
Alten nicht entgangen. Kolumella sagt mit Zuverläßigkeit, daß die besten Hühner aus der Begattung eines Hahns von fremder Art mit gemeinen Hühnern herkommen. Wir finden bey dem Athenäus, daß diese Idee noch weiter getrieben
worden ist, weil man zum Phasanenhahn gemeine Hühner gesellet **). In allen
Fällen muß man die nehmen, welche ein munteres Auge, einen rothen wallenden
Kamm, und keinen Sporn haben. Die Verhältnisse des Körpers sind gemeiniglich schwächer als des Männchens, aber breitere Federn und niedrigere Beine haben sie. Ver-
ständige Hausmütter ertheilen den schwarzen Hühnern den Vorzug, weil sie fruchtbarer
als die weissen seyn, und auch dem scharfen Gesicht des Raubvogels, der immer ein
unverwandtes Auge auf die Hühnerhöfe hat, leichter entgehen sollen.

Der Hahn nimmt sich seiner Hühner mit Fleiß, ja mit Unruhe und Bekümmerniß an; er verliehrt sie nicht gern aus dem Gesicht, geht mit ihnen, schützt sie,
bedrohet sie, sucht die, welche bey Seite gehen, bringt sie wieder, und erlaubt sich
das Vergnügen zu fressen nicht eher, bis er sie alle um sich herum fressen sieht.
Wenn man nach den unterschiedenen Veränderungen seiner Stimme, und nach dem
unterschiedenen Ausdruck seiner Miene urtheilen soll, so muß er ungezweifelt unterschiedene Sprachen mit ihnen führen. Wenn er sie verliehrt, so drückt er seinen
Kummer durch Zeichen aus; und ob er zwar eben so eifersüchtig, als verliebt ist,
so behandelt er doch keine schlecht, sondern wird blos gegen seine Nebenbuhler aufge-
bracht. Wenn ein andrer Hahn kömmt, so springt er, ohne ihm Zeit zur Un-
ternehmung zu lassen, auf ihn los, mit feurigem Auge, und zu Berge stehenden
Federn, wirft sich über ihn her, und liefert ihm ein hartnäckiges Treffen, bis der
eine oder der andre zu Boden lieget, oder bis der neue Ankömmling ihm das
Schlachtfeld räumt. Seine immer heftige Begierde nach dem Genuß, treibt ihn,
nicht nur jeden Nebenbuhler, sondern auch jedes unschuldige Hinderniß aus dem
Wege zu räumen. Daher schlägt und bringt er manchmal die Brut um, damit
er der Mutter desto bequemer geniessen könne. Diese einzige Begierde muß die

Ursache

---

*) In Tractatu: Num brutis ratione vtan-
tur?

**) De re Rustica, Lib. VIII. c.
II. — Longolius giebt die Methode an,
vermöge welcher die Paarung des Fasanen-
hahns mit gemeinen Hühnern mit Glück be-
trieben werden kann. S. Gesn. de Auibus,

p. 445. Man hat mir auch versichert, daß
diese Hühner sich ebenfalls mit dem Perlhahn gatten, wenn sie von Jugend auf zusammen erzogen worden sind; daß aber die
aus dieser Vermischung erzeugten Bastarte
selten fruchtbar wären.

A. d. V.

Ursache seiner eifersüchtigen Wuth seyn. Wo könnte er sonst Nothdurst, oder Mangel mitten in einem zahlreichen Serail, und bey allen den Hülfsmitteln, die er sich zu machen weiß, befürchten! So heftig aber auch seine Begierden sind, so scheint er doch die Nebenbuhlerschaft mehr zu fürchten, als er den Genuß begehrt; und da er viel leisten kann, so ist auch seine Eifersucht besser angebracht und zu entschuldigen, als der Sultane ihre. Ausserdem hat er auch, wie jene, eine Henne, welcher er, als einer Favoritin, den Vorzug giebt, und zu der er beynahe eben so oft zurück kommt, als er zu einer andern geht.

Da mehrere, die beysammen in einem Hofe sind, ohne Unterlaß sich mit einander beissen, niemals aber mit einem Kapaun, wenn dieser nur nicht etwan die Gewohnheit annimmt, den Hühnern nachzulaufen, so scheint dieß zu beweisen, daß die Eifersucht des Hahns, ob er sie zwar nicht an dem Gegenstande seiner Liebe ausläßt, doch eine Leidenschaft ist, die aus Ueberlegung herrührt.

Wie nun die Menschen sich aller Sachen zu ihrer Belustigung bedienen, so haben sie auch die von der Natur zwischen zween Hähnen gegründete unüberwindliche Antipathie in Thätigkeit zu setzen gewußt. Diesen eingepflanzten Haß wußten sie durch so viel Kunst zu erhöhen, daß der Kampf zweener Vögel aus dem Hofe, ein Schauspiel worden ist, welches ganze, und sogar gebildete Völkerschaften, hat interessiren können *). Dieses wurde ein Mittel, in der Seele eine schätzbare Wildheit entweder zu entwickeln, oder zu unterhalten, die, wie man vorgiebt, der Keim des Heldenmuths ist. Man hat gesehen und sieht noch täglich Menschen von allerley Ständen, in mehr als einem Lande, hauffenweise zu diesen rauhen Turnieren herbey laufen, und sich in Parteyen theilen. Jede Partey nimmt den wärmsten Antheil an dem Schicksal ihres Kämpfers. Ueber ein so schönes Schauspiel werden die rasendsten und übertriebensten Wetten angestellt, und der letzte Stoß des Schnabels von dem siegenden Vogel, untergräbt das Glück mancher Familien. Ehedem war diese Thorheit auf Rhodus, in Tangra, und in

F 3 Perga-

---

*) Anm. Dieses gehet besonders auf die Engelländer, bey denen das Hahnengefecht (Cock-fighting) eines der vornehmsten Vergnügen ist. Diese Hahnenkämpfe belustigen Vornehme und Geringe, und die dabey auf das Spiel gesetzten wucherungen und ruinirenden Wetten, geben unserm Verfasser Anlaß, weiter unten über die Nation zu spotten. Es sind besondere Kampfplätze dazu erbaut (cock pits) und es werden dazu nach Pomare (Diction. III. p. 315) besonders die hamburgischen Hähne, die sie Samthosen nennen, dazu gebraucht. (S. weiter unten.)

Der sel. Herr D. Martini führt in seiner Ausgabe des gegenwärtigen Werks (Th IV.) noch einige Nationen an, welche Vergnügen an diesem Schauspiele finden, als die Siamenser, die Einwohner der Insel Java, u. s. w. Man pflegt sie zu reizen, indem man ihnen einen Spiegel vorhält. Tapfere Hähne sollen, wie eben dieser Schriftsteller, nach dem Pomare, aus einem Beyspiele darthut, einander schätzen, und durch kein Mittel zu bewegen seyn, mit einander anzuweinden.

A. d. Ueb. und M.

Pergamus üblich *); heut zu Tage unter den Chinesern **), unter den Bewohnern der philippinischen Inseln, denen von Java, der amerikanischen Erdenge, und andrer Nationen des festen Landes beyder Halbkugeln ***).

Doch sind die Hähne nicht die einzigen Vögel, die man auf diese Weise gemißbraucht hat. Die Athenienser ****), welche dem Hahngefechte jährlich einen Tag gewidmet hatten, brauchten auch Wachteln dazu, und die Chineser erziehen noch jetzt gewisse kleine Vögel, die wie Wachteln oder Hänflinge ¹) aussehen, zum Gefechten. Die Art zu fechten ist bey diesen Vögeln unterschiedlich, ja nach den verschiedenen Schulen, in denen sie gelehrt worden sind, und nach der Verschiedenheit der offensiven oder defensiven Waffen, mit den man sie ausrüstet. Merkwürdig ist, daß die rhodischen Hähne, welche größer, stärker und viel hitziger im Gefecht als die andern waren, bey ihren Weibchen weit weniger Feuer zeigten. Statt fünfzehn oder zwanzig, hatten sie an dreyen genug. Ihr Feuer muß entweder in der gezwungenen Einsamkeit, worinnen sie gewöhnlich lebten, erloschen seyn, oder ihr zu oft rege gemachter Zorn, muß die sanftern Leidenschaften, von welchem sie gleichwohl ihren Muth und die kriegerischen Anlagen ursprünglich hatten, erstickt haben. Sie waren also weniger Männchen als die andern, und die Weibchen, die oft nur das sind, was man aus ihnen macht, waren weniger fruchtbar, und so wohl zum Brüten als zur Führung ihrer Jungen träger. So sehr hatte die Kunst die Natur verschlechtert! So sehr ist die Bildung der kriegerischen Fertigkeiten der Fortpflanzung zuwider.

Die Hühner bedürfen, um Eyer zu legen, keines Hahns. Diese wachsen beständig an dem traubenförmigen Stängel des Eyerstocks, und werden ohne alle Gemein-

---

*) S. Plin. Hist. nat. L. X. c. XXI.

**) Gemelli Careri, Tom. V. p. 36. Anciennes Relations des Indes et de la Chine. Traduction de l'Arabe, p. 105.

***) Navarete, Déscription de la Chine, pag. 40.

****) Da Themistocles gegen die Perser fechten wollte, und bey seinen Soldaten wenig Eifer wahrnahm, so machte er sie auf ein Hahnengefecht aufmerksam, und sagte: „seht den unbändigen Muth dieser Thiere, „die bloß aus Begierde nach Sieg fechten; „da ihr hingegen für euern Heerd, für die „Grabmäler eurer Väter, und eure Freyheit fechtet." Diese wenigen Worte belebten den Muth der Armee wieder und The-

mistocles trug den Sieg davon. Zum Andenken dieser Begebenheit führten die Athenienser eine Art von Fest ein, welche durch das Hahngefecht feyerlich gemacht wurde. S. Aelian. Var. Hist. L. II.

A. d. V.

¹) Dieses ist vermuthlich der Tetrao Chinensis des Ritters von Linné, die Coturnix chinensis des Edwards, T. 247. Die Tapferkeit dieser kleinen Vögel rührt, wie bey den Hähnen, von ihrer Geilheit her. Sie streiten sich oft mit einander um ihre Weibchen, und daher kommt der kriegerische Trieb in ihnen. Nicht allein in China, sondern auch in Europa ist dieser Kampf gewöhnlich, und die Neapolitaner lieben ihn sehr.

A. d. Ueb.

Gemeinschaft mit dem Männchen daselbst groß, und reif, lösen sich von ihrem Häutchen und Stiele ab, durchgehn den Eyerkanal ganz, nehmen unterweges durch die ihnen eigne Kraft die Feuchtigkeit an, mit welcher die Höhlung des Eyerkanals angefüllt ist, und bilden daraus das Weiße, ihre Häutchen und Schaalen. In diesem Theile bleiben sie nur bis zu der Zeit, da dessen elastische und empfindliche Fibern durch die Gegenwart eines ihm nun fremd gewordnen Körpers gereizt werden; sie ziehn sich zusammen und pressen nach dem Aristoteles das dicke Ende zuerst heraus*).

Diese Eyer sind alles, was die fruchtbare Natur in dem sich allein überlassenen Weibchen hervorbringen kann. Wohl sind sie ein organisirter, einer Art lebensfähiger Körper, aber nicht ein lebendes Thier, das so, wie dessen Mutter, vermögend wäre, andre ihm ähnliche Thiere, hervorzubringen. Hierzu sind der Beytritt des Hahns und die genaue Vermischung der Saamenfeuchtigkeiten beyder Geschlechter nöthig; sobald aber dieses geschehen ist, werden auch die Wirkungen davon dauerhaft. Harvaus hat bemerkt, daß das Ey einer Henne, die zwanzig Tage vom Hahn abgesondert war, eben so befruchtet, als diejenigen Eyer war, welche sie kurz nach der Begattung gelegt hatte; aber dessen Frucht (Embryo) hatte deswegen nicht mehr zugenommen, und man mußte es von ihr eben so lange, als irgend ein anders bebrüten lassen, ehe es zum Auskriechen kam. Dies ist ein zuverläßiger Beweiß, daß die Wärme allein nicht hinreichend ist, die frühere Entwickelung des Hühnchens zu bewirken, sondern daß das Ey auch geformt seyn, und sich an einem Orte befinden muß, wo es ausdünsten kann, damit die eingeschlossene Frucht das Brüten annehmen kann, sonst würden alle Eyer im Eyerkanal, ein und zwanzig Tage nach der Befruchtung, ohnfehlbar sich öfnen, indem sie die nöthige Zeit und Wärme hätten, und auf solche Art, würden die Hühner bald unter die eyerlegenden, bald unter die gebährenden Thiere gehören °) °°).

Die mittlere Schwere eines Eyes von einer gewöhnlichen Henne, ist ohngefehr eine Unze, sechs Grane. Wenn man ein solches Ey vorsichtig öfnet, so trift man eine

---

*) Die kalchichte Rinde entsteht aus dem Bodensatz des Urins, in dem Legedarm, kurze Zeit zuvor ehe es gelegt wird. A. d. Ueb.

°) Außer dem Doktor Michael Lyserus, finde ich keinen, der einer gebährenden Henne gedacht hätte. Die Beyspiele davon würden aber viel häufiger seyn, wenn einem befruchteten Eye weiter nichts als Wärme zum Auskriechen des Hühnchens nöthig wäre. S. Ephem. Nat. Cur. Dec. II. ann. 4. Append. Obs. XXVIII. Ein Beyspiel von einer Henne in deren Eyersto-

cke statt des Eyes einen vollkommenes Küchlein gefunden worden, siehe auch in den Phil. Transact. n. 50. S. 1019.

A. d. V.

°°) Siehe auch Act Nat. Curios. Dec. III. Class. I. Obs. 42 p. 60 Breslauer Sammlungen 1717. November, S. 326. Tabarrani Acti del Academia di Siena T. III. Journ des scav. 1678 p 250. — Siehe die Beckmannische Bibliotheck am angeführten Orte.

A. d. Ueb.

eine gemeinschaftliche Haut über dessen ganzes Gewölbe an; hierauf das äußere Weiße oder Eyerklar von derselben gewölbten Form; darnach das innere Weiße, oder eigentliche Eyerweiß, runder als das vorige, und endlich in der Mitte den Dotter von sphärischer Form. Jeder dieser verschiednen Theile steckt in seinem eignen Häutchen, und alle diese Häutchen hängen alle zusammen an den Bändern, (chalazae) [6] welche gleichsam die zween Pole des Dotters ausmachen. Das kleine linsenförmige Bläschen, das Närbchen [7] (cicatricula) genannt, befindet sich meistens auf seinem Aequator, und hängt dicht an die Oberfläche an [*]

Seine äußre Gestalt ist zu bekannt, als daß es nöthig wäre sie zu beschreiben. Doch leider sie oft genug zufällige Abänderungen, von denen man, deucht mich, die Ursache aus der Geschichte des Eyes selbst und dessen Bildung leicht angeben kann. Nicht selten findet man auch ein zwiefaches Gelb in einer einzigen Schaale, welches sich alsdann ereignet, wenn sich zwey Eyer von gleicher Reife auf einmal vom Eyerstock losreißen, durch den Kanal zugleich gehn, ihr Weißes nicht von einander scheiden und sich also unter eine Haut vereinigen. Wenn durch einen leicht zu begreifenden Zufall, ein seit einiger Zeit, vom Eyerstock abgelößtes Ey, in seinem Wachsthum gehindert wird, und, wenn es, so weit es angeht, geformt ist, in den Wirkungskreiß eines andern Eyes geräth: so wird das letztere es mit sich fortnehmen, und dadurch wird ein Ey im andern [8] seyn [**].

Eben

---

[6] Anm: Diese Bänder, welche vom griechischen χαλαζα, der Hagel, so heißen, weil sie sich mit solchen kleinen Erhebungen anfangen, sind die Befestigungen der übrigen Theile an die innere Schale. Einige nennen nicht diese Ligamente, sondern den Hahnentritt selbst chalaza. S. Castelli Lexicon medicum art. Chalaza.

A. d. Ueb.

[7] Anm. Bey diesem ist der eigentliche Keim des jungen Hühnchens, welcher durch das Brüten der Henne entwickelt wird. Die Erfahrungen hierüber haben wir dem Malpighi und neuere dem sel. Herrn v. Haller zu danken. Der Keim liegt über der Narbe, und ist ganz von ihr unterschieden.

A. d. Ueb.

[*] Anm. Bellini, durch seine Versuche, oder vielmehr durch die herausgezogenen Folgen betrogen, glaubte, und verleitete Jedermann in den Glauben, daß bey frischen, hartgesottnen Eyern das Närbchen von der Oberfläche des Dotters weg, und nach dem Mittelpunkte sich zöge, in den

bebrüteten Eyern aber, wenn sie auf eben die Art hart gesotten würden, bliebe das Närbchen unverrückt auf der Oberfläche. Die turinischen Gelehrten haben sich durch Wiederholung und Veränderung der nämlichen Versuche überzeugt, daß das Närbchen in bebrüteten oder unbebrüteten Eyern, immer an der Oberfläche des verharteten Dotters hängen bleibt, daß aber der weiße Körper, den Bellini im Mittelpunkte gesehen, und für das Närbchen gehalten hatte, nichts weniger als dieses sey, und im Mittelpunkte des Eyes gar nicht zu sehen wäre, außer wenn das Ey weder zuviel noch zu wenig gesotten ist.

A. d. V.

[8] Herr D. Martini führt hier einige Beyspiele aus den berliner Sammlungen, den schwedischen Abhandlungen, und der schonischen Reise des Ritters Linne' an. Sie sind auch nicht ganz selten.

d. Ueb.

[**] Collect académique. Partie française Tom. I. p. 388. et Tom. II. n. 327. p et Partie étrangere Tom. IV p. 317.

A. d. V.

Eben so wird man auch begreiffen, wie man manchmal eine Nadel oder irgend einen andern fremden Körper darin antrift, der bis in den Eyerkanal hat eindringen können *).

Es giebt Hühner, welche Eyer ohne Schale oder geflößte Eyer (auch Wind-
eyer) legen, welches entweder durch einen Fehler der zur Schale gehörigen Materie
entsteht, oder auch, weil sie aus dem Eyerkanal vor ihrer vollkommnen Reise getrieben worden sind. Diese sind auch zum Brüten untauglich, und, wie man sagt,
sollen sie bey den zu fetten Hühnern vorkommen. Durch gerade entgegen gesetzte
Ursachen werden Eyer mit zu dicker, ja gar mit doppelter Schale hervorgebracht.
Man hat welche gesehn, die den Stiel, durch welchen sie an den Eyerstock befestigt
sind, behalten hatten; andere sahen wie der zunehmende Mond aus; andere hatten
die Form einer Birne; auf noch andern glaubt man, in der Schale eine Sonne,
einen Kometen **), eine Sonn- oder Mondfinsterniß, oder einen andern dergleichen Gegenstand, der die Einbildung stark gereizt hatte, eingedruckt zu sehen. Man hat auch
leuchtende Eyer gesehn. Das Wesentliche in den ersten Phänomenen, nämlich, die veränderte Form des Eyes, oder der Eindruck auf der Oberfläche kann lediglich, den verschiedenen Zusammendrückungen zugeschrieben werden, die das Ey in der Zeit erlitt,
da die Schale noch zu weich war, um der Gewalt zu widerstehen, und doch fest genug,
um durch den Druck ein Zeichen zu erhalten. Von den leuchtenden Eyern würde
es nicht sogar leicht seyn, den Grund anzugeben ***). Ein deutscher Gelehrter hat
dergleichen beobachtet, und wie er sagt, soll über ihnen wirklich eine weiße, von
einem sehr hitzigen Hahne befruchtete Henne, gebrütet haben. Man kann die
Möglichkeit des Falls zwar mit Anstande nicht läugnen, aber da es der einzige ist,
so ist es klüglich, die Beobachtung zu wiederholen, ehe man sie erklärt ²).

Die vorgeblichen Eyer des Hahns, die ohne Dotter ⁹*) sind, und in denen,
wie der gemeine Mann glaubt, eine Schlange ist †), sind wirklich weiter nichts,
als die erste Geburt einer zu jungen, oder das letzte Vermögen einer durch die Furcht-
barkeit selbst erschöpften Henne, oder es sind auch nur unvollendete Eyer, deren Dotter

---

*) Collect. academique. Partie françoise.
Tom. I. p. 388.
**) Ebend. Partie etrangere Tom. IV.
p. 160. A. d. V. Journal des Sçavans
a. 1681 M…
***) Ephem. nat. Cur. Dec. II. An. 6.
append. Obs. XXI.
²) Es giebt Eyer, wo der Dotter und das
Eyweiß von einander in zween Säcke abge-
theilt sind. Ingleichen Zwillingseyer, wo
der Dotter einfach ist, und doch Zwillinge
herauskommen, ingleichen andre wo der

Dotter doppelt ist. Man sehe davon Wolf
in Nou. Com. Petrop. XIV. p. 456.
A. d. Ueb.
⁹*) Anm. Der gemeine Mann nennt sie
Dracheneyer. Die schlangenähnlichen Faden in dergleichen Eyern sind die Bekleidung
des Dotters, welche zusammengeschrumpft
ist, weil der Dotter fehlet. Dieser Zufall
ist, in zahlreichen Menagerien noch weniger selten, als die vorigen. A. d. Ueb.
†) Collection. academ. Partie françoise
Tom. III.

ter im Eyerkanal der Henne geborsten ist. Dieses kann entweder durch Zufall, oder durch einen Fehler im Baue der Theile geschehn. Ihre Bänder werden aber immer zugegen seyn, und nur von den Liebhabern des Wunderbaren für eine Schlange gehalten werden können. Dies hat Herr de la Peyronie durch die Eröfnung einer Henne, die solche Eyer legte, außer Zweifel gesetzt. Aber weder de la Peyronie, noch Thomas Bartholinus, die solche vergeblich eyerlegendende Hähne geöfnet *), haben bey ihnen Eyer, oder Eyerstöcke, oder diesen etwas gleich kommendes, gefunden **)

Die Hühner legen zu allen Zeiten Eyer, außer in der Mauserzeit; welche ordentlich sechs Wochen oder zween Monate, mit Ausgange des Herbstes und Anfange des Winters, dauert. Dieses Mausern besteht darinn, daß die alten Federn, gleich dem Baumlaube und den alten Hirschgeweihen, ausfallen und den neuen weichen müssen. Dieses wiederfährt den Hähnen so gut, als den Hühnern. Das Merkwürdigste dabey ist, daß die neuen Federn manchmal eine andre Farbe, als die alten, annehmen. Diese Bemerkung hat einer unsrer Naturbeobachter, bey einer Henne, und bey einem Hahn 1) gemacht. Aber ein Jeder kann sie bey verschiednen andern Geschlechtern des Federviehs machen, und besonders bey den bengalischen Finken, die ihre Federn bey jedem Mausern verändern. Ueberhaupt sind die ersten Federn fast bey allen Federvieh, wenn es zur Welt kommt, an Farbe, von denen verschieden, die es in der Zukunft bekommt.

Ein gewöhnlich fruchtbares Huhn soll beynahe alle Tage legen. In Samogitien *), Malacca, und anderwärts **), soll es wie man sagt, Hühner geben, die den Tag zweymal legen.

Aristoteles erzählt von gewissen illyrischen Hühnern, daß sie dreymal den Tag legten, und wahrscheinlich sind es eben die kleinen adriatischen Hühner, von denen er anderswo erwähnt, daß sie wegen ihrer Fruchtbarkeit sehr berühmt gewesen

---

*) Coll. academique, Partie etrangère, Tom. IV. p 225.
**) Vom Ey ist noch nachzulesen. Schoock de Ovo et pullo. Ultrajeck. 1643. Sirauss de Ovo galli Gicii. 1670. und Garmann Oologia curiosa. Zwickau 1691. in Quart. Man sehe Beckmanns Bibliotheck im VI. Band am angef. Orte. A. d. Ueb.
1) Dieses geschieht nicht nur bey den Vögeln, sondern auch bey dem Haaren der vierfüßigen Thiere. Man hat Pferde, welche man Brandrappen nennt, und welche im Winter fast ganz weiß aussehen,

im Sommer aber wieder schwarz werden, eine Erscheinung, die noch merkwürdiger als die hier vorkommende ist, weil die vorige Farbe allemal wiederkommt. Hier bey der Veränderung der Federn kommen Witterung, Futter u. s. w. in Betrachtung; Ursachen, von denen wir wissen, wieviel sie zur Veränderung der Farbe beytragen können. A. d. Ueb.
**) Rzaczynski, Hist. nat. Polon. p. 432.
***) Bontekoe, Voyages aux Indes orientales, p. 234.

fen wären. Einige setzen hinzu, daß es eine Art, die gemeinen Hühner zu füttern gäbe, durch welche sie diese außerordentliche Fruchtbarkeit erhielten. Die Wärme trägt viel dazu bey. Man kann daher machen, daß sie auch im Winter legen, wenn man sie in einen Stall sperret, wo immer warmer Mist ist, auf dem sie sitzen können.

So bald das Ey geleget ist, fängt es an auszudünsten, und verliert durch die Ausdünstung der flüchtigsten Theile seiner Säfte, den Tag einige Grane von seinem Gewichte. Nach dem Verhältniß dieser Ausdünstung wird es dicker, trockner oder übelschmeckender, und zuletzt verdirbt es gänzlich, so daß es nicht mehr ausgebrütet werden kann. Die Kunst, dem Eye seine Vollkommenheiten lange zu erhalten, besteht also darinn, daß man die Ausdünstung *) verhindre, welches durch irgend eine fette Materie, mit der man die Schale einige Minuten, nachdem es geleget ist, sorgfältig überstreicht, bewirkt werden kann. Durch dieses Mittel kann man die Eyer viele Monate, ja ganze Jahre, eßbar, und zum Brüten tauglich; und überhaupt so erhalten, daß sie alle Eigenschaften eines frischen Eyes haben **). Die Einwohner von Tunquin verwahren sie in einer Art Teig, der aus einer mit Salzwasser angefeuchteten Asche gemacht wird; andere Indianer in Oel ***). Firniß erhält die Eyer, die zum Essen dienen sollen, auch gut, und das Fett ist zu diesem Gebrauch gleichfalls dienlich, ja für die Eyer, welche man unterlegen will, ist es so gar besser, weil es nicht so fest anhängt, als der Firniß. Denn wenn die Brütung gut von statten gehn soll, so müssen die Eyer von aller Beschmierung gereiniget seyn; weil alles das, was der Ausdünstung hinderlich ist, auch das Brüten aufhält ⁰⁰*).

Ich habe gesagt, daß der Beytritt des Hahns zur Befruchtung der Eyer nothwendig sey, welches eine durch lange und unwandelbare Erfahrungen bekannte Sache ist. Aber die genauern Umstände dieses wesentlichen Vorgangs sind zu wenig bekannt. Man weiß wohl zuverläßig, daß des Männchens Glied doppelt und nichts anders ist, als ein zwiefacher Kanal, in welchen sich die Saamengefäße endigen, wo sie sich in den After verlieren. Auch weiß man, daß des Weibchens

G 2 Geburts-

*) Im Iournal Oeconomique du Mois de Mars 1755 wird dreyer Eyer, die zum Essen tauglich, und in Italien in der Mitte einer Mauer, die vor dreyhundert Jahren erbauet worden, gefunden worden waren, gedacht. Dieser Vorfall ist um soviel schwerer zu glauben, je unmöglicher es scheint, daß ein Ueberzug von Kalk hinlänglich sey, ein Ey frisch zu erhalten, da die dicksten Mauern in allen ihren inwendigen Stellen der Ausdünstung unterworfen sind; weil der innerste Kalk mit der

Länge der Zeit trocken wird. Also können Gemäuer die Ausdünstung der in ihr Innerstes versteckten Eyer nicht verhindern, und sie folglich nicht gut erhalten.
A. d. U.

**) Suite du Voyage de *Tavernier*, Tom. V. p. 225 — 226.

⁰⁰) Pratique de l'Art de faire éclore les poulets p. 138.

¹⁰*) In Puderzucker erhalten sich die Eyer lange Zeit frisch. d. Ueb.

Geburtsglied nicht unter dem Hintersten, wie bey den vierfüßigen Thieren *),
sondern über demselben ist. Ferner ist bekannt, daß sich der Hahn der Henne mit
einer Art Seitensprung nähert, mit Eilfertigkeit und hangenden Flügel, wie ein
indischer Hahn, wenn er das Rad macht; daß er seinen Schwanz halb ausbreitet,
und seine Handlung mit einem gewissen bedeutendem Gemurmel, mit einem Zittern
und allen Zeichen einer heftigen Begierde verrichtet. Er springt oben auf die Henne, die ihn mit gebognen Schenkeln, mit dem Bauche platt auf der Erde liegend,
aufnimmt, und die beyden Flächen der langen Federn, woraus ihr Schwanz besteht, auseinander thut. Er faßt mit seinem Schnabel den Kamm oder die Federn an, welche sich auf dem Wirbel des Weibchens befinden, entweder aus einer
Art Liebkosung, oder um das Gleichgewicht zu halten, und ziehet den Hintertheil seines Körpers, wo sein doppeltes Glied ist, an sich, das er brünstig an der
Hintertheil der Henne, wo die Oefnung der weiblichen Zeugungstheile ist, eindrückt;
diese körperliche Vereinigung, dauert desto kürzre Zeit, je öfterer sie wiederholt
wird, und es scheint der Hahn hinterdrein durch ein Flügelklatschen und durch ein
Freuden = und Sieggeschrey sich selbst zu preisen. Man weiß noch überdieß,
daß der Hahn Hoden hat, daß seine Saamenfeuchtigkeit, wie bey den vierfüßigen
Thieren, in Saamengefäßen steckt; daß nach meinen eignen Beobachtungen, der Saa-
me des Huhns in dem Närbchen jedes Eyes, so wie bey den Weibchen der Vierfüßigen, in den drüsigen Körpern der Hoden, (oder Eyerstöcke) seinen Sitz hat. Das aber
weiß man nicht, ob das zweysache Glied des Hahns ganz, oder nur ein Zweig davon
in des Weibchens Oefnung dringt, und auch, ob eine würkliche Einlassung vorgeht,
oder ob es nur eine starke Zusammendrückung oder gar nur eine bloße Berührung ist.
Auch weiß man noch nicht, wie das Ey, um befruchtet werden zu können, beschaffen
seyn muß, oder wie weit des Männchens Zuthun sich erstreckt. Kurz, der unendlichen Erfahrungen und Beobachtungen, die man angestellt hat, ohnerachtet, kennt
man doch einige Hauptumstände der Befruchtung nicht.

    Die erste Wirkung der Befruchtung ist die Erweiterung des Närbchens, und
die Bildung des Küchleins in dessen Höhlung. Denn eigentlich enthält das Närbchen den wahren Keim, und man trift es auch ohne Unterschied bey allen Eyern,
befruchteten oder nicht befruchteten, an, und selbst in den vorgeblichen Eyern des
Hahns, von denen ich oben geredet habe **); °°*) kleiner aber ist es in den un-
feucht-

---

*) Redi degli animali viventi etc. Collect.
academ. partie etrangère Tom. IV. p. 520.
Regn. de Graef. p. 242.   U. d. V.
**) Anm. De lo Peyronie hat in einem die-
ser Eyer einen runden gelben Fleck, von der
Größe einer Linie im Durchschnitt, auf dem
Häutchen bemerkt, das über der Schale
liegt. Es ist glaublich, daß dieser sonst
weiße Fleck nur deswegen gelb war, weil

der Dotter von allen Seiten ausgelaufen
war, wie man es auch bey Aufschneidung
der Henne inne geworden ist. Daß er auf
der Schalenhaut war, kam davon, daß
die Haut, in welcher das Gelbe ist, nach
dem Auslaufen desselben an der Schalenhaut
hängen blieben war.   U. d. V.
°°*) Der Keim liegt über der narbich-
ten Haut des Dotters, in einer äußerst
sei-

fruchtbaren. Da Malpighi in den befruchteten frisch gelegten Eyern, ehe sie bebrütet worden, das Närbchen untersuchte, sahe er in dem Mittelpunkte desselben
eine Blase in einer Feuchtigkeit schwimmen, und wurde in der Mitte dieser Blase,
den völlig gebildeten Embryo des Hühnchens gewahr. Hingegen sah er in dem
Närbchen unbefruchteter, und von der Henne allein, ohne Gemeinschaft mit dem
Männchen, hervorgebrachten Eyer, nichts als ein kleines ungestaltes Kügelchen mit
Anhängseln, die mit einem dicken, wiewohl durchsichtigen Safte, angefüllt, und
mit verschiedenen konzentrischen *) Zirkeln umzogen waren, und man sieht auch keine Anlage zu einem Thiere darinnen. Die innere und vollständige Organisation
der ungeformten Materie, kommt bles aus der augenblicklichen Vermischung der bey-
derley Saamenfeuchtigkeiten. Ohnerachtet nun aber die Natur nur eines Augenblicks
bedarf, um diesem durchsichtigen Schleime die erste Gestalt zu geben, und in alle
seine Winkel Leben zu bringen, so wird doch viel Zeit und Hülfe erfodert, um die
erste Anlage vollkommen zu machen. Diese Entwickelung hat die Natur insonderheit den Müttern angewiesen, indem sie ihnen die Neigung oder das Bedürfniß zu
brüten, verliehen. Bey den meisten Hühnern läßt sich diese Begierde deutlich wahrnehmen, und äußert sich durch eben so untrügliche Zeichen, als die Begierde zur
Begattung, auf welche sie nach der Ordnung der Natur folgt, ohne von einem ge-
genwärtigem Eye rege gemacht zu seyn.

Eine Henne, welche gelegt hat, fühlt eine Art von Entzückung, welche die
andern, die bloß Zeugen davon sind, mit ihr theilen, und sie gemeinschaftlich durch
wiederholtes Freudengeschrey ausdrücken **). Dieß kommt entweder daher,
daß die schnelle Verschwindung der Geburtsschmerzen immer mit einer lebhaften
Freude begleitet ist, oder, daß die Mutter alle das Vergnügen, welches ihr
dieses erste gewährt, voraussieht. Dem sey aber wie ihm wolle, so wird
sie doch, nachdem sie fünf und zwanzig bis dreyßig Eyer gelegt hat, sich zum
Brüten mit allem Ernst anschicken. Nimmt man ihr solche nach und nach
weg, so wird sie zwey bis dreymal mehr legen, und sich durch ihre Fruchtbarkeit selbst erschöpfen. Es wird aber doch endlich eine Zeit kommen, wo

---

seinen glänzenden Haut (amnios). Er liegt
über der Narbe und ist von ihr ganz verschieden. Diese liegt tiefer, und ist nach
zween Tagen der Bebrütung nicht mehr
sichtbar. Ihr Nutzen ist unbekannt.
d. Ueb.

*) S. Malpighi Pullus in Ouo.

**) Wir haben in der französischen Spra-
che gar keine eigenen Ausdrücke, um die verschiedene Schreyen der Henne, des Hahns

und der Küchlein zu bezeichnen. Die Lateiner
beschwerten sich über die Armuth der ihrigen, und sie war doch viel reicher als unsre,
und hatte Ausdrücke für diese Verschiedenheiten. S. Gesn de Avibus, p 431. Gallus
cucurrit, pulli pipiunt, gallina canturit, gra-
cillat, pipiat, singultit; glociunt eae, quae vo-
lunt incubare, daher kommt das französische
Wort glousser.
A. d. V.

wo sie, vermöge ihres starken Naturtriebs, durch ein besonderes Glucken, und durch
deutliche Bewegungen und Stellungen, zu brüten begehren wird. Wenn sie keine
von ihren eigenen Eyern bekommen kann, so wird sie anderer Hühner ihre brüten, und,
wenn ihr auch diese fehlen, so wird sie sich über Eyer von einem ganz fremden Geschlecht setzen, und sogar über Eyer von Stein oder Kreide. Sie wird, wenn ihr
auch alles weggenommen ist, dennoch auf dem Neste sitzen bleiben, und sich durch
Gram und vergebliche Bewegungen *) abmergeln. Wenn sie im Suchen glücklich ist, und ächte oder unächte Eyer an einem abgelegenen und bequemen Orte
findet, so setzt sie sich gleich darüber, umschließt sie mit ihren Flügeln, wärmt sie
mit ihrer eignen Wärme, wendet sie, eins nach dem andern sachte um, gleichsam
um eines jeden ins besondre zu geniessen und ihnen allen gleich viel Wärme zu ertheilen. Sie nimmt sich ihres Geschäfts dergestalt an, daß sie Essen und Trinken
darüber vergißt. Man sollte sagen, daß sie die ganze Wichtigkeit der Verrich-
tung die sie betreibt, begreife.

Sie unterläßt keine Sorgfalt, vergißt keine Vorsicht, um das angefangene
Daseyn dieser kleinen Wesen zu vollenden, und jede Gefahren, die sie umgeben,
zu entfernen **). Vorzüglich verdient angemerkt zu werden, daß der Zustand einer
brütenden Henne, wie einförmig uns solcher auch vorkommt, für sie vielleicht nicht langwei-
lig, sondern ein beständiger Genuß ist, und desto behäglicher seyn muß, je mehrern er
sich mittheilt. So reizend hat die Natur alles das zu machen gewußt, was mit
der Vermehrung der Geschöpfe in Verbindung steht!

Die Würkung des Brütens, ist die Entwickelung des Embryo des Küchleins,
welches, wie schon gesagt, in dem Närbchen des befruchteten Eyes, schon nach seiner ganzen Gestalt gebildet, vorhanden ist. Ich will nun die Ordnung beschreiben, in welcher diese Entwickelung meistens geschieht, oder vielmehr, in der sie
sich dem Beobachter darstelle. Da ich aber schon alles das, was auf die Entwickelung des Küchleins im Ey Beziehung hat †), einzeln genug abgehandelt habe, so
werde ich hier nur die wesentlichsten Umstände davon zu wiederholen mich begnügen lassen. Wenn ein Ey fünf oder sechs Stunden bebrütet worden ist, so sieht
man schon die Verbindung des Kopfes mit dem Rückgrad des Küchleins, und wie
es in der Feuchtigkeit, mit der die Blase im Mittelpunkt des Närbchens angefüllt
ist

---

*) Das Bedürfniß zu brüten, vertreibt
man am besten dadurch, daß man den Hintersten den Henne fleißig ins kalte Wasser
tauchet.
A. d. V.

**) Fast alles, auch sogar ein Geräusch,
ist ihnen zuwider. Man hat an einer ganzen Brut von Hühnern, die man in einer

Schlosserwerkstatt ausbrüten ließ, gesehen,
daß sie alle davon den Schwindel bekamen.
S. Collect. academique, Partie étrangère,
Tom III. p. 25.
A. d. V.

†) Anm. Hist. naturelle, Tom. II. 4to.
p. 112. seq. oder die deutsche Uebersetzung,
Ersten Theils zweyten Bandes, S. 56. f.

ist, herumschwimmt. Gegen das Ende des ersten Tages erhält der Kopf schon eine Krümme und nimmt zu.

Den zweyten Tag wird man die ersten Anlagen der Wirbelbeine gewahr, die, wie kleine Kügelchen, auf beyden Seiten des Rückgrads liegen. Auch fangen die Flügel und Nabelgefäße an hervor zu stechen, die dunkelfärbig und deswegen leichter zu bemerken sind. Der Hals und die Brust werden auch sichtbar und der Kopf nimmt immer zu. Man erblickt darinnen die ersten Grundzüge der Augen und drey Bläschen, die, wie das Rückbein, mit durchsichtigen Häutchen eingefaßt sind. Das Leben der Frucht wird immer sichtbarer; indem man schon die Bewegung des Herzens und den Umlauf des Geblüts wahrnimmt.

Den dritten Tag nimmt sich schon alles besser aus, weil alles zugenommen hat. Das merkwürdigste ist, daß das Herz aussen vor der Brust hängt, und dreymal hinter einander schlägt; einmal, wenn es das in den Adern enthaltene Blut durch das Herzohr aufnimmt; das zweytemal, wenn es das Blut nach den Arterien zurückschickt, und das drittemal, wenn es das Blut in die Nabelgefäße treibt. Dieser Herzschlag hält noch vier und zwanzig Stunden, nach der Absonderung des Embryo von dem Weißen des Eyes, an. Man merkt auch auf den Hirnbläschen Venen und Arterien, und die ersten Anfänge des Rückenmarks fangen auch an, sich längs den Wirbelbeinen auszubreiten. Kurz, man sieht den ganzen Körper der Frucht, wie eingewickelt, in einen Theil der sie umgebenden Feuchtigkeit, der dichter als das Uebrige geworden ist.

Den vierten Tag haben die Augen schon sehr zugenommen. Man erkennt bereits in ihnen den Augapfel, die krystallne und gläserne Feuchtigkeit. Außerdem erblickt man im Kopfe fünf mit Feuchtigkeit angefüllte Bläschen, welche die folgenden Tage einander näher kommen, sich nach und nach bedecken, und endlich das in alle seine Häutchen eingehüllte Gehirn, ausmachen. Die Flügel wachsen, die Schenkel kommen zum Vorschein, und der Körper überzieht sich mit Fleisch.

Außer dem erwähnten besteht die Zunahme des fünften Tages in der Ueberziehung des Körpers mit einem klebrichten Fleisch. Das Herz aber wird inwendig durch eine sehr zarte Haut, die sich über den ganzen Umfang der Brust verbreitet, festgehalten, und es fangen die Nabelgefäße an aus dem Unterleibe hervor zu gehen*).

Nachdem das Rückenmark sich den sechsten Tag, in zween Theile getheilt hat, setzt es sein Wachsthum längs dem Rumpfe fort. Die vorher weißliche Leber ist nun dunkelfaebig

*) Die Gefäße welche sich in dem Dotter verbreiten, und sich folglich außer dem Leibe des Küchleins befinden, pflegen sich nach Stenons Bemerkung, allmählig in den Unterleib hinein zu ziehen. S. Collectionacademique, Partie Etrang. Tom. V. p. 572.

kelfärbig worden, das Herz ſchlägt in ſeinen beyden Kammern; des Küchleins Körper wird mit Haut überzogen, und auf derſelben ſieht man ſchon Federn hervor-
keimen.

Der Schnabel iſt den ſiebenten Tag ſchon ſehr kenntlich, das Gehirn, die
Flügel, die Schenkel und Füße haben ihre vollkommne Geſtalt erlangt. Die beyden Herzkammern ſehen, wie zwey an einander ſtoſſende Bläschen aus, die ſich
durch ihren Obertheil mit den Herzohren vereinigen. Man bemerkt zwo auf einander folgende Bewegungen in den Herzkammern und in den Herzohren, gleichſam
als wären es zwey abgeſonderte Herzen.

Zu Ende des neunten Tages tritt die Lunge hervor, deren Farbe weißlich iſt.
Am zehnten Tage bekommen die Muſkeln vollends ihre Form, die Federn fahren
fort hervorzuſproſſen, und erſt am eilſten Tage verbinden ſich die Arterien mit dem
Herzen, da ſie vorher von demſelben abgeſondert waren, und auf dieſe Weiſe wird
dieſes Werkzeug vollkommen, und beyde Herzkammern vereinigen ſich.

Das Uebrige beſteht nur in einer mehrern Entwickelung der Theile, die ſo lange fortdauert, bis das Küchelchen, nach von ſich gegebnem Pipen *), die Schale
aufhackt, welches gewöhnlich den ein und zwanzigſten, manchmal auch den acht-
zehnten, auch wohl den ſieben und zwanzigſten, geſchieht [12].

Dieſe Reihe von Phänomenen, die für den Beobachter ſo ſehr unterhaltend ſind,
ſind die Würkung des Brütens einer Henne, und die menſchliche Geſchäftigkeit hat
es nicht unwürdig gefunden, die Handlung der Henne nachzuahmen. Anfänglich haben
blos gemeine ägyptiſche Landleute, und nach ihnen auch einige Naturforſcher unſrer Zeit,
den Zweck erreicht, ſo gut als die beſte Brüthenne, Eyer zum Ausbrüten zu bringen, und es noch überdieß bey einer großen Anzahl auf einmal zu bewerkſtelligen.
Das ganze Geheimniß beſteht darinnen, daß man die Eyer in einer ſolchen gemäſ-
ſigten Wärme, wie der Henne ihre iſt, erhält; ſie für aller Feuchtigkeit und
allen ſchädlichen Ausdünſtungen, als gelöſchter oder glühender Kohlen, auch ver-
dorbner Eyer bewahrt. Wenn man dieſe beyden weſentlichen Bedingungen erfüllt,
und die Aufmerkſamkeit, die Eyer oft umzuwenden, damit verbindet, und die Körbe, worinnen ſie ſind, in dem Ofen oder der Badſtube, fortrückt, dergeſtalt, daß
nicht

---

*) Hiſt. Naturelle, T. II. p. 113. ſqq. oder
der deutſchen Ueberſetzung in des erſten Theils
zweyten Bandes, S. 56. f.
[11] Am zweyten Tage ſieht man die Bewegung des Herzens im Keime, und nach
acht und vierzig Stunden zeigt ſich ſchon rothes Blut in einigen Gefäßen, die das ausmachen, was Haller den adrigen Kreiß

(figura venoſa) nennet. Das Herz iſt am
ſechſten Tage völlig gebildet. Das Eyweiß
wird durch das Brüten immer flüßiger und
eben dieſes geſchieht von dem Dotter, der
nach dem Eyweiß auch in die Gefäße und
Bauch der Frucht tritt. Man ſehe Haller,
Opera minora, T. II.

A. d. Ueb.

nicht allein jedes Ey, sondern jeder Theil des Eyes auf gleiche Art die nöthige Wärme erhält, so wird es immer gelingen, Hühnchen bey Tausenden auszubrüten.

Jede Art Wärme ist hierzu dienlich. Die Wärme der alten Henne hat hierinnen nicht mehr Vorzug, als jedes andern Thiers; selbst die Wärme des Menschen *) nicht ausgenommen, und also kann die Wärme der Sonne oder der Erde, die Wärme eines Loh- oder Misthaufens, eben dieselbe Würkung thun ¹⁰*). Die Hauptsache ist nur, daß man im Stande sey, die Wärme nach Gutbefinden vermehren oder vermindern zu können. Dieses kann vermittelst guter Thermometer, die man im Innern des Brütofens oder der Badstube, mit Einsicht angebracht hat, geschehen; weil man durch diese den Grad der Wärme in den verschiedenen Gegenden des Ofens erfahren kann. Man muß diesen Grad durch Verstopfung aller Oeffnungen und Zuglöcher beständig zu erhalten, und denselben, wenn es ein Brütofen ist, durch heisse Asche, und wenn es eine Stube mit einem Ofen ist, durch Holz zulegen, oder, wenn es ein Loh- oder Mistbette ist, durch Kohlfeuer zu vermehren suchen. Endlich muß man die Wärme auch durch Eröffnung der Zuglöcher vermindern und der frischen Luft Zugang verschaffen, welches gleichfalls durch einen oder mehrere kalte, in den Ofen gelegte Körper, u. s. w. geschehen kann.

Uebrigens ist es doch fast unmöglich, den zwey und dreyßigsten Grad, welchen die Hühnerwärme hat, beständig und ununterbrochen im Brütofen zu erhalten, wieviel Sorgfalt man auch darauf verwendet. Ein Glück ist es noch, daß dieser Grad sich eintheilen läßt, vermöge dessen hat man in der Wärme eine Verschiedenheit vom acht und dreyßigsten bis zum vier und zwanzigsten Grade, ohne irgend einen Nachtheil für die Brut wahrgenommen. Zu merken aber ist, daß man sich in diesem Falle mehr vor dem Ueberflusse, als vor dem Mangel der Hitze in Acht nehmen muß; weil eine bis zum acht und dreyßigsten oder gar nur bis sechs und dreyßigsten Grad erhöhte Wärme, in einigen Stunden mehr Schaden anrichten würde, als eine bis zum vier und zwanzigsten Grad verminderte Wärme in einigen Tagen. Einen Beweiß, daß der niedre Grad der Wärme noch mehr vermindert werden

*) Man weiß, daß die Livia in ihrer Schwangerschaft sich einfallen ließ, in ihrem Busen ein Ey auszubrüten, weil sie von dem Geschlechte des ausgebrüteten Küchleins auf das Geschlecht ihrer Frucht schliessen zu können glaubte. Das Küchlein war ein Hähnchen und ihr Kind ein Söhnchen. Die Wahrsager bedienten sich dieses Vorfalls zu ihrem Vortheil, die Ungläubigsten von der Wahrheit ihrer Kunst zu überzeugen. Das was am gewissesten hierdurch

bewiesen wird, ist, daß die menschliche Wärme hinreicht, um dadurch Eyer auszubrüten.
A. d. V.

¹⁰*) In neuern Zeiten hat man sogar durch die Elektricität Küchlein ausgebrütet, die ihr Wachsthum beschleunigte. Siehe eine Nachricht von Herrn Achards in Berlin Versuchen in Bekmanns Bibl. VIII. S 613. und Koestlin diss. de effect. electricit. in corpora quaedam organica, Tubing. 1775.
A. d. Ueb.

Büffon Vögel III. B.   H

den kann, giebt ein, auf einer Wiese, die gemäht wurde, gesundnes Rebhühner-
nest, dessen Eyer, weil man keiner Brüthenne habhaft werden konnte, sechs und
dreyßig Stunden in Schatten zur Verwahrung hingelegt wurden und doch mit
drey Tagen auskrochen; diejenigen ausgenommen, welche man, um zu sehen, ob
Rebhühner darinnen wären, aufgemacht hatte. Sie hatten schon sehr zugenommen, ob es gleich außer Zweifel ist, daß der Anfang des Brütens einen höhern
Grad der Wärme erfodert, als wenn es gegen das Ende geht, da die Wärme des
Vögelchens, fast allein zu seiner Entwickelung hinreichend ist.

Da die Feuchtigkeit dem Brüten sehr nachtheilig ist, so muß man sichere
Kennzeichen haben, um zu wissen, ob einige in den Ofen gedrungen ist, sie weg-
schaffen, und verhindern, daß keine wiederkommt.

Der einfachste und zur Untersuchung der feuchten Luft in dieser Art Ofen ge-
schickteste Hygrometer, ist ein kaltes Ey, welches man darein legt, und es einige
Zeit darinnen liegen läßt, nachdem der gehörige Grad der Wärme dem Ofen ver-
schafft worden ist. Wenn nach Verlauf einer halben viertel Stunde höchstens, das
Ey, wie etwan das Spiegelglaß vom Athem, oder wie im Sommer die auswendige
Seite der Gläser, in welche man kalte Getränke schenkt, anlauft, so ist es ein
Zeichen, daß die Luft des Ofens zu feuchte ist, und je länger Zeit das Ey braucht, im
Ofen trocken zu werden, desto feuchter muß es im Ofen seyn. Dieses fällt hauptsächlich bey den Loh- und Mistbetten vor, die man in einen verschlossenen Ort
hat anbringen wollen. Das beste Mittel, diesem Uebel abzuhelfen, und den einge-
schlossenen Oertern die faule Luft zu benehmen, ist, daß man vermittelst einander
gegen überstehender Fenster einen Zug veranstaltet, oder in Ermangelung der Fenster einen dem Raume gemäßen Ventilator darinnen anbringt. Manchmal macht
auch die Ausdünstung vieler Eyer allein, eine zu große Feuchtigkeit in dem Ofen,
in welchem Falle man, alle zween oder drey Tage die Eyerkörbe auf einige Augen-
blicke aus dem Ofen nehmen und die Luft lediglich durch Fächeln mit dem Hute
bewegen muß.

Es ist aber nicht genug, die Feuchtigkeit, die sich in dem Ofen gesammlet
hat, zu vertreiben, sondern man muß ihr auch, so viel als möglich, den Zugang
von aussenher versperren. Deshalb muß man die äußern Wände mit geschlagenem
Bley oder gutem Kütt, mit Gips oder wohlgekochtem Theer überziehn, oder wenigstens zu wiederholtenmalen mit Oel überstreichen und es wohl eintrocknen lassen; die
innern Wände aber mit Stücken von Blase oder Pappe austapeziren.

In diesen wenigen Kunstgriffen besteht das künstliche Brüten, worunter man
auch den Bau und die Größe der Oefen oder der Stuben, die Anzahl, die Form
und Eintheilung der Körbe und alle kleine Mittel, die nach Beschaffenheit der Umstände, uns in der Geschwindigkeit einfallen, begreifen muß. Uns ist alles dieß

mit

mit weitschweifigen Worten erörtert worden, wir wollen aber alles in wenigen Zeilen, ohne etwas wegzulaffen *), sagen.

Der einfachste Ofen ist eine Tonne, welche inwendig mit geleimtem Papiere
ausgeschlagen und oben mit einem paffenden Deckel zugemacht ist, der in der
Mitte eine große Oeffnung hat, die durch einen Schieber zugemacht wird, und deswegen da ist, damit man in den Ofen sehen kann. Um diese große Oeffnung
herum, sind noch verschiedene kleinere, die zu Luftlöchern und zur Mäßigung der
Wärme bestimmt sind, und auch durch Schieber zugemacht werden. Man steckt
diese Tonne über den dritten Theil ihrer Höhe in heissen Mist. In diese setzt man
zween oder drey durchsichtige Körbe, einen über den andern, und läßt einen gehörigen Zwischenraum. In jeden Korb legt man zwo Lagen Eyer; doch mit der Vorsicht, daß in dem obersten weniger als in dem untersten sind, damit der letzte dem
Auge nicht verbauet wird. Man läßt, nach eigenem Belieben, in dem Mittelpunkte jedes Korbes, und in den Löchern die durch die Vereinigung der auf einander zugerichteten Oeffnungen, die alle auf der Are der Tonne zusammenstossen,
entstehen, einen leeren Platz. In diesen setzt man einen wohleingetheilten Thermometer, und bringt noch verschiedene andere in den verschiedenen Stellen des Umkrei-
ses an, und unterhält eine Wärme von gehörigem Grade, und auf diese Weise
wird man Küchelchen erhalten.

Will man mit der Wärme sparsam umgehen, und diejenige, welche sonst verlohren geht, benutzen, so kann man auch zur künstlichen Brütung, die Wärme der
Oefen der Pasteten- und Brodtbäcker, der Schmiede, der Glasschmelzer, endlich auch
die Wärme von Stubenöfen und Kaminplatten brauchen; nur muß man immer einge-
denk seyn, daß man, wenn das Brüten glücklich von statten gehen soll, hauptsächlich die Wärme richtig vertheile, und die Feuchtigkeit abwehre.

Wenn die Oefen groß sind und die Arbeit gut gehet, so bringen sie Küchelchen
bey Tausenden auf einmal hervor. Dieser Ueberfluß würde, selbst unter einem Himmelsstrich wie der unsrige, zur Unbequemlichkeit gereichen, wenn man nicht Mittel
gefunden hätte, der Henne bey Auffütterung der Hühnchen, eben so zu entbehren,
wie bey der Ausbrütung. Diese Mittel sind eine mehr oder weniger vollkommene
Nachahmung des Verfahrens der Henne, wenn die Jungen ausgekrochen sind.

Man kann wohl denken, daß diese Mutter, welche so viel Begierde zum
Brüten gezeigt, mit so vieler Aemsigkeit gebrütet hat, die so sehr für ihre noch Un-
gebohrne gesorgt hat, nicht kälter werden wird, wenn die Jungen ausgekrochen
sind. Ihre Zuneigung wird noch mehr gestärkt, indem sie ihre kleinen Geschöpfe,
die ihr das Daseyn schuldig sind, vor sich sieht, und nimmt noch täglich durch neue
H 2 Sorgfalt

*) S. L'art de faire éclore les poulets par Mr. de *Reaumur*, 2 Volumes in 12.

Sorgfalt zu, deren die Schwäche ihrer Jungen bedarf. Ohne Aufhören beschäftigt ſie ſich mit ihnen und ſucht blos für ſie Nahrung. Findet ſie nichts, ſo ſcharrt ſie mit ihren Krallen in der Erde, um ihr die Nahrung zu entreiſſen, die ſie in ihren Schooß verſteckt, und bricht ſich ſelbſt, der Jungen wegen alles ab. Wenn ſie ſich verlaufen, lockt ſie ſie, ſetzt ſie unter ihren Flügeln für der Witterung in Sicherheit, und brütet ſie gleichſam zum zweytenmal. Sie widmet ſich dieſen zärtlichen Beſchäftigungen mit ſo vielem Eifer und Kümmerniß, daß ihre Geſundheit ſichtlich leidet, und man kann eine Glucke, die ihre Jungen führt, leicht von jeder andern Henne unterſcheiden: Entweder ſpreitzen ſich ihre Federn aus, oder ſie ſchleppt die Flügel, oder der Ton ihrer Stimme iſt heiſcher, die Veränderungen deſſelben ſind ſehr verſchieden und bedeutend und es zeigen ſolche alle eine Bekümmerniß und mütterliche Zuneigung an.

So wie ſie ſich, um ihre Jungen zu pflegen, ſelbſt vergißt, ſo ſetzt ſie ſich auch allem, zu ihrer Vertheidigung aus. Dieſes ſieht man, wenn ein Stoßvogel in der Luft erſcheint. Dieſe ſo ſchwache, furchtſame Mutter, die in jedem andern Fall ihre Rettung in der Flucht ſuchen würde, wird alsdann aus Zärtlichkeit unerſchrocken, ſie ſtürzt der ſchrecklichen Klaue entgegen, und durch ihr heftiges Geſchrey, ihr Flügelſchlagen und Keckheit, hintergeht ſie oft den raubbegierigen Vogel, welcher, durch einen unvorhergeſehenen Widerſtand abgewieſen, ſich entfernt und eine leichtere Beute ſucht. Sie ſcheint alle Eigenſchaften eines guten Herzen an ſich zu haben. Nur macht das ihrem zu heftigen Naturtriebe nicht ſo viel Ehre, daß ſie, wenn man ihr zufällig Enteneyer, oder Eyer von einem andern Waſſervogel zum Brüten unterlegt, für dieſe Fremdlinge eben ſo viel Neigung hat, als für ihre eigne Jungen. Sie merkt nicht, daß ſie nur ihre Amme oder Wärterin und gar nicht ihre Mutter iſt, und wenn ſolche nach dem Antrieb ihrer Natur, ihrem Vergnügen nachgehen, und ſich in einen nahen Fluß werfen, ſo iſt es ein beſonderer Anblick, die Beſtürzung, die Unruhe und Angſt dieſer armen Pflegemutter zu ſehn, die ſich noch Mutter dünkt, und begierig iſt ihnen nachzugehen, aber von einer unüberwindlichen Abneigung gegen dieſes Element zurückgehalten wird. Unentſchloſſen macht ſie am Ufer klägliche Bewegungen, zittert und iſt untröſtlich, daß ſie ihre ganze Brut in einer offenbaren Gefahr ſieht, ohne es wagen zu dürfen, ihnen Hülfe zu leiſten.

Es würde unmöglich ſeyn, die Sorgfalt eine Glucke in Erziehung ihrer Jungen zu erſetzen, wenn dieſe Sorgfalt nothwendig eine ſolche mütterliche Liebe vorausſetzte. Um ſie, ſo viel als möglich, glücklich nachzuahmen, iſt es genug, die Hauptumſtände ihres Betragens gegen ihre Jungen anzumerken und ſolche zu befolgen. Da man, zum Beyſpiel, bemerkt hat, daß die Hauptabſicht ihrer mütterlichen Sorgfalt iſt, ihre Jungen in Gegenden zu führen, wo ſie Nahrung finden können, und ſie für Kälte und nachtheiliger Witterung zu ſchützen; ſo hat man geſucht, ihnen alles das und mit mehrerem Vortheil zu verſchaffen, indem man die

im

im Winter gebohrnen, einen Monat oder sechs Wochen lang, in einer dem Grade
der Brütöfen gemäß erwärmten Stube hält, und sie nur fünf oder sechsmal des
Tages, um zu fressen, an die freye luft läßet, besonders wenn die Sonne scheint. Die
Stubenwärme befördert ihren Wachsthum, die freye Luft macht sie stark und ge-
sund. Ihre erste Nahrung ist Brodkrume, Cyerdotter, flüßige Sachen und Hirse.
Die im Sommer gebohrnen, läßt man nur drey oder vier Tage in der Stube und
läßt sie zu allen Zeiten heraus, um sie in den Hühnerschlag oder Hünergitter zu bringen, welches ein viereckichtes Gebauer ist, das vorne ein Gitter von Draht oder bloßem
Bindfaden, und oben einen Deckel zum Zumachen hat, und in diesem Hühnerschlage
finden sich Futter, wenn sie aber genug gefressen haben und herumgelaufen sind, so müssen sie eine Zufluchtsstätte haben, wo sie sich wieder wärmen und ausruhen können.
Diesewegen versammlen sich die Küchelchen, welche von einer Henne geführt werden,
unter ihre Flügel. Reaumür hat zu diesem Gebrauch eine von ihm sogenannte (mère
artificielle) künstliche Mutter ersonnen. Dieß ist ein mit Schaaffell gefüttertes Behältniß, dessen Grundfläche viereckicht, das Obertheil aber schräg, wie an einem Pul-
te ist, er setzt dieses Behältniß in die Ecke des Hühnerschlages, so, daß die
Hühnerchen aufrecht hineingehen, und wenigstens auf dreyen Seiten darunter kommen
können; er wärmt es von unten her vermittelst einer Feuerkieke, die, wenn es nöthig
ist, einigemal mit Feuer angefüllt wird. Der abschüßige Deckel dieser Art von
Pulpet, hat verschiedene Höhen, die der verschiedenen Göße der Hühnchen gemäß
sind. Aber da sie, besonders, wenn sie friert, die Gewohnheit haben sich an einander zu drängen, so gar auch sich auf einander zu setzen, und die kleinern und
schwächern dadurch Gefahr laufen, unter der Menge erdruckt zu werden, so läßt
er dieses Gehäuse oder künstliche Mutter an beyden Enden offen, oder er hängt vielmehr nur über die beyden Oeffnungen einen Vorhang, den das schwächste Küchelchen leicht aufzuheben vermag, damit es, wenn es zu sehr gedrückt wird, herausgehen, sich auf eine andre Seite wenden, und sich einen weniger gefährli-
chen Platz aussuchen könne. Dieser Unbequemlichkeit sucht Reaumür noch durch
eine andere Vorsicht abzuhelffen. Nämlich, man soll den Deckel dieser künstlichen Mutter so abschüßig einrichten, daß sich die Hühnchen nicht auf einander setzen
können. Nach Maaßgabe des Wachsthums der Hühnerchen, erhöht er den Deckel durch
verhältnißmäßige Sprossen, die er auf der Seite des Behältnisses einsetzt. Er geht
noch weiter, und theilt seine größern Hühnerschläge durch eine querdurch gezogene
Scheidewand, in zween ab, um die Küchelchen von verschiedener Größe auseinander zu sondern. Er läßt auch kleine Räderchen daran setzen, um sie leichter fortzu-
bringen. Denn es müssen die Hühnchen schlechterdings alle Nächte, und bey rauher
Witterung, auch am Tage, in die Stube geschafft werden, in welcher des Winters
eingeheizt seyn muß. Uebrigens ist es zuträglich, die Hühnerschläge in den Zeiten,
da es weder kalt noch regnicht ist, in die freye luft und Sonne zu setzen, nur
mit der Vorsicht, daß man sie vor dem Winde in Acht nimmt. Man kann auch die
Thüren offen lassen, dadurch werden die Hühner zeitig herausgehen lernen, um im Miste
zu scharren, oder das junge Gras abzubeißen, und wieder unter die künstliche Mutter,

des

des Wärmens oder Fressens wegen, zurück kommen. Will man es nicht wagen, sie so in ihrer Freyheit herum irren zu lassen, so kann man an das Ende des Gitters einen ordentlichen Hühnerschlag anfügen, der, indem er mit jenen zusammenhängt, ihnen größern Umfang zum Herumlaufen, aber einen eingeschloßnen Spatzierweg, wodurch sie in Sicherheit sind, verschaft.

Je mehr man sie aber eingesperrt hält, desto pünklicher muß man seyn, ihnen ihr gehöriges Futter zu geben. Außer dem Hirse, Eyerdotter, süßigen Sachen und Brodkrume, fressen sie auch gerne Rübsaamen, Hanfsaamen, und andre kleine Körner dieser Art; als, Erbsen, Bohnen, Linsen, Reiß, gestampfte Gerste und Hafer, geschrotnen türkischen Waizen und Heydekorn. Es ist dienlich und sogar haushälterisch, die meisten dieser Kornarten in siedendem Wasser aufquellen zu lassen, ehe man sie ihnen giebt. Der ökonomische Vortheil beträgt ein Fünftheil auf dem Waizen, zween Fünftheil auf der Gerste, die Hälfte auf dem türkischen Waizen, aber auf Hafer und Heydekorn, nichts. Wenn man den Rocken kochen wollte, so würde man Schaden haben, aber diesen mögen die Hühnchen auch am wenigsten. So wie sie endlich größer werden, kann man ihnen alles, was wir selbst essen, (bittre Mandeln *), und Kaffeebohnen **) ausgenommen), geben. Alles kleine Fleisch, roh oder gekocht, ist ihnen dienlich, und besonders die Erdwürmer. Dieses Gericht scheint diese Art Federvieh, welche man doch nicht für fleischfressend hält, am liebsten zu verlangen. Vielleicht fehlt ihnen auch, wie vielen andern, um wirkliche Raubvögel zu seyn, nichts als ein krummer Schnabel und Krallen ¹¹).

Gleichwohl muß man einräumen, daß sie von den Raubvögeln durch die Verdauungsart und durch den Magenbau eben so sehr, als durch den Schnabel und die Klauen verschieden sind. Diese haben einen häutigen Magen, und ihre Verdauung wird durch eine auflösende Materie verrichtet, welches zwar in den verschiedenen Geschlechtern der Vögel verschieden ist, von deren Würkung man aber vergewissert ist ***). Bey den Hühnern hingegen muß der Magen als dreyfach betrachtet werden, als:

1) Der

---

*) S. Ephemerides Nat. Curiof. Dec. I. An. VIII. Obf. 99.

**) Zwey Küchlein, die man beyde mit Kaffeebohnen, das eine mit gebrannten, das andre mit rohen genährt hatte, bekamen beyde die Auszehrung, und starben, das eine den achten, und das andre den zehnten Tag, nachdem jedes drey Unzen Kaffee verzehrt hatte. Ihre Füße und Schenkel waren sehr geschwollen, und die Gallenblase war so groß, wie bey einer

kalekutischen Henne. *Memoires de l' Acad. Roy. de Scienc.* Anno 1732. p. 101.

¹¹) Ohngeachtet man die Vögel nach der Art sich zu nähren nicht abtheilen sollte, (S. Büffons Geschichte der Vögel Th. I. dieser Ausg. S. 24) so ist doch so viel richtig, daß körnerfressende Vögel eher Fleisch, als fleischfressende, Körner genießen können.
A. d. Ueb.

***) S. *Memoires de l' Acad. Roy. des Sciences.* An. 1751 p. 266.

1) Der Kropf, der eine Art von häutigem Beutel iſt, wo die Körner erſt eingeweicht und erweicht werden.

2) Der weiteſte Theil des Kanals, zwiſchen dem Kropf und Magen, welchem letzterem er am nächſten liegt. Er iſt mit einer Menge kleiner Glandeln überzogen, die einen Saft von ſich geben, welcher ſich bey dem Durchgange der Nahrungsmittel in ſolche zieht.

3) Endlich der Magen, welcher einen offenbar ſauren Saft in ſich hält, weil das Waſſer, in welcher man ſeine innre Haut gerieben hat, ein gutes Lab, um die Milch gerinnen zu machen, abgiebt. Dieß iſt der dritte Magen, der durch die ſtarke Arbeit ſeiner Muſkeln die Verdauung vollendet, zu der in den beyden erſten nur eine Vorbereitung vorgegangen iſt.

Dieſe Kraft ſeiner Muſkeln iſt größer, als man glauben ſollte. Sie zermalmt in weniger als 4 Stunden eine Glaskugel, die ſtark genug iſt, eine Laſt von ohngefehr 4 Pfund auszuhalten, zu dem feinſten Staube. In 48 Stunden theilt ſie der Länge nach, faſt wie ein Paar Rinnen, verſchiedene Glasröhren, die 4 Linien im Durchmeſſer und eine in der Dicke haben, ſo daß man nach Verlauf dieſer Zeit alle ſpitzige und ſchneidende Theile ſtumpf, und die äußere Politur beſonders in der Höhlung abgeſchliffen findet. Dieſe nämliche Muſkelkraft iſt auch vermögend Blechröhre glatt zu nagen, und bis 17 Haſelnüſſe in Zeit von 24 Stunden zu zerknirſchen. Alles dieſes geſchieht durch vielfältiges Zuſammenquetſchen und abwechſelndes Reiben, wovon man aber das mechaniſche Verfahren ſchwerlich einſehen kann. Reaumür hat nur ein einzigesmal etwas merkliche Bewegungen in dieſem Theile wahrgenommen, nachdem er ſchon eine Menge Verſuche, um es zu entdecken, angeſtellt hatte. Er ſahe in dem entblößten Magen eines Kapauns, daß die Theile ſich zuſammenzogen, wieder platt wurden, und ſich wieder erhoben. Er ſah Arten von dickfleiſchichten Bändern auf der Oberfläche ſich bilden, oder es ſchien vielmehr ſo, weil allemal zwey und zwey durch Vertieffungen abgeſondert wurden, dieſe Bewegungen aber ſchienen ſich wellenförmig und langſam fortzupflanzen.

Der richtigſte Beweiß, daß die Verdauung bey dem Hühnergeſchlecht vornämlich durch die arbeitſamen Muſkeln des Magens, und nicht durch irgend ein aufflöſendes Mittel, geſchieht, iſt dieſer: Wenn man einem dieſer Vögel, ein kleines, auf beyden Seiten offnes Bleyrohr zu verſchlucken giebt, (das aber, um nicht platt gedruckt zu werden, dick genug ſeyn muß), und in dieſes ein Gerſtenkorn legt, ſo wird die Schwere des Bleyrohrs in zween Tagen merklich abnehmen, und das Gerſtenkorn, welches darinn iſt, es mag gekocht oder gar nur geſchroten ſeyn, wird man nach zween Tagen ein wenig aufgequollen wiederfinden, doch aber ſo wenig verändert, als wenn man es eben ſo lange in einem eben ſo feuchten Orte verwahrt hätte; anſtatt daß das
nam-

nämliche und andre viel härtre Körner, die durch bemeldetes Rohr nicht würden geschützt worden seyn, in weit weniger Zeit verdaut seyn würden.

Ein Umstand kann auch zur Würksamkeit des Magens noch etwas beytragen. Die Vögel haben ihren Magen immer, so viel als möglich, voll, und dadurch werden die vier Muskeln, aus denen er zusammengesetzt ist, in Arbeit gesetzt. In Ermanglung der Körner, füllen sie ihn mit Grase und auch mit kleinen Kieseln, welche, weil sie hart, und uneben sind, Werkzeuge zur Zermalmung der Körner werden, indem sie solche unaufhörlich reiben. Ich sage, weil sie uneben sind: denn die glatten schlüpfen zu hurtig durch, und nur die höckrichten bleiben sitzen. Je weniger Nahrung in dem Magen ist, desto mehrere Kiesel halten sich darinn auf, und sie bleiben länger, als irgend eine jede andre verdauliche oder unverdauliche Substanz, im Magen.

Die Verwundrung, wie die innere Haut stark genug seyn könne, der Rückwirkung so vieler harten Körper, auf welche sie ohn Unterlaß würkt, zu widerstehen, wird wegfallen, wenn man bedenkt, daß diese Haut würklich sehr stark, und eine dem Horn ähnliche Substanz ist. Außerdem ist auch bekannt, daß die Holz- und Lederstücke, die man braucht, mit einem äußerst harten Pulver Körper zu poliren, dem Zerreiben sehr lange Zeit widerstehen. Man kann ferner annehmen, daß diese harte Haut auf eben die Art sich wieder ergänzt, als die schwülichte Haut der Hände solcher Menschen, die harte Arbeit verrichten.

Ob nun gleich die kleinen Steinchen zur Verdauung etwas beytragen können, so ist das noch nicht bestätigt, daß die körnerfressenden Vögel sie in eben der Absicht verschlucken. Redi hatte zween Kapaunen einschließen, und ihnen zu ihrer Nahrung Wasser und solche kleine Steinchen hinsetzen lassen. Sie trunken viel Wasser und sturben beyde, einer mit 20, der andre mit 24 Tagen, ohne ein einziges Steinchen verschluckt zu haben. Redi fand freylich einige in ihrem Magen, es waren aber solche, welche sie vorher verschluckt hatten *).

Die Werkzeuge des Athemholens bestehen in einer Lunge, die der Lunge der Landthiere ähnlich ist, und in zehn Luftbläschen, deren achte in der Brust sind, welche sich unmittelbar in die Lunge öfnen; die zwey größten aber im Unterleibe, welche mit den vorigen acht zusammenhängen. Wenn sich bey dem Einathmen die Brust erweitert, so geht die Luft durch die Luftröhre in die Lunge, aus der Lunge in die acht obern Bläschen, die, wenn sie sich aufthun, die Luft aus den zwey Bläschen des Unterleibes an sich ziehn, wobey diese sich alsdenn verhältnißmäßig zusammen drücken. Wenn hingegen bey dem Ausathmen die Lunge und obern Luftbläs-

*) Redi, de viuentibus intra viuentia.

Der Hahn.

Der Hahn. 65

bläschen sich zusammen ziehn, und die in der Höhle eingeschloßne Luft drücken, so geht diese Luft theils durch die Luftröhre heraus, und theils geht sie durch die acht Bläschen der Brust zurück in die zwey Bläschen des Unterleibes, die sich alsdenn fast mit einem solchen Mechanismus ausdehnen, als ein Blasebalg mit zween Windkasten. Da es aber hier nicht am rechten Orte ist, alle Triebfedern dieses Mechanismus auseinander zu setzen; so ist es genug, wenn wir nur anmerken, daß das vierte Luftbläschen bey denen Vögeln, welche gar nicht fliegen, als beym Strauß und Kasuar, und bey denen, welche schwer fliegen, als bey dem Hühnergeschlecht, auf jeder Seite kleiner ist *).

Diese Verschiedenheit der Organisation zieht nothwendig viele andre nach sich, ohne der häutigen Klappen, die man bey einigen Vögeln gefunden hat, zu gedenken. Düverney hat an einem lebendigen Hahn gewiesen, daß die Stimme bey den Vögeln nicht, wie bey den vierfüßigen Thieren, oben in der Luftröhre, sondern unten an der Luftröhre (aspera arteria), nahe bey ihrer Theilung **) erzeugt würde, wo Perrault einen innern Larynx wahrgenommen hat. Außer diesem hat Herissant in den vorzüglichsten Aesten der Lunge halbmondförmige Häutchen, welche quer über einander liegen, wahrgenommen, dergestalt, daß sie nur die Hälfte der Höhlung der Luftröhräste einnehmen und der Luft einen freyen Durchgang durch die andre lassen. Daraus hat er den vernünftigen Schluß gezogen, daß die Häutchen zur Bildung der Stimme der Vögel nothwendig wären, aber doch weniger wesentlich, als das Häutchen am Knochen des Luftröhrenmundes, welches eine ziemlich beträchtliche Höhlung endiget, die sich über dem obern und innern Theil der Brust befindet, und die auch einige Gemeinschaft mit den obern Luftzellen hat. Dieser Anatomiste sagt, er habe sich durch wiederholte Versuche überzeugt, daß, wenn dieß Häutchen löchricht würde, die Stimme sich auch verlöre, um sie wieder herzustellen, müsse man die Oefnung der Haut zustopfen und verhindern, daß die Luft nicht herauskäme ***).

Ist es nicht aber bey so großen in den Werkzeugen der Stimme bemerkten Verschiedenheiten, merkwürdig, daß die Vögel mit ihrer knorplichten Zunge und hornartigen Schnäbeln, unsern Gesang und Sprache leichter nachahmen können, als diejenigen vierfüßigen Thiere, welche dem Menschen am meisten ähnlich sind? So schwer ist es den Gebrauch der Theile blos nach ihrem Bau zu beurtheilen, und zugleich so wahr, daß die Veränderungen der Stimme und des Lauts, fast ganz von der Reizbarkeit des Gehörs abhängen.

Der Darmkanal ist bey dem Hühnergeschlecht sehr lang, und fast fünfmal länger als das Thier selbst, wenn man es von der Spitze des Schnabels bis an den Hinter-

*) S. Memoires pour servir à l'histoire des Animaux Part. II. p. 142. 164.
**) S. Anciens Memoires de l'Acad. Roy.
Büffon Vögel III B.

des Sciences. Tom. XI. p. 7.
***) Mem. de l'Acad. Roy. des Sciences ann. 1753. p. 291.

J

Hintersten mißt. Man findet daselbst zween Blinddärme von ohngefehr sechs Zoll, welche da ihren Ursprung nehmen, wo der Grimmdarm sich mit dem verwickelten vereinigt. Der Mastdarm wird da, wo er sich endiget, breit, und macht einen gemeinschaftlichen Behälter, den man Kloake nennt, wohin die flüßigen und dichten Auswürfe abgesondert werden, und ihren Ausgang zugleich nehmen, ohne jedoch mit einander genau vermengt zu seyn. Ebendaselbst finden sich die unterscheidenden Theile des Geschlechts; nämlich, bey den Hühnern das weibliche Geburtsglied oder die Oefnung des Eyerkanals, und bey dem Hahn sein zweyfaches Zeugungsglied, oder die Enden der beyden Saamengefäße. Das weibliche Glied ist, wie oben gesagt, über dem Hintersten, und also in Vergleich mit den Vierfüßigen, in ganz verkehrter Stellung.

Seit Aristoteles Zeiten wußte man, daß jeder männliche Vogel Hoden hätte, und daß sie in dem Innern des Körpers versteckt lägen. Dieser Lage schrieb man die heftige Begierde des Männchens zum Weibchen zu, welches, wie man sagte, deswegen weniger hitzig seyn sollte, weil dessen Eyerstock dem Zwergfelle näher liegt, und folglich durch die Luft eher abgefühlt werden kann *).

Die Hoden sind dem Männchen nicht ganz allein eigenthümlich. Es giebt auch unter einigen Vogelgeschlechtern Weibchen, die sie haben, als die Kleinen und vielleicht auch die großen Trappen **). Bisweilen haben die Männchen nur einen, gewöhnlich aber zwo. Es ist aber weit gefehlt, daß die Größe dieser Art Glandeln mit der Größe des Vogels immer im Verhältnisse stehen sollte. Des Adlers seine sind so klein, wie Erbsen, und eines Hühnchens von vier Monaten, so groß wie Oliven ***). Ueberhaupt leidet ihre Größe nicht nur gattungenweis Abänderungen, sondern auch in einer und eben derselben Gattung, welches zur Zeit ihrer Begattung am kenntlichsten wird. Wie unbedeutend auch ihre Größe seyn mag, so spielen sie doch eine große Rolle in den thierischen Haushaltungen, welches man durch die Veränderungen erfährt, welche nach ihrem Ausschneiden erfolgten. Diese Operation wird gemeiniglich mit jungen Hähnen von drey oder vier Monaten vorgenommen. Derjenige, der sie erlitten hat, wird nach der Zeit fleischichter, sein Fleisch wird saftiger und lieblicher, und giebt den Chymisten andre Produkte als sie vor seiner Verschneidung ****) waren. Er ist dem Mausern fast

gar

---

*) *Aristot.* de Partibus animalium L. IV. c.V.
**) *Histoire de l'Acad. Roy. des Sciences.*
An. 1756 p 44. (Dieses sind wahrscheinlicher Weise die Eyerstöcke. A. d. Ueb.
***) Nothwendig muß die Größe der Hoden mit der Fruchtbarkeit im genausten Verhältniß stehen. Der Adler zeugt, wie alle größere Thiere weniger als der

Hahn. Sein Weibchen legt nur zwey bis drey Eyer, und brütet sie selten alle aus. Welcher Abstand gegen die Fruchtbarkeit eines Hahns.

Anm. d. Ueb.
****) Daß aus dem Fleische eines Kapauns gezogne Fett, beträgt meistens den vierzehnten Theil des ganzen Gewichts.

Hingar nicht mehr ausgesetzt, so wie der Hirsch im nämlichen Fall sein Geweihe nicht mehr ablegt. Sein Krähen hat nicht mehr den alten Ton, seine Stimme wird heischer und er läßt sie nur selten hören. Die Hähne begegnen ihm unmanierlich, die Hühner verächtlich. Aller Begierde zur Fortpflanzung ist er beraubt, und nicht nur von der Gesellschaft seines gleichen, sondern gleichsam auch von seiner ganzen Gattung vertrieben, und abgesondert. Er ist ein vor sich selbst allein lebendes Geschöpf, ohne Geschäfte, und alles, was er noch ausrichten kann, hat seinen Bezug blos auf ihn selbst und keinen andern Zweck als seine eigne Erhaltung. Fressen, schlafen, sich mästen sind nun seine Hauptverrichtungen, und alles, was man von ihm verlangen kann. Doch kann man, mit etwas Mühe, von seiner Schwäche selbst und seiner Gelehrigkeit Nutzen haben, wenn man ihn etwas nützliches angewöhnt; als, zur Führung und Erziehung der Küchelchen [11]). Dieses zu bewerkstelligen, darf man ihn nur einige Tage in ein finster Loch sperren, und ihn nur zu gewissen Stunden, um zu fressen, herauslassen, und ihn gewöhnen junge Hühnchen in seiner Gesellschaft zu sehn, so wird er sie bald in seine Freundschaft aufnehmen, und sie mit eben der Affektion und Aemsigkeit, wie die Glucke selbst, führen. Er kann überdies mehrere führen als die Glucke, weil er unter seinen Flügeln mehrere auf einmal wärmen kann. Die Glucke, die jetzt ihrer Sorge entledigt ist, wird sich wieder zum Ueberlegen *) bequemen, und auf diese Weise werden die Kapaune, wenn sie gleich unfruchtbar sind, wenigstens mittelbar zur Erhaltung und Vermehrung ihres Geschlechts etwas beytragen.

Eine so große Veränderung in dem Betragen des Kapauns, das durch eine so geringe, und dem Anscheine nach, unzureichende Ursache gewürkt worden, ist desto merkwürdiger, da sie durch eine sehr große Menge Erfahrungen, welche die Menschen bey andern Arten von Thieren versucht, und sich so gar unterstanden haben, sie bis auf ihres Gleichen zu erstrecken, bestätiget wird.

J 2 Man

hingegen bey einem jungen Hahn beträgt es den zehnten, und bey einem ungekapten Hahn etwas über den siebenten Theil. Ueberdieß ist das Extrakt aus dem Fleische eines Hahns sehr trocken, hingegen das von einem Kapaun läßt sich nur mit vieler Schwierigkeit trocknen. S. *Mem. de l' Acad. des sciences.* An. 1750. p. 231.
·11) Nach einer Anmerkung des sel. Herrn D. Martini S. III. u. 36. der berliner Ausg. und nach Beyspielen aus Harlemanns Reise durch die schwed. Provinzen S. 64. und dem hannöverischen Magazin 68. 1243. kann man die Kapaunen sogar zum Brüten gewöhnen, wenn man sie

durch stark Getränke dumm macht, und in einer finstern Kammer auf die Eyer setzt. Zum Führen und Erwärmen der Jungen gewöhnt man, nach dem Aldrovand, den Kapaun, indem man ihm einige Federn aus dem Bauche rupft, und die Stelle mit Nesseln reibt, worauf man ihn auf die Jungen setzt, wo er Linderung findet, und ihnen gewogen wird. Im hannöverischen Magazin 1776. stehet ein Beyspiel von einem Truthahn, welcher gebrütet hat.
Anm. d. Uebers. nach M...

*) S. *Pratique de faire éclore les oeufs etc.* p. 98.

Man hat bey den jungen Hähnen einen weit weniger grauſamen Verſuch gemacht, der aber für die Naturkunde vielleicht eben ſo wichtig iſt. Nämlich, wenn
man ihnen, wie gewöhnlich geſchieht, den Kamm *) abgenommen hat, ſetzt man
an deſſen Stelle, einen ihrer hervorkeimenden Sporen, die nur noch wie kleine
Knoſpen ſind. Dieſe auf ſolche Art eingepfropfte Sporen faſſen allmählich im Fleiſche Wurzel, ziehn ihre Nahrung daraus, und werden öfters größer, als in ihrer
urſprünglichen Stelle. Man hat welche geſehn, die drittehalb Zoll lang waren,
und an der Grundfläche über viertehalb Linien im Durchmeſſer hatten. Manchmal
legen ſie ſich im Wachſen vorne krumm über, wie die Widderhörner, und manchmal
biegen ſie ſich hinten über, wie die Bockshörner **)

Dieß iſt eine Art thieriſcher Einimpfung, wovon der glückliche Ausgang, als
man ſie das erſtemal verſucht hat, dem Zweifel ſehr unterworfen geweſen ſeyn mag,
und es iſt zu verwundern, daß man, ſeitdem es glücklich damit gegangen iſt, keine
praktiſche Kenntniß daraus gezogen hat. Ueberhaupt werden zerſtöhrende Verſuche
mehr getrieben und eifriger befolgt, als ſolche, die ſich auf die Erhaltung beziehn,
weil der Menſch den Genuß und das Aufzehren mehr, als das Wohlthun und den
Unterricht liebt.

Die Küchelchen bringen den Kamm und die röthlichen Lappen, durch die ſie
von anderm Federvieh unterſchieden werden, nicht mit auf die Welt. Erſt einen
Monat nach ihrer Entſtehung fangen dieſe Theile an, ſich zu entwickeln. Mit
zween Monaten krähen die jungen Hähnchen ſchon wie die alten, und beiſſen ſich
mit einander. Sie fühlen, daß ſie beſtimmt ſind, ſich anzufeinden, obgleich der
Grund ihrer Feindſchaft noch nicht vorhanden iſt. Vor dem fünften oder ſechſten
Monat fangen ſie nicht leicht an ſich mit den Hühnern einzulaſſen, und dieſe legen
auch nicht eher. Zu ihrem völligen Wachsthum kommen beyde Geſchlechter in einem Jahr oder funfzehn Monaten. Die jungen Hühner legen, wie man zu ſagen
pflegt, beſſer, und die alten brüten beſſer. Dieſe zu ihrem Wachsthum nöthige
Zeit ſollte man als eine Anzeige anſehen, daß die Dauer ihres Lebens von ſieben
oder acht Jahr ſeyn würde, wenn bey dem Federvieh dieſes Verhältniß, wie bey den
vierfüßigen Thieren Statt hätte. Man hat aber geſehn, daß es viel länger dauert.
Ein Hahn kann es bis auf zwanzig Jahre bringen, wenn er ſich in Häuſern aufhält, und vielleicht bis auf dreyßig, wenn er in der Freyheit lebt. Aber zum Unglück

---

*) Der Bewegungsgrund, den jungen
Hähnen die Kämme abzuſchneiden, wenn
man Kapaune aus ihnen machen will, iſt
dieſer: Die vorgenommne Operation verhin-
dertzwar den Wachsthum des Kammes nicht,
aber er hört auf grade zu ſtehn, und hängt,
wie bey den Hühnern herunter, und folglich würde er, wenn man ihn ſtehn ließe,
ihnen die Augen bedecken, und deswegen
läſtig ſeyn.

　　　　　　　　　　　A. d. V.
**) S. *Anciens Memoires de l'Acad. Roy.
des Sciences.* Tom. XI. p. 48. *Le Journal
Economique, Mars* 1761. p. 120.

glück für sie, haben wir keinen Vortheil von ihrem langen Leben. Die Küchelchen und Kapaune, die für unsre Tafeln bestimmt sind, bringen es nie über ein Jahr, und die meisten nur auf ein Viertsljahr. Die Hähne und die Hühner, welche wir zur Vermehrung dieses Geschlechts brauchen, werden zeitig genug ausgemergelt, und wir verstatten keinem die ganze Zeit zu durchleben, die ihnen von der Natur ange=wiesen ist. Folglich hat es sich nur sehr zufällig zugetragen, wenn ein Hahn Al=ters wegen gestorben ist. Mit Beystand des Menschen können die Hühner überall fortkommen. Sie sind auch in der ganzen bewohnten Welt ausgebreitet. Es wer=den in Island von wohlhabenden Leuten welche erzogen, wo sie eben so gut als an=derwärts *) Eyer legen, und die heissen Länder sind voll davon. Persien aber ist, nach Doktor Thomas Hydes **) Meynung, ihr Vaterland. Dort sind sie in Menge, und werden sehr in Ehren gehalten; besonders halten sie einige Dervis für lebendige Uhren, und bekanntlich ist bey allen Dervi schon die Uhr gleichsam die Seele des ganzen Ordens.

Dampier sagt, daß er auf den Inseln von Puloconbor wilde Hähne ge=sehen und getödtet habe, welche unsre Raben an Größe nicht übertreffen, und daß ihr, unsern Hähnen ziemlich ähnliches Krähen, blos feiner ***) wäre. Anderswo erzählt er auch, daß es dergleichen auch auf der Insel Timor und St. Jago, ei=ner Insel des grünen Vorgebirges gäbe ****). Gemelli Careri berichtet, daß er sie auch auf den philippinischen Inseln angetroffen habe. Nach dem Merolla giebt es wilde Hühner im Königreich Kongo, die schöner sind und besser schmecken, als die in unsern Häusern, er setzt aber hinzu, daß die Neger aus dieser Art Vö=gel sich wenig machten.

Diese Vögel haben sich von ihrem natürlichen Himmelsstrich, welcher es auch seyn mag, leicht in der alten Welt, von China an bis zum grünen Vorgebirge, und vom mittäglichen Weltmeere bis an die nordischen Meere ausgebreitet. Diese Auswanderungen sind sehr alt, und gehen über alle historische Nachrichten hinaus. Aber ihre Festsetzung in der neuen Welt scheit jüngerer zu seyn. Der Geschicht=schreiber der Inkas †) versichert, daß vor der Eroberung von Peru, keiner daselbst gewesen sey, und daß die Hühner über dreyßig Jahr in den Thälern von Kusko bekannt gewesen wären, ehe sie sich zum Brüten hätten gewöhnen können. Coreal

J 3 sagt

*) Horrebow Description d'Islande, T. I. p. 199.

**) Historia Religionis veterum Persarum, u. s. w. p. 163. Die Kunst Kapaune zu mä=sten, ist aber doch von den armenischen Kauf=leuten aus Europa nach Asien gebracht wor=ten. S. Tavernier, T. II. p. 24.

***) S. dessen Nouveau Voyage autour du Monde, T. II. p. 82.

****) S. Dampier, Suite du Voyage de la nouvelle Hollande, T. V. p. 61.

†) Histoire des Incas, T. II. p. 239.

sagt ausdrücklich, daß die Spanier die Hühner nach Brasilien gebracht, und
daß die Einwohner von Brasilien sie so wenig gekannt hätten, daß sie nie davon gegessen, und ihre Eyer für Gift angesehen hätten. Die Einwohner der Insel
auf St. Domingo, hatten auch keine, nach dem Zeugniß des Pater Charlevoir,
und Oviedo giebt es für eine ausgemachte Sache aus, daß sie aus Europa nach
Amerika gebracht worden sind. Akosta giebt freylich das Gegentheil vor, und behauptet, daß in Peru vor der Spanier Ankunft Hühner gewesen wären; er beweißt es dadurch, daß sie in der Landessprache Gualpa, und ihre Eyer Ponto
genannt würden, und glaubt vom Alterthum der Benennung, auf das Alterthum der
Sache schliessen zu können; als wenn es nicht sehr natürlich wäre zu glauben, daß die
Wilden, bey Erblickung eines fremden Vogels zum erstenmal, gleich auf seine Benennung bedacht gewesen seyn, und solche entweder aus der Aehnlichkeit mit einem Vogel ihres Landes, oder nach einer andern Vergleichung werden hergeleitet haben. Mich dünkt aber, daß die erste Meynung unumgänglich den Vorzug haben
müsse, weil sie mit dem Gesetz des Himmelsstrichs übereinstimmend ist. Obgleich
dieses Gesetz im Ganzen, nicht bey allem Federvieh, und besonders bey dem, was
starke Fittige hat, statt findet, welchem jede Gegend offen steht; so wird doch dieß
Gesetz von denen nothwendig befolgt, die, wie das Huhn, wegen ihrer Schwerfäl-
ligkeit und Abneigung vor dem Wasser, weder die Luft durchkreuzen können, wie die
hochfliegenden Vögel, noch über Meere und große Flüße setzen, wie die vierfüßigen Thiere, welche schwimmen können. Dem zufolge sind sie auf immer von jedem
Lande, welches von dem ihrigen durch große Gewässer abgesondert ist, ausgeschlos-
sen: es wäre denn, daß der Mensch, der überall hingeht, sich einfallen liesse, sie
mit sich zu nehmen. Daher ist der Hahn doch ein zur alten Welt eigenthümlich
gehörendes Thier, den man in die von mir eingetheilten Liste von allen den Thieren setzen muß, die in der neuen Welt, zur Zeit ihrer Entdeckung, nicht vorhanden waren. Die Hühner müssen in dem Verhältniß, wie sie sich von ihrem Vaterlande entfernt, sich auch an einem andern Himmelsstrich und andre Nahrung gewöhnt,
und Veränderungen in ihrer Gestalt, oder vielmehr in den Theilen, die am meisten
dazu fähig waren, erlitten haben, und davon kommen sonder Zweifel diese Abänderungen, welche die verschiedenen Gattungen, von denen ich im Begriff bin zu reden, ausmachen. Diese Abänderungen bleiben beständig in jedem Himmelsstrich,
entweder wegen der fernwürkenden Ursachen, welche sie anfänglich erzeugt, oder wegen der menschlichen Sorgfalt, die zur Fortpflanzung bestimmten Einzeln auszusuchen.

Es würde nützlich seyn, von dem Hahn einen Stammbaum aller seiner Gattungen, so wie ich vom Hunde einen verfertiget habe, zu entwerfen, auf welchem
man den ursprünglichen Stamm und die verschiedenen Aeste sehen könnte, welche die verschiedenen Reihen der Ausartungen, und die auf seine verschiedene Zu-
stände sich beziehenden Veränderungen darstellten. Aber hierzu müßte man genauere
und umständlichere Nachrichten haben, als diejenigen sind, die man in den meisten Er-

zählungen findet. Ich werde mich folglich begnügen, meine Meynung über das
Huhn unsers Himmelsstrichs zu sagen und seinen Ursprung aufzusuchen, nachdem
ich von den fremden Gattungen, welche von Naturforschern beschrieben, oder von
Reisenden blos angezeigt worden sind, gehandelt haben werde.

1) Der Hahn
oder
Der Hahn unsers Himmelsstrichs.
2) Der gehäubte Hahn [14].
Siehe die fünfte Kupfertafel.

Dieser unterscheidet sich von dem gemeinen Hahn blos durch seinen auf dem
Kopfe emporstehenden Federbusch, und hat gewöhnlich einen kleinern Kamm.
Dieses rührt wahrscheinlich daher, weil die Nahrung, anstatt nach dem Kamme
zu gehen, zum Theil in den Wachsthum der Federn übergeht. Nach der Versicherung einiger Reisebeschreiber, sollen alle mexikanische Hühner gehäubt seyn. Diese
Hühner sind, so wie alle andre in Amerika, durch die Menschen dorthin geschafft
worden, und kommen ursprünglich aus der alten Welt. Uebrigens haben die Liebhaber des Besondern auf diese Gattung der Hähne die meiste Sorgfalt verwendet;

[14) Anm. Le coc huppé *Buff.* Gallus cristatus, Gallina cristata *Briss.* Ornithol. I. p.
46. Gallina alba cristata *Aldrouand.*
Phasianus Gallus (Var. β) cristatus, crista
in vertice plumosa densissima, *Linn.* Syst. Nat.
p. 271 Das europäische Haubenhuhn, Müllers Linn. Natursyst. Th. II. S. 470. Scopoli Jahrgang durch Günther, S. 134. III.
Die Liebhaber des Federviehes pflegen sehr
viel auf die gehäubten Hühner zu halten
und nennen sie brabantische Hühner. Man
findet, daß sie weniger Eyer legen, nicht
so lange mit Legen anhalten, und nicht so
gerne brüten, als die gemeinen Hühner. Pal-

las hat bemerkt, daß bey jedem Huhne, welches stärkere Federn auf dem Kopfe bekommen, die Knochen aufschwellen, und hat an
Hühnern mit starkem Federbusche, das Cra-
nium ganz durchlöchert und aus einanderge-
trieben gefunden, so wie er es dabey gezeichnet hat. Er nimmt also die Federbüsche aller Vögel, besonders aber der Hühner, für
eine Krankheit der Hirnschale an, worauf sich
widernatürlicher Weise eine Menge Fett setzet, woraus das Uebermaaß der Federn
entstünde. *Pallas* spicileg. zoolog. Fasc. IV.
pag. 20. t. III. f. 2.
A. d. Ueb.]

det; und ſie haben, wie es mit allen Sachen geht, die man in der Nähe betrachtet, große Verſchledenheiten, beſonders in der Farbe ihres Gefieders bemerkt, und
ſie deswegen nach den Federn in viel verſchiedene Gattungen eingetheilt, die, je ſchö-
ner oder ſeltner ihre Federn ſind, deſto vorzüglicher werth gehalten werden: als die
Gold- und Silberfarbigen, die weiße Henne mit den ſchwarzen, und die ſchwarze mit dem weißen Büſchel, die achat- oder rehfarbigen, (chamois) die ſchieſer-
farbigen, die mit Fiſchſchuppen und hermelinartige, das Huhn, mit dem Beyna-
men die Wittwe, welches kleine weiße Tropfen auf einem bräunlichen Grunde hat, das
feuerfarbige, das ſteinfarbige, deſſen Geſieder einen weißen Grund hat, auf dem
ſchwarze oder rehfarbige, ſchieſer- oder goldfarbige u.ſ.w. Flecke ſind. Aber ich zweiſle
ſehr, daß dieſe Verſchiedenheiten unwandelbar und weſentlich genug ſind, um würklich verſchiedene Gattungen auszumachen, wie einige Liebhaber vorgeben, die zugleich verſichern, daß bemeldte Arten gar nicht mit einander ſich fortpflanzen.

3) Der aſiatiſche wilde Hahn

kömmt wahrſcheinlicher Weiſe dem urſprünglichen Stamme der Hähne dieſes Himmelsſtrichs am nächſten. Was ſollte auch die Reinigkeit ſeines erſten Stammes verändert
haben, da weder ſeine Nahrungsmittel noch Lebensart dem Zwange der Menſchen jemals
unterworfen geweſen ſind? Er iſt weder von den größten noch kleinſten, ſondern hat unter den verſchiedenen Arten eine Mittelgröße. Er hält ſich, wie oben gemeldet, in
verſchiedenen Gegenden Aſiens, in Afrika und auf den Inſeln des grünen Vorgebirges
auf. Man hat keine Beſchreibung, die genau genug iſt, um ihn gegen unſern
Hahn zu vergleichen. — Ich muß hier den Reiſenden, welche Gelegenheit haben
werden, dieſe wilden Hähne und Hühner zu ſehen, empfehlen, daß ſie zu erfahren
ſuchen, ob und wie ſie ihre Neſter bauen? Herr Lottinger, ein ſarburgiſcher
Arzt, der vielfältige und ſehr gute Bemerkungen über die Vögel gemacht, hat mir
verſichert, daß unſre Hühner, in ihrer völligen Freyheit, Neſter machten, und eben
ſo viel Fleiß, als die Rebhühner, darauf verwendeten.

4) Der Akoho
oder
Der Hahn von Madagaſkar.

Die Hühner dieſer Gattung ſind ſehr klein, und ihre Eyer verhältnißmäßig
noch kleiner; denn ſie können deren dreyßig auf einmal ausbrüten *).

5) Das

*) S. Hiſt. generale de Voyages, T. VIII. p. 603 — 606.

5) Das javanische Zwerghuhn.

Es hat die Größe einer Taube *). Einigem Anscheine nach könnte die kleine englische Henne mit dieser javanischen, deren die Reisenden gedenken, von einerley Art seyn. Denn diese englische Henne ist noch viel kleiner, als unsre französische Zwerghenne, und würklich nicht größer, als etwa eine Taube von mittlerer Größe. Unter diese Art könnte man vielleicht auch noch das kleine Huhn von Pegu setzen, das, nach den Reisebeschreibern, nicht größer als eine Turteltaube seyn, höckrige Füße, aber sehr schönes Gefieder haben soll.

6) Das Huhn aus der Meerenge von Darien.

Es ist kleiner als das gemeine Huhn. Um seine Schenkel hat es einen Ring von Federn, einen sehr dicken geraden Schwanz und an den Flügeln schwarze Spitzen. Der Hahn dieser Abänderung kräht vor Anbruch des Tages **).

7) Das Huhn von Kamboge.

Es ist aus diesem Reiche durch die Spanier auf die philippinischen Inseln gebracht worden. Diese Hühner haben so kurze Füße, daß sie ihre Flügel auf der Erde schleppen. Diese Art kommt der französischen Zwerghenne sehr nahe, oder vielleicht denjenigen Zwerghuhne, welches man wegen seiner Fruchtbarkeit in Bretagne hält, und welches einen hüpfenden Gang hat. Sonst sind diese Hühner mit den gewöhnlichen von einer Größe, und sind nur wegen ihrer sehr kurzen Beine, Zwerge genannt worden.

8) Der Hahn von Bantam [15].

Er hat viel mit dem rauhfüßigen französischen Hahne gemein. Seine Füße sind eben so mit Federn bedeckt, aber nur auswärts. Die Federn an den Schenkeln sind sehr lang, und formiren eine Art Stiefeln, die weit über den Knöchel hinuntergehen. Er ist muthig, schlägt sich keck mit weit stärkern, als er ist, und hat einen rothen Augenring. Man hat mir versichert, daß die meisten rauchfüßigen, keinen Federbusch hätten. Es giebt eine größe Art rauchfüßiger Hühner, die aus

*) S. Collect. Academique, Partie étrang. T. III. p. 42.
**) S. Histoire Gener. de Voyages, T. VIII. p. 111.
[15] *Phasianus Gallus* (Var. ζ) pusillus, tibiis pennatis, pennis posticis elongatis. Büffon Vögel III. B.

Linn. Syst. Nat. l. c. Das Zwerghuhn, Müllers Naturf. Th. II. S. 470. f. Das kriechende Huhn, Hallens Vögel, 420. engl. Kreeper.
M. und d. Ueb.

K

aus Engelland kommen, und eine kleine Art, die man englische Zwerghähne nennt. Sie haben schöne goldfarbige Federn und einen doppelten Kamm *).

Es giebt noch eine Zwergart, die eine gemeine Taube an Größe nicht übertrifft, welche bald ganz weiße, bald weiße mit Goldglanz untermischte Federn hat. — Unter die rauchfüßigen Hühner rechnet man auch das siamische Huhn, welches weiß, und kleiner als unsre gemeinen Hühner ist.

9) Die Holländer reden von einer Art Hähne, die der Insel Java eigenthümlich sind, wo man sie zu weiter nichts als zum Kämpfen erzieht. Sie nennen sie

indianische Halbhühner.

Nach Willougby's Aussage, tragen sie den Schwanz wie der kalekutische Hahn. Unter dieser Art muß man ohnfehlbar die besondere Art der javanischen Hühner rechnen, deren Mandeslo **) gedenkt, und die etwas ähnliches von den gemeinen Hühnern, etwas aber von den Truthühnern haben. Sie kämpfen mit einander so ausschweifend wie die Hähne. Herr Fournier hat mir versichert, daß diese Art lebendig in Paris †) vorhanden gewesen wäre. Nach seiner Anzeige hat sie weder Kamm noch Halskragen, ihr Kopf ist so glatt, wie der Fasanen ihrer. Sie ist aber sehr hochbeinicht, ihr Schwanz ist lang und zugespitzt, und die Federn sind von ungleicher Länge. Die Farbe ihrer Federn ist im Ganzen bräunlich, wie die Federn des Geiers.

10) Der englische Hahn [16]

ist vom Leibe nicht stärker, als der Zwerghahn, aber hochbeiniger, als unser gemeiner Hahn, und dadurch unterscheidet er sich hauptsächlich. Man könnte daher unter diese Art, den Xolo, eine Art Hähne auf den philippinischen Inseln, die auch sehr hochbeinicht sind ††), rechnen. Uebrigens ist der englische Hahn dem französischen im Gesicht überlegen. Er hat mehr einen Federstrauß als Federbusch [17]). Sein Hals

*) Man sehe unsre sechste und siebente Kupfertafel.

**) Hist. gener. des *Voyages*, Tom. II. p. 350.

†) Herr Fournier ist ein wißbegieriger Mann, der viele Jahre für sich selbst, für den Grafen von Clermont und viele andre große Herren, Hübner und Tauben von allerley Arten aufgezogen hat. A. d. V.

[16] Anm. *Gallus Anglicanus.* Das englische Huhn, Frisch Vögel, T. 120. 130. Hallens Vögel, 441. M. Der Ritter von Linné hat ihn nicht, scheint ihn also mit unter dem *Gallus cristatus* zu begreifen. — Man sehe unsre achte und neunte Kupfertafel. A. d. Ueb.

††) S. *Gemelli Careri*, T. V. p. 272.

[17] *Aigrette* und *Huppe.* Diese scheinen darinnen unterschieden zu seyn, daß jene aus

Hals und Schnabel sind an ihm feiner, und über dem Schnabel hat er auf jeder Seite eine Fleischerhabenheit, welche roth, wie sein Kamm, ist.

11) Der türkische Hahn

ist blos wegen seines schönen Gefieders merkwürdig.

12) Der hamburgische Hahn *) auch Sammethose

genannt, weil seine Lenden und Bauch ein sammetähnliches Schwarz an sich haben, hat einen gesetzten und majestätischen Gang, und einen sehr spitzen Schnabel. Sein Augenstern ist gelb und die Augen selbst sind mit braunen Federn eingefaßt, von denen ein Büschel schwarzer Federn nach den Ohren zuläuft, und sie bedeckt. Fast dergleichen Federn hat er auch hinter dem Kamm und unter den Lappen, wie auch große schwarze runde Flecken auf der Brust. Seine Schenkel und Füße sind bleyfarbig, die Fußsohle ausgenommen, welche gelblich ist.

13) Der Straubhahn

dessen Federn sich auswärts umlegen. Man findet ihn in Java, Japan und durch das ganze südliche Asien. Seine eigentliche Heymath sind wohl gewiß die warmen Länder; denn seine Jungen sind äußerst frostig, und können die Kälte unsers Himmelsstrichs nicht leicht aushalten. Der Herr Fournier hat mir versichert, daß sein Gefieder allerley Farben hat, und daß man weiße, schwarze, silber- und goldfarbige, auch schieferfarbige fände **)

14) Das japanische Pflaumfederhuhn

hat weiße Federn, deren Bärte locker sind, und den Haaren ziemlich ähnlich sehen. Oben auf seinen Füßen hat es Federn bis hinten auf den Sporn. Man findet diese Art in Japan, China und einigen andern Gegenden Asiens. Zu ihrer ächten Fortpflanzung müssen beyde, das Männchen und Weibchen, von der pflaumfedrigen Gattung seyn.

15) Der Negerhahn

hat einen schwarzen Kamm, schwarze Kehllappen, schwarze Haut und Beinhaut. Oefters sind gleichfalls seine Federn schwarz, wiewohl sie auch manchmal weiß sind. Man

K 2 findet

aus wenigen, dünnen, langen, diese aus sehr vielen dichten, kurzen, Federn bestehet. Jene stehet ferner in die Höhe, oder einige ihrer Federn richten sich vorwärts, diese liegt in kugelrunder Figur mehr hinterwärts.
A. d. Ueb.

*) Coq de Hambourg, Albin. Tom. III. p.13. mit einer Figur.

**) Siehe die zehnte Kupfertafel.

findet ihn auf den philippinischen Inseln, in Java, Delhi, und auf der Insel
des grünen Vorgebirges, St. Jago. Von den Vögeln letzterer Insel behauptet
Beckmann, daß sie eben so schwarze Knochen, als Gagath, hätten, und daß ihre
Haut, wie der Neger *) ihre wäre. Man würde, wenn die Sache richtig wäre,
diese schwarze Farbe, lediglich der dasigen Nahrung [18]) der Vögel zuschreiben können. Man kennt die Würkungen der Färberröthe, des Labkrauts und Klebkrauts
u. s. w. Bekanntlich wird auch in Engelland das Kalbfleisch durch mehlichtes und
andres süßes Futter, das man mit einer gewissen in der Provinz Bedford **) befindlichen Erde oder Kreide mengt, weiß. Es würde also ein Gegenstand der Wißbegier-
de seyn, unter den verschiedenen Nahrungsmitteln der Vögel auf St. Jago dasjenige zu bemerken, welches ihre äußere Haut schwarz färbt. Sonst ist dieser Hahn
auch in Frankreich bekannt, und könnte sich da würklich fortpflanzen, wenn das Fleisch
nicht schwarz und unschmackhaft wäre, nachdem es gekocht ist. Deswegen wird
man sich auch wahrscheinlich die Vermehrung dieser Gattung nicht angelegen seyn
lassen. Aus ihrer Begattung mit andern, entstehen Bastarte von verschiedner Farbe, doch behalten sie gemeiniglich den Kamm und die Halskrause, oder die Lappen
schwarz; auch selbst das Ohrenhäutchen ist auswendig schwarzblau ***).

16) Der Hahn ohne Bürzel
oder nach einigen Schriftstellern,
der persische Hahn, Kluthahn. ****).

Die meisten virginischen Hühner und Hähne haben keinen Bürzel, ob sie gleich sicher
von englischer Art sind. Nach der Versicherung der dasigen Kolonisten, sollen sie
bald nach ihrer Ankunft dorthin, ihren Bürzel †) verlieren [19]). Wäre dieses, so
müßte man sie eher virginische, als persische Hähne, nennen; besonders, da die
Alten sie nicht gekannt, und die Naturforscher erst nach der Entdeckung von Amerika,
von ihnen zu reden anfangen. Wir haben angeführt, daß die europäischen Hunde
　　　　　　　　　　　　　　　　　　　　　　　　　　　　　　　mit

---

*) S. Dampier, T. III. p. 23.

[18]) Daher leitet es auch Pallas Spicileg. Zoolog. Fasc. IV. p. 21. Er setzt noch
hinzu, daß ihre Federn krispig und einer
weichen Wolle ähnlich würden. — „Nigri-
„pelles in India Gallinae, quae et cutis mu-
„tatione et plumarum in molle vellus muta-
„tione, Nigritarum in humano genere vere
„aemulae sunt.
　　　　　　　　　　A. d. Ueb.

**) S. Journal Economique, May 1754.

***) Siehe die eilfte Kupfertafel.

****) Siehe die zwölfte und dreyzehnte
Kupfertafel.

†) S. Philos. Transact. n. 206. Année
1693. p. 992.

[19]) Neuer als die in des Verfassers Note angegebene, ist die Beobachtung
des Clayton S. litterar. in Miscell. Curios.
London. 1727. 8. Vol. III. p. 330. Cf. Pallas. l. c.
　　　　　　　　　　A. d. Ueb.

mit den hangenden Ohren, in den Gegenden des Wendezirkels, ihre Stimme ver=
lieren, und ihre Ohren aufrecht tragen.   Doch ist diese sonderbare, durch den Ein=
fluß des Himmelsstrichs hervorgebrachte Veränderung, mit dem Verluste des Bür=
zels und Schwanzes bey den Hähnen nicht zu vergleichen.   Sonderbarer scheint dieß
noch zu seyn, daß es unter den Hunden eben so wohl als unter den Hähnen, wel=
che unter allen Thieren von zwo sehr verschiedenen Klassen die vorzüglichsten Haus=
thiere sind, deren Natur durch die Menschen am meisten verändert ist, eine Art
Hunde ohne Schwanz, so wie Hähne ohne Bürzel giebt.   Vor einigen Jahren
wurde mir ein ohne Schwanz gebohrner Hund gezeigt.   Damals glaubte ich, daß
es nur eine einzelne, mangelhafte Mißgeburt wäre, und erwähnte deswegen in der
Geschichte der Hunde nichts davon.   Aber seitdem habe ich dergleichen Hunde ohne
Schwanz wieder gesehen, und bin überzeugt worden, daß sie eben so wohl als die
Hähne ohne Bürzel, eine beständige und besondre Klasse ausmachen.

Diese Art Hähne hat blaue Schnäbel und blaue Füße, einen einfachen oder
auch doppelten Kamm, aber gar keinen Federbusch, und ihr Gefieder hat allerley
Farben. Herr Fournier hat mir versichert, daß aus ihrer Begattung mit der ge=
meinen Art, Bastarte entstehen, die einen halben Bürzel, und statt zwölf Federn
sechse in dem Schwanze haben.   Es kann seyn, aber ich glaube es schwerlich.

17) Das fünfzeeige Huhn

macht, wie wir bemerkt haben, eine wichtige Ausnahme von der Regel, nach der
man die Hauptkennzeichen aus der Zahl der Zeen bestimmt.   Dieses hat deren fünfe
an jedem Fuße, drey vorn und zwo hinten; aber es giebt so gar auch einige Hüh=
ner, die deren sechse haben.

18) Die Hühner von Sansevarre

sind diejenigen, deren Eyer man in Persien, das Stück für drey bis vier Thaler
verkauft, und deren sich die Perser zu einer Art Spiel bedienen, indem sie eins
auf das andre stoßen.   Außerdem giebt es hier noch weit schönere und größere Häh=
ne, die bis auf dreyhundert livres *) kosten.

19) Der Hahn aus der Landschaft Caux oder der paduanische Hahn

unterscheidet sich besonders durch seine Dicke.   Er hat oft einen doppelten Kamm,
in Gestalt einer Krone, und eine Art von Federbusch, der sich am meisten bey den

Hühnern

*) S. Voyage de Tavernier, Tom. II. p. 43. 44.

78   Historie der Natur.

Hühnern ausnimmt. Ihre Stimme ist stark, grob und heiser, und sie wiegen acht bis zehn Pfund. Unter diese schöne Art kann man die größten Hähne aus der Insel Rhodus, Persien *), Pegu **), nebst den großen Hühnern aus Bahia rechnen, welche nicht eher Federn bekommen, bis sie die Hälfte ihrer Größe †) erreicht haben. Die paduanischen Hühner bekommen ihre Federn später, als die gemeine Art.

Uebrigens ist zu merken, daß viele Vögel, welche die Reisebeschreiber für Hähne oder Hühner ausgeben, ganz anderer Art sind; als die Vögel, welche von den Franzosen *Poules patourdes* oder *palourdes* 20) genannt, und auf der großen Bank gefunden werden, welche die Leber des Stockfisches ††) so gerne fressen; der schwarze moskowitische Hahn und Henne, die eigentlich Auerhähne und Hühner sind; das rothe Huhn von Pegu, welches viel Aehnliches mit den Fasanen hat; das große gehäubte Huhn, aus Neu-Guinea, welches himmelblaues Gefieder, einen Taubenschnabel, und Füße eines gemeinen Huhns hat, auf Bäumen †††) nistet, und wahrscheinlich der Fasan von Banda ist. Ferner das Huhn von Damiette, welches einen rothen Schnabel und rothe Füße, wie auch ein dergleichen kleines Fleckchen auf dem Kopfe hat, und violetblau gefiedert ist, weswegen man es zu dem großen Wasserhuhne rechnen könnte. Das Huhn von Delta, dessen schöne Farben Thevenot rühmt, das aber vom Hühnergeschlechte sehr verschieden ist, so wohl durch die Gestalt des Schnabels und Schwanzes, als auch noch mehr durch seine natürlichen Triebe, vermöge deren es sich gerne in Sümpfen aufhält. Das Phasräonshuhn, welches, nach dem Thevenot, dem Haselhuhn nichts nachgeben soll, und die Hühner von Korea, deren Schwanz drey Fuß lang ist u. s. w.

Wie sollen wir aber unter der großen Menge so verschiedner Gattungen von Hähnen, die ursprüngliche Gattung bestimmen, da viele Umstände auf ihre Verschiedenheiten gewürkt, und so viele Zufälle sich vereiniget haben, um sie hervorzubringen? Menschliches Bestreben und Eigensinn hat sie so vervielfältiget, daß es sehr schwer scheint, auf ihren ersten Ursprung zu kommen, um in unsern Höfen das eigentliche Huhn der Natur, oder auch nur das Huhn unsers Himmelsstrichs, käntlich zu machen. In den heissen Ländern Asiens, wird man die wilden Hähne, als die ursprünglichen Stammväter aller Hähne dasiger Gegenden ansehen können. Aber in

                                                   unsern

---

*) S. *Chardin*, Tom. II. p. 24.
**) S. *Recueil des Voyages qui ont servi à l'etablissement de la Compagnie des Indes*, Tom. III. p. 71.

†) S. *Nouveau Voyage de Dampier*, T. III. p. 68.
20) Ich muß hier mit dem sel. Doktor Martini klagen, daß auch ich, aller meiner Mühe ungeachtet, nicht im Stande gewesen bin, etwas Ausführliches von den *palourdes* oder *patour..es* der Franzosen zu sagen. Es scheint aber eine Art von Meven zu seyn.   A d. Ueb.

††) S. *Recueil des Voyages du Nord*, T. III. p. 15.

†††) *Hist. des Voyages*, T. XI. p. 230.

unſern gemäßigten Gegenden weiß man nicht, welcher Gattung man dieſen Vorzug geben ſoll; weil wir keinen wilden Vogel haben, der unſern zahmen Hühnern völlig ähnlich iſt ²⁰). Wollte man auch annehmen, daß der Faſan, der Auerhahn oder das Haſelhuhn, als die einzigen wilden Vögel unſrer Gegend, die wir
mit unſern Hühnern vergleichen können, die Stammarten wären, oder auch, daß
dieſe Vögel mit unſern Hühnern fruchtbare Baſtarte zeugen könnten, welches doch
noch nicht dargethan iſt, ſo würden ſie doch von der nämlichen Gattung ſeyn.
Deswegen müſſen ſich die Raſſen ſehr zeitig abgeſondert und ihre Erhaltung durch
ſich ſelbſt bewürckt haben, ohne ſich wieder mit den zahmen Gattungen zu vereinigen, von denen ſie durch unveränderliche Kennzeichen unterſchieden ſind; als durch
den Mangel der Kämme, der Kehlenlappen beyder Geſchlechter, und der Sporen
bey dem männlichen. Wir haben ſogleich keine Art zahmer Thiere, welche jene
wilde Art vorſtellt. Die Zahmen, wie mannichfaltig und verſchieden ſie auch in
vieler Betrachtung ſind, haben doch alle dieſe Kämme, dieſe Häutchen und Sporen, die dem Faſan, dem Haſelhuhn, und Auerhahn fehlen. Dieſerwegen müſſen
wir den Faſan, den Auerhahn und das Haſelhuhn, zwar als mit unſrer Henne
verwandte, aber doch als von ihr ſehr verſchiedne Gattungen ſo lange anſehn, bis
wir durch wiederholte Erfahrungen verſichert ſind, daß dieſe wilden Vögel mit unſern zahmen Hühnern nicht allein unfruchtbare Mauleſel, ſondern auch fruchtbare Baſtarte ²¹) hervorzubringen vermögend ſind. Denn hiervon hängt der Begriff von der Gleichheit der Gattung ab. Alle beſondre Arten, als das Zwerghuhn, das Strausshuhn, das Negerhuhn, das Huhn ohne Bürzel, ſtammen ur-
ſprünglich aus fremden Ländern her. Wenn ſie ſich auch mit unſern gemeinen Hühnern, gatten und Junge zeugen, ſo ſind ſie doch weder von einerley Art, noch von
einerley Himmelsſtrich her. Wenn wir unſre gemeine Henne von allen den wilden
Gattungen abſondern, mit denen ſie ſich paaren kann, als mit dem Haſelhuhn, dem
Auerhahn, dem Faſan u. ſ. w. und auch von allen fremden Hühnern, mit den ſie
ſich paart, und einzelne fruchtbare Junge zeugt, ſo werden ihre Verſchiedenheiten
ſich merklich verringern, und wir werden nur unbedeutende Unterſchiede antreffen.
Bey einigen werden wir dieſe in der Größe des Körpers finden; ſo ſind, z. B. die
Hühner aus der Landſchaft Caux beynahe noch einmal ſo groß, als unſre gemeinen
Hühner;

²⁰) Hühner, die man in den Wäldern läſ-
ſet, ſollen lange Schwanzfedern wie die Pha-
ſanen bekommen. Beckmanns Bibliothek,
VI. Band.

A. d. Ueb.

²¹) Dieſer Unterſchied unter mulet
und metif heißt darinnen, daß jene, die
Mauleſel, (wie ſind von den beſten Schrift-
ſtellern autoriſirt, dieſes Wort, wie die Fran-
zoſen, in allen drey Reichen zu gebrauchen)

von Männchen und Weibchen verſchiedener
Gattungen, dieſe, die Baſtarte, von Männchen und Weibchen zwoer Abänderungen gezeugt werden. Ein Beyſpiel der erſten Art
ſind die eigentlichen Mauleſel aus Pferd und
Eſel, der zweyten aber die verſchiedenen
Vermiſchungen der Abänderungen unter den
Hunden, z. E. Spitz und Budel u. ſ. w. Jene ſind unfruchtbar, dieſe pflanzen ſich fort.

A. d. Ueb.

Hühner; ben andern in der Höhe der Beine, z. B. der englische Hahn ist zwar dem französischen völlig gleich, nur hat er viel längere Beine und Füße; noch andere haben längere Federn, wie der Hahn mit dem Federbusch, der vom gemeinen bloß in der Länge der Federn auf dem Obertheile des Kopf unterschieden ist; andre unterscheiden sich durch die Anzahl der Zeen; noch andre wegen der gar besondern Schönheit ihrer Farben, wie die türkischen und hamburgischen Hühner. Von den sechs Abänderungen, worunter wir auch die Gattung unsrer gemeinen Hühner rechnen können, nehmen, wie leicht einzusehen, drey an dem Einfluß des hamburgischen, türkischen und englischen Himmelsstrichs Theil, vielleicht auch die vierte und fünfte. Denn das Huhn aus Caux kommt wahrscheinlich aus Italien, weil man es auch das padouanische Huhn nennt, und das fünfzeeige Huhn, war in Italien schon zu Columella Zeiten bekannt. Es bleibt uns also nur der gemeine und gehäubte Hahn übrig, welche man beyde als einheimische Vögel unsers Landes anzusehen hat. In beyden Gattungen aber hat das Huhn, so wie der Hahn, allerley Farben. Der beständig sich fortpflanzende Federbusch, scheint eine vollkommner gemachte, mehr abgewartete und besser gefütterte Gattung anzuzeigen. Folglich muß die gemeine Art des ungehäubten Hahns und der ungehäubten Henne, der wahre Stamm unser Hühner seyn. Wenn man die Farbe bestimmen will, welche der ursprünglichen Art beygelegt werden kann, so scheint die Entscheidung für das weisse Huhn auszufallen. Denn, wenn man annimmt, daß die Hühner ursprünglich weiß gewesen, so werden sie sich allmählig vom Weißen in das Schwarze abgeändert, und dabey nach und nach alle Farben angenommen haben, die zwischen schwarz und weiß fallen. Eine sehr entfernte Beziehung, auf welche Niemand geachtet hat, unterstützt unmittelbar diese Voraussetzung, und scheint anzuzeigen, daß die weiße Henne wirklich die erste ihrer Gattung gewesen, von welcher nachher alle Arten entsprungen sind. Diese Beziehung besteht in der Aehnlichkeit, die sich ziemlich allgemein zwischen der Farbe des Eyes und des Gefieders befindet. Die Eyer des Raben sind, z. B. grünbräunlich und schwarz gefleckt, des Röthelgeyers roth, des Kasuars grünschwarz, der schwarzen Krähe ihre noch dunkelbräuner, als des Raben; die Eyer des Buntspechts sind eben so bunt und gesprenkelt als er selbst. Der graue Neuntödter legt graue, der rothe Neuntödter rothfleckte, der Ziegenmelker bläuliche und auf einem weißlichen Grunde braun marmorirte, der Sperling aschfarbige, über und über mit kastanienbraunen Flecken auf grauem Grunde gesprengte, die Amsel blauschwärzliche, die Birkhenne weißliche und gelbgesprenkelte Eyer; der Perlhühner ihre haben, wie ihre Federn, weiße und runde Fleckchen, u. s. w. Diesem zufolge scheint die Beziehung zwischen der Farbe der Vögel und der Farbe ihrer Eyer, ziemlich unwandelbar zu seyn, nur daß die Farben auf den Eyern weit schwächer sind, und daß in vielen mehr Weißes ist, so wie es auch in dem Gefieder vieler Vögel mehr Weißes giebt, als andre Farben; besonders unter den Weibchen, deren Farben immer minder stark sind, als bey den Männchen. Da nun die weißen, schwarzen, grauen, rothfahlen und scheckichten Hühner, insgesammt ganz weiße Eyer legen, so würden alle diese Hühner, wenn sie in ihrem

natür-

natürlichen Zustande geblieben wären, entweder durchaus weiß, oder wenigstens mehr weiß, als scheckicht seyn. Obgleich der Einfluß des Aufenthalts in Häusern, die Farbe ihrer Federn verändert hat, so hat er doch nicht bis in die Farbe der Eyer würken können. Diese Veränderung der Farbe des Gefieders, ist nur eine äußerliche und zufällige Sache, und hat blos bey den Tauben, Hühnern, und andern Federvieh unserer Höfe statt. Denn alle die andern Vögel, welche in der Freyheit, mithin in ihrem natürlichen Zustande leben, behalten ihre Farbe, ohne irgend eine Veränderung darinnen zu erleiden als nur die, die vom Alter, vom Geschlecht oder Himmelsstrich herrührt. Veränderungen dieser Art sind immer auffallender, weniger schattirt, kenntlicher und nicht so vielfach, als die Veränderungen der Hausvögel.

Zusätze zur Geschichte des Hahns und der Henne.

Der für die Naturgeschichte und seine Freunde zu zeitig verstorbene berliner Herausgeber, hat hier einen Anhang hinzugesetzt, welcher noch einige ökonomische und medicinische Anmerkungen enthält. Ich bin so frey, ihm einige derselben für meine Leser abzuborgen; „Wenn die Hühner im Februar legen wollen, so pflegt „ihr Kamm vorher roth zu werden. Eine gute Henne legt in einem Jahr wohl „hundert bis hundert und funfzig Eyer; sie muß aber im Sommer wenigstens ein„mal, und im Winter zweymal täglich, doch mäßig, mit Körnern und gekoch„ten Kleyen, zur Legezeit aber mit Hafer gefüttert werden, bisweilen auch etwas „Nesseln, Heusaamen, ingleichen schwarzen Koriander bekommen.“ — Ein gutes „Ey, muß, gegen das Licht gehalten, durch und durch helle, an der stumpfen Seite „ganz voll, und so schwer seyn, daß es im Wasser ganz zu Boden sinket.

„Eine Henne, die, gleich einem Hahne krähet, hat einem Fehler an dem „Eyerstock, legt kleine dotterlose Eyer, und ist blos zum Schlachten tauglich. Hüh„ner, die ihre eignen Eyer fressen, dienen zur Zucht eben so wenig.

„Zum Brüten wählt man am liebsten ältliche Hühner, die viel kluchzen und „sich im Stroh Nester machen. Die Eyer, die man unterlegen will, müssen weder „über zwanzig Tage, noch schmuzig seyn, weder an einem feuchten Orte gelegen, „noch Risse in der Schaale haben, weil ihre Zerbrechung die andern verdirbt. „Großen Hühnern legt man ordentlich funfzehn, kleinen nur dreyzehn Eyer unter, „im Sommer allenfalls mehrere als im Winter. —

„Wenn man den Hühnern reifen Nesselsaamen unter das Futter wirft, oder ih„nen die trocknen in Wasser gekochten Blätter davon vorstreuet, so werden sie fleißig im „Winter legen. — Die Hühner sind mancherley Krankheiten unterworfen; man

„begreift sie aber gemeiniglich alle unter den Namen Pips [22]). Oft entstehen ihre übeln „Zufälle von Läusen, (Pediculus Gallinae und P. Caponis Linn.) von diesen werden sie „befreyt, wenn man ihnen einen Tropfen Theer (oder Trahn) auf dem Kopfe einreibt.‟

So wie man Hähne durch das Castriren zum Essen tauglich und fett macht, so kann man durch dasselbe auch Hühner fetter machen. Beyde Operationen nimmt man am Ende des dritten Monats, an einem schönen warmen Tage vor. Zu dem was zum Poularderien und überhaupt zur Pflege der Hühner gehört, empfiehlt der Herr D: Martini, das allgemeine Hazmagazin, Th. I. S. 257 — 276. und 311 — 317. Man sehe auch *Réaumur* Pratique de faire éclorre et d'elever des oiseaux domestiques. Paris 1751. Leipz. Samml. XIV. S. 925. Oekonom. Nachr. XI. S. 30.

Der Truthahn [1] *) (le Dindon).

S. die 97. illuminirte und unsre vierzehnte Kupfertafel.

So wie der gemeine Hahn der nützlichste Vogel unter dem Hausgeflügel ist; so ist der Truthahn der merkwürdigste. So wohl seine Größe, als die Gestalt seines Kopfes und gewisse Naturtriebe die er mit wenig andern gemein hat, unterscheiden ihn von den übrigen. Sein Kopf, der im Verhältniß zu seinem Körper, sehr klein ist, hat nicht den Putz, wie bey andern Vögeln, denn er ist ganz kahl,

[22]) Der Name Pips kömmt vielleicht von dem Italiänischen pipita, welches soviel als pituta ist. Nach andern ist der italiänische Name von dem lateinischen *pipare* — Bey dem Pips ist eine Verstopfung der Schleimhaut und Drüsen derselben Das Stehn einer Feder durch die Nase ist oft tödtlich Siehe Beckmanns Bibliothek den IV. Band. S. 434.

[1]) Anm. Der indianische, welsche, kalecutische, türkische Hahn; niedersächsisch: der Puterhahn. Frisch l. c. In hiesigen Gegenden der Truthahn, die Truthenne; Gesners Vögel p. 219. *Gallo-pavo Aldrov.* Av. L. XIV. c. IV p. m. 18 *Iohston.* p. 58. T. 24 der wilde Pfau aus Neuengelland, a New-England wild Turkey *Roy.* Av. 57. Gallo-pauo syluat. nouae Angliae *Belon.* Av

60. a *Willoughb. Ornithol.* NB. t. 27. *Meleagris Gallo-pauo*, capitis caruncula frontali gularique, maxis pectore barbato. *Linn.* S. N. XII. p. 268. Der kalecutische Hahn Müllers Linn. Naturf. Th. II. S. 461. Kalkuter, Kalkun, Kurr — Klein Vögelhist. durch Reyger S. 126. (An einigen Orten auch Piphahn). M..

*) Da man diesen Vogel erst seit der Entdeckung von Amerika kennt; so hat er weder einen griechischen noch lateinischen Namen Die Spanier nennten ihn *Pavon d' las Indias*, d. i. indianischer Pfau. Dieser Name war nicht unschicklich, weil er seinen Schweif wie der Pfau ausbreitet, und es keine Pfauen in Amerika giebt. — Ital. *Gallo d' India*, — Pohl. *Indige.* Schwed. Kalkon; — Engl. *Turkey.* Gallo-Pauus. Frisch. Tab. 122.

kalst, und so wie ein Theil des Halses mit einer blaulichten Haut bedeckt; diese
Haut ist am vordern Theil des Halses mit rothen, am hintern Theile des Kopfs
aber mit weißen Warzen besetzt, zwischen welchen kleine schwarze Haare und kleine
Federn stehen, die oben am Halse dünner, herunterwärts aber häufiger sind; ein Umstand, den noch kein Naturforscher bemerket hat. Vom Anfange des Schnabels gehet nach dem Halse herunter bis auf den Drittheil der ganzen Halslänge ein fleischi-
ges rothes Gewächs, welches locker hängt, und einfach zu seyn scheinet, eigentlich
aber aus einer doppelten Haut bestehet, wie man sich durch das Gefühl leicht überzeugen kann. Auf der Wurzel des Schnabels stehet ein fleischige kegelförmige Karunkel, welche ziemlich tiefe Quereinschnitte hat; sie ist, wenn sie zusammengezogen,
oder in Ruhe ist, d. i. wenn der Truthahn nur gewohnte Gegenstände siehet, und
ohne eine innere Bewegung ganz gelassen auf dem Hofe gehet, ohngefehr einen
Zoll hoch; wenn aber der Truthahn einen fremden Gegenstand siehet, und besonders zur Zeit der Paarung, nimmt er statt seiner gewöhnlichen demüthigen Stellung auf einmal ein stolzes Ansehen an. Sein Kopf und sein Hals schwellen auf,
seine Karunkel entfaltet sich, wird länger, und gehet zween oder drey Zoll über den
Schnabel, welcher also dadurch ganz bedeckt wird. Alle diese Theile färben sich
mit einem hellern Roth. Zu gleicher Zeit borsten sich die Federn des Halses und
des Rückens auf; der Schwanz hebt sich in Form eines Fächers in die Höhe, und
die Flügel ziehen sich herunter, daß er sie auf der Erde schleift. In dieser Stellung geht er bald kaudernd um sein Weibchen herum, giebt zugleich ein dum-
pfes Gekrächze von sich, welches daher entstehet, daß er die Luft durch den Schnabel gehen läßt, und worauf ein langes Knurren folgt, bald verläßt er sein Weibchen,
um denenjenigen gleichsam den Krieg anzukündigen, die ihn beunruhigen wollen. In
berden Fällen ist sein Gang ernsthaft, und wird nur alsdenn geschwinder, wenn er das
erwähnte Knurren von sich hören läßt. Von Zeit zu Zeit unterbricht er diese Bewegungen, um ein durchdringendes Geschrey von sich zu geben, welches jedermann
kennt, und das man ihn, so oft man will, wiederholen lassen kann, wenn man
pfeift, oder klar schreyt. Alsdenn fängt er wieder an mit dem Schwanze sein
Rad zu machen, womit er, je nachdem er sich seinem Weibchen, oder unangeneh-
men Gegenständen nähert, Liebe oder Zorn ausdrückt. Diese Zufälle werden weit
stärker, wenn man sich ihm in einem rothen Kleide zeigt. Dann wird er zornig,
lauft geschwind hinzu, hackt mit dem Schnabel, und wendet alle seine Kräfte an,
einen Gegenstand zu entfernen, der ihm unerträglich zu seyn scheinet ²).

L 2   Es

---

¹) Sonderbar ist die Art, womit
ein Aufwärter in der Menagerie der Für-
stin von Oranien zu Marienburg bey Leu-
warden, in der Provinz Frießland einen
sehr bösen Truthahn zu zähmen wußte. Er
legte ihn nämlich auf den Boden nieder,
drückte ihn mit dem Schnabel auf die Er-

de, und zog über denselben auf den Boden einen dicken Strich von Kreide. Vermuthlich hat der Truthahn diesen Strich vor
einen Balken angesehen, der ihn am Aufstehen
verhinderte. Fast alle Hühner bleiben, wenn
man es auf diese Art anfängt, eine Zeitlang
liegen. S. Müllers Naturf. Th. II. S. 462.
und

Es ist merkwürdig, daß die kegelförmige Karunkel, die bey jeder lebhaften Leidenschaft dieses Thieres länger wird, sich auch nach seinem Tode entfaltet und verlängert.

Es giebt weiße Truthähne, andere, die schwarz und weiß gefleckt, andere die weiß und gelb, röthlich, und noch andere, die grau [*]) sind, die letztern sind die seltensten, aber die mehresten haben schwärzliche Federn, die am äußern Ende in das Weiße fallen. Die Federn des Rückens und unter den Flügeln sind an der Spitze rautenförmig gefleckt, und am Bürzel, auch selbst an der Brust, spielen einige verschiedene Farben, so wie das Licht auf sie fällt. Diese Verschiedenheit der Farben scheint zuzunehmen, je älter der Truthahn wird. Viele Leute glauben, die weißen Truthähne wären die stärksten, daher wählt man sie in einigen Provinzen vorzüglich zur Zucht; man sieht davon zahlreiche Heerden in dem Ländchen *Pertois* in *Champagne.*

Die Systematiker rechnen acht und zwanzig größere, oder Schwungfedern in jedem Flügel, und achtzehn Schwanzfedern. Allein ein Kennzeichen, das weit mehr in die Augen fällt, und verhindert, daß man diese Gattung gewiß mit keiner bekannten verwirren wird, ist ein Büschel harter schwarzer Haare, in der Länge von fünf bis sechs Zoll, welches in unsern gemäßigten Gegenden in zweyten Jahre an dem untern Theile des Halses bey dem Truthahn herauswächst. Zuweilen erscheint es auch schon gegen das Ende des ersten Jahres, und ehe es zum Vorscheine kommt, zeigt sich an diesem Orte eine fleischige Erhabenheit. Der Ritter von Linné sagt, diese Haare erschienen bey denen Truthähnen, die man in Schweden aufzieht, erst im dritten Jahre; wäre dieses Factum gegründet, so würde folgen, daß diese Erscheinung nach Maasgabe der Kälte des Himmelstrichs später käme; auch ist es eine gewöhnliche Folge der Kälte, alle Arten von Entwickelungen aufzuhalten. Dieser Büschel Haare ist die Ursache, daß man den Truthahn bärtig genennt hat. (Pectore barbato) *). Dieser Ausdruck ist in allem Betracht unschicklich, weil diese Haare nicht von der Brust, sondern von dem untern Theil des Halses ihren Ursprung nehmen, und es ist ja nicht genug, daß man Haare hat, um einen Bart zu haben, sondern es müssen auch diese Haare am Kinn, und bey den Vögeln unter dem Schnabel stehen, wie bey dem bärtigen Geyer des *Edwards.*

Man würde sich einen falschen Begriff von dem Schwanze des Truthahns machen, wenn man glaubte, daß alle seine Federn sich wie ein Fächer in die Höhe sträu-

---

und Martini verl. Ausg. des Büffon Th. IV. S. 194. u. 2.

zärtlichsten, und am schwersten zu erziehen.

d. Ueb.

*) Die braunen sind, nach Herrn Beckmanns Bemerkung unter allen die

M.

*) Linn. Faun. Suec. und Systema Nat. l. c.

ſträuben könnten. Eigentlich zu reden, hat der Truthahn zween Schwänze, einen obern und einen untern. Jener beſtehet aus achtzehen großen Federn, die um den Bürzel feſt gewachſen ſind, und die der Truthahn aufſträubt, wenn er kaudert. Die letztere beſtehet aus kleinen Federn, welche immer in einer waagerechten Lage bleiben. Das Männchen hat noch dieſes Eigne, daß es an jedem Fuß einen Sporn hat; dieſe Sporen ſind bald größer, bald kleiner, aber jederzeit kürzer und weicher, als bey dem gemeinen Hahne.

Die Truthenne unterſcheidet ſich vom Truthahne an folgenden Merkmalen: Sie hat keine Sporen an den Füßen, keine Haare am untern Theile des Halſes, die Karunkel auf dem Schnabel iſt kürzer, und keiner Verlängerung fähig, auch iſt dieſe Karunkel, das Stück Fleiſch das am Hals hängt, und die Haut auf dem Kopfe bey weitem nicht ſo roth. Die Truthenne hat auch alle übrigen Eigenſchaften, die dem ſchwächern Geſchlechte bey den meiſten Gattungen zukommen. Sie iſt kleiner, hat weniger Auszeichendes im Anſehen, weniger Stärke, weniger Bewegung, ihr Geſchrey iſt blos klagend, und ſie hat keine Thätigkeit, als um ihr Futter zu ſuchen, und die Gefahr zu fliehen. Endlich kann ſie auch ihren Schwanz nicht in einem Rad aufſpannen, nicht, als ob er bey ihr nicht auch doppelt wäre, ſondern weil ihr vermuthlich die Muſkeln fehlen, welche die Federn des obern Schwanzes in die Höhe ziehen *).

Bey dem Truthahne und der Truthenne ſind die Naſenlöcher in dem obern Schnabel, und die Oefnungen der Ohren hinter dem Auge. Letztere ſind mit einer Menge kleiner Federn bedeckt, welche ohne Ordnung, und in verſchiedenen Richtungen ſtehen.

Man ſiehet leicht ein, daß der beſte Hahn derjenige ſeyn wird, der die meiſte Stärke, Lebhaftigkeit und Kraft zeiget. Man kann ihm fünf oder ſechs Truthühner geben. Mehrere Hähne pflegen mit einander zu kämpfen, dieſes geſchiehet aber nicht mit der Hitze, die man an den gemeinen Hähnen wahrnimmt; denn dieſe, welche ihre Hühner mehr lieben, ſind gegen ihre Nebenbuhler erbitterter, und ihr Krieg iſt gemeiniglich ein außerordentlich blutiger Krieg. Man hat ſogar geſehen, daß Hähne Truthähne angefallen und getödet haben, die zweymal größer waren, als ſie. Es kann auch den Hähnen beyder Gattungen niemals an Gelegenheit zum Kriege fehlen, weil, wie Sperling *) anmerkt, der Truthahn, wenn er keine

L 3

Hüh=

---

*) So wie der Truthahn ſich durch ſein wunderbahres Anſehen vor allen Vögeln auszeichnet, ſo iſt auch der Unterſchied zwiſchen Hahn und Henne hier ſo auffallend, daß niemand, der weniger als wir jetzt wiſſen, von dieſen Vögeln weiß, glauben ſollte, daß ſie von einerley Gattung wären. Die Naturforſcher haben wenigſtens dieſen Fehler oft bey weniger unähnlichen Thieren einer Gattung gemacht, wie wir zahlreiche Beyſpiele davon angeführt haben. Eben ſo wenig ſehen die jungen Truthähne den Alten ähnlich.

A. d. Ueb,

*) Zoolog. phys.

Hühner von seiner Gattung hat, sich zu den gemeinen Hühnern hält, und im Gegentheil die Truthühner in der Abwesenheit ihres Truthahns, sich an den gemeinen Hahn wenden, und ihn sehr lebhaft um Gunstbezeugungen bitten.

Der Krieg unter den Truthähnen ist bey weiten nicht so gewaltthätig, der Ueberwundene räumet nicht allemal das Schlachtfeld, zuweilen wird er sogar von den Hühnern vorgezogen. Man hat bemerket, daß, als ein weißer Truthahn von einem schwarzen überwunden worden war, dennoch alle junge Truthühner weiß waren.

Die Paarung der Truthähne geschiehet beynahe auf eben die Art, wie bey dem gemeinen Hahne, sie dauert aber länger. Dieses scheinet die Ursache zu seyn, warum ein Truthahn weniger Hühner braucht, und doch zeitiger, als ein gemeiner Hahn abgenutzet wird. Ich habe oben Sperlingen nachgesaget, daß sich der Truthahn zuweilen mit den gemeinen Hühnern begattete. Eben dieser Verfasser behauptet auch, daß wenn er keine Hühner von seiner Gattung habe, er auch die Pfauhenne und sogar die Ente träte. Ersteres ist möglich, das andre scheint mir sehr unwahrscheinlich zu seyn.

Die Truthenne ist nicht so fruchtbar als die gemeine Henne, man muß ihr von Zeit zu Zeit Hanf, Buchwaizen und Hafer geben, um sie zum Eyerlegen zu bringen. Dennoch legt sie jährlich gewöhnlicherweise nur einmal ohngefehr funfzehn Eyer. Legt sie, welches ein seltner Fall ist, nur einmal, so fängt sie das erstemal zu Ende des Winters an, und das zweytenmal im Monat August. Die Eyer sind weiß, mit einigen kleinen gelbrochen Flecken, übrigens fast so, wie die Eyer der gemeinen Hühner gestaltet; die Truthenne brütet auch die Eyer vieler andrer Arten von Vögeln aus. Man urtheilt, daß sie brüten wolle, wenn sie nach dem Eyerlegen in ihrem Neste bleibt. Damit ihr dieses Nest gefalle, muß es an einem trocknen Orte, in einer der Jahreszeit und Witterung angemessenen Lage, und etwas versteckt seyn, denn sie hat einen natürlichen Trieb, sich mit großer Sorgfalt zu verbergen, wenn sie brütet.

Die jährigen Hühner brüten gemeiniglich am besten, sie widmen sich dieser Beschäftigung mit so vielem anhaltenden Eifer, daß sie für Hunger auf ihren Eyern sterben würden, wenn man sie nicht täglich einmal von denselben wegnähme, um sie zu füttern. Diese Begierde zu brüten ist so stark, daß sie zuweilen zweymal hintereinander unausgesetzt brüten, in diesem Fall muß man ihnen besser Futter geben. Der Truthahn hat einen ganz entgegen gesetzten Trieb, denn, wenn er seine Henne brüten siehet, zerbricht er ihr die Eyer, die er vermuthlich für ein Hinderniß seines Vergnügens ansiehet; auch ist dieses vielleicht die Ursache, warum sich die Truthenne bey dem Brüten so sorgfältig versteckt.

Wenn die Zeit sich nähert, wo die Jungen auskriechen sollen, so hacken diese von innen die Schale des Eys auf. Aber diese Schale ist zuweilen so hart, oder die junge Truthenne so schwach, daß sie sterben würden, wenn man ihnen die Schale nicht zerbrechen hülfe; doch muß man dieses mit vieler Vorsicht thun, und soviel möglich darinnen der Natur nachahmen. Sie würden eben so geschwind sterben, wenn man sie im Anfange sehr hart angriffe, sie Hunger leiden ließe, oder sie der kalten Luft aussetzte. Die Kälte, der Regen, und selbst der Thau sind ihnen tödlich; große Sonnenhitze tödtet sie auch plötzlich, ja oft tritt sie die Mutter selbst zu schanden. Dieses sind nun für ein so zartes Thier viele Gefahren, und eben daher, und weil überdieses die Truthühner in Europa nicht sehr fruchtbar sind, kommt es, daß diese Gattung bey weitem nicht so zahlreich ist, als die Gattung gemeiner Hühner.

Im Anfange muß man die jungen Truthühner an einem warmen und trocknen Ort aufbehalten, wohin man eine derbgeschlagene Schicht von Mist geleget hat. Wenn man sie in der Folge an die freye Luft gehen läßt; so muß es nach und nach geschehen, und man muß die schönsten Tage dazu wählen.

Die jungen Truthühner pflegen weit lieber aus der Hand als auf eine andere Art zu fressen, man schließt, daß sie Hunger haben, wenn sie pfiepen, und dieß geschiehet sehr oft. Man muß sie täglich fünf bis sechsmal füttern, ihre erste Nahrung ist Wein mit Wasser vermischt, welches man ihnen in den Schnabel flößt. In der Folge kann man es mit etwas Brosamen vermischen. Gegen den vierten Tag giebt man ihnen Eyer, welche in der Brut verdorben sind, gekocht, und anfangs mit Brosamen, hernach aber mit Nesseln zusammengehackt. Diese verdorbenen Eyer, sie mögen von Trut- oder gemeinen Hühnern seyn, pflegen ihnen sehr wohl zu statten kommen *). Nach zehn bis zwölf Tagen läßt man die Eyer weg, und vermischt die Nesseln mit Hirse, oder mit Mehle vom türkischem Korn, von Waizen, Roggen- oder Heidekorn, oder um die Körner zu ersparen, ohne den jungen Truthähnern Schaden zu thun, mit geronnener Milch, Klettenwurzel, römischen Kamillen, Nesselsaamen und Kleyen.

In der Folge darf man ihnen blos verdorbene in Stücke geschnittene Früchte **), besonders Brombeeren, Maulbeeren u. dergl. geben. Findet man, daß sie matt werden, so steckt man ihnen den Schnabel in Wein, und läßt sie etwas davon saufen, und ein Pfefferkorn verschlucken. Zuweilen scheinen sie ganz erstarrt, und ohne Bewegung zu seyn, wenn sie etwa von einem kalten Regen überfallen worden sind. Sie würden in diesem Zustande ganz gewiß sterben, wenn man

*) S. *Journal économique*, August 1757. **) Ebend. *l. c.*
S. 69. 73.

man sie nicht sorgfältig in warme Tücher wickelte, und ihnen von Zeit zu Zeit warmen Hauch in den Schnabel blies. Man muß sie oft untersuchen, um ihnen gewisse Bläschen aufzustechen, welche ihnen unter der Zunge und am Bürzel entstehen, und ihnen Rostwasser ¹) zu geben. Man räth sogar an, daß man ihnen den Kopf mit diesem Wasser waschen sollte, um gewissen Krankheiten, denen sie unterworfen sind, zuvor zukommen ²). In diesem Falle muß man sie ja recht abtrocknen, denn man weiß, wie schädlich alle Feuchtigkeit den Truthähnen in ihrem ersten Alter sind.

Die Truthenne führt ihre Jungen mit eben der Sorgfalt, wie die Glucke ihre Küchlein. Sie wärmt sie mit eben der Neigung unter ihren Flügeln, und vertheidigt sie mit eben dem Muthe. Es scheint als ob die Zärtlichkeit für ihre Jungen ihr Gesicht schärfer mache, den sie entdeckt den Raubvogel in einer erstaunenswürdigen Entfernung, wenn ihn noch kein menschliches Auge sieht. So bald sie ihn erblickt, bricht sie in ein Geschrey aus, welches alle Jungen in Schrecken setzt. Jedes verbirgt sich in Sträucher, oder duckt sich ins Gras, und die Mutter erhält sie daselbst durch Fortsetzung ihres ängstlichen Geschreyes, so lange, als der Feind in der Nähe ist. Sobald er aber nach einer andern Seite fliegt, so benachrichtiget sie dieselben davon mit einem ganz andern Geschrey, welches für alle das Signal ist ihren Zufluchtsort zu verlassen, und sich um sie zu versammlen.

Wenn die jungen Truthühner auskriechen, so ist ihr Kopf mit Pflaumfedern besetzt, und sie haben weder die rothe Haut über den Schnabel, noch die Lappen. Erst nach sechs Wochen oder zween Monaten entwickeln sich diese Theile, und dieser Zeitpunkt ist für sie so gefährlich, als das Zahnen für die Kinder. Man muß ihnen alsdann zu ihrer Stärkung Wein unter ihr Futter mischen. Einige Zeit ehe sie die Haut und Lappen bekommen, fangen sie schon an sich auf die Bäume zu setzen.

Selten pflegt man junge Truthähne zu kappen, wie bey den gemeinen Hähnen üblich ist, sie mästen sich ohne diese Operation gut, und ihr Fleisch ist eben so schmackhaft. Dieses kann zu einem neuem Beweise dienen, daß ihr Temperament nicht so hitzig ist, als bey dem gemeinen Hahne ¹*).

Wenn

---

¹) So hat der berliner Herausgeber das französische *Eau de rouille* übersetzt, von welchem ich so, wie dieser würdige Gelehrte gestehen muß, daß ich den Sinn desselben nicht begreife. Sollte es wohl vielleicht das seyn, was wir Stahlwasser nennen, und welches man durch das Ablöschen eines glühenden Eisens in Wasser bereitet?   A. d. Ueb.

*) Diese Krankheiten sind *la Figure et les Ourles* siehe: *ta in ison rustique*. T. I. p. 117.

¹⁰) Am besten werden sie mit Wallnüssen und süßer Milch gemästet, wobey sie geschwind fett werden.   A. d. Ueb.

Wenn die jungen Truthühner etwas stark geworden sind, so verlassen sie ihre Mutter, oder diese verläßt sie vielmehr selbst, um aufs neue Eyer zu legen, oder zu brüten. Je schwächer und zarter dieselben anfangs sind, desto stärker werden sie in der Folge, und desto eher können sie das schlechte Wetter vertragen. Sie sitzen gern in der freyen Luft, und bringen die kältesten Winternächte daselbst zu. Sie pflegen dabey bald ein Bein um das andre aufzuheben um sich zu erwärmen, bald ducken sie sich auf dem Zweige oder Holz worauf sie sitzen, nieder, und halten sich im Gleichgewichte. Wenn sie schlafen stecken sie den Kopf unter die Flügel, und ihr Athemholen wird alsdenn sehr stark und merklich.

Die beste Art die etwas erwachsenen Truthähne auszutreiben, ist, wenn man sie an solche Orte auf die Weide führt, wo es viele Nesseln und andere ihnen wohlschmeckende Kräuter giebt, oder in die Obstgärten, zu der Zeit, wenn das Obst zu fallen anfängt. Man muß aber sorgfältig die Oerter vermeiden, wo Pflanzen wachsen, die ihnen zuwider sind, als z. B. die große Digitalis mit rothen Bluhmen. Diese Pflanze ist ein wahres Gift vor die Truthühner, und alle die davon fressen bekommen eine Art von Trunkenheit, Schwindel, und krampfhafte Zufälle. Ist die Menge, die sie gefressen haben, groß, so sterben sie ausgezehrt. Man kann daher nicht sorgsam genug seyn, diese schädliche Pflanze an den Orten, wo man Truthähne aufzieht, auszurotten *).

Man muß auch Achtung geben, daß man die Truthühner, besonders des Morgens nicht eher herausläßt, als bis die Sonne den Thau getrocknet hat, daß man sie des Abends eintreibt, ehe er wieder fällt, und daß man sie im Sommer nicht der größten Hitze aussetzt. Alle Abende, wenn sie nach Hause kommen, stopft man sie mit Nudeln, oder giebt ihnen Körner, oder ander Futter. Zur Zeit der Aerndte ist dieses nicht nöthig, weil sie da in den Feldern genug zu fressen finden. Da sie sehr furchtsam sind, so lassen sie sich ohne Mühe ausführen; mit der bloßen Bewegung einer Spitzgerte kann man ganze ansehnliche Heerden treiben, und sie nehmen oft vor weit kleinern und schwächern Thieren, als sie selbst sind, die Flucht. Doch giebt es auch Gelegenheiten, wo sie ihren Muth zeigen, wenn sie sich z. E. gegen die Marder und andre Feinde des Federviehes vertheidigen müssen. Zuweilen hat man Heerden Truthähne einen Hasen im Lager umringen und mit dem Schnabel zu tode hacken sehen **).

Nach ihrem Alter, Geschlecht und den Leidenschaften, die sie ausdrücken wollen, haben sie verschiedene Töne und Biegungen der Stimme. Ihr Gang ist langsam, ihr Flug schwer. Sie haben in ihrem Fressen, Saufen und Verdauung vieles mit den gemeinen Hühnern gemein, sie verschlucken auch, wie diese, kleine Kiesel-

*) S. *Histoire de l'Acad.* an. 1748. p. 84.　**) *Salerne Ornithol.* p. 132.

Kieselsteine. Sie haben auch eben einen so doppelten Magen, nur daß die Muskeln des zweeten Magens bey den Truthühnern stärker sind, weil diese überhaupt die gemeinen Hühner an Größe übertreffen.

Der Darmkanal ist ohngefehr viermal so lang als der ganze Vogel, wenn man die Größe desselben von der Schnabelspitze bis zum Bürzel rechnet. Sie haben zween Blinddärme, welche beyde von hinten nach vorne gehen, und zusammen mehr als ein Viertheil der Länge des ganzen Darmkanals betragen. Sie fangen nahe am Ende dieses Kanals an, und der darinnen enthaltne Unflath ist nicht sehr von dem unterschieden, der sich im Colon und dem Mastdarm befindet. Dieser Unflath bleibt nicht in dem Unflathbehälter, (cloaque commune), in diesem bleibt nur der Harn und der weiße Bodensatz, welcher überall zugegen ist, wo der Harn durchgehet. Der Unflath der Truthühner ist dicke genug, um sich im Herausdringen in allerhand Formen zu bilden.

Die Geburtstheile sehen bey dem Truthahn, wie bey den übrigen Gattungen des Hühnergeschlechts aus. Nur scheinen sie in Ansehung des Gebrauchs derselben weit weniger zu vermögen, denn die Männchen lieben ihre Weibchen weniger, befruchten sie nicht so geschwind, und wohnen ihnen seltener bey; die Weibchen legen später und wenigstens in unsern Himmelsstrich seltener.

Da die Augen der Vögel in gewissen Theilen anders gebaut sind, als die Augen der Menschen und der vierfüßigen Thiere, so will ich hier die vornehmsten Abweichungen anzeigen:

Außer dem obern und untern Augenliede haben die Truthühner, so wie die meisten übrigen Vögel noch ein drittes, welches man das innere Augenlied (membrana nictitans) nennet. Es ist halbmondförmig und ziehet sich aus dem großen Augenwinkel bald vorwärts, bald wieder in denselben zurück. Seine häufigen und schnellen Bewegungen werden durch einen besondern Bau von Muskeln bewirket. Das obere Augenlied ist fast unbeweglich, aber das untere kann das Auge bedecken, indem es sich gegen das obere zieht. Dieß geschieht nicht eher, als wenn das Thier schläft, oder stirbt. Die beyden Augenlieder haben jeder einen Thränengang, aber keine knorpelichen Ränder. Die durchsichtige Hornhaut ist mit einem knöchernen Ringe umgeben, der aus ohngefehr funfzehn Stücken besteht, die wie die Ziegel oder Schiefer eines Dachs über einander liegen. Die Cristallinse ist härter als bey dem Menschen, aber weicher als bey den vierfüßigen Thieren, und Fischen *). Ihr größter Bogen ist nach vorn zu **). Endlich entspringt am Sehenerven zwischen der Retina und der Choroidea eine schwarze rhombolvenförmige
Haut

Haut, welche aus parallelen Fibern bestehe. Sie gehet gerade durch die gläserne Feuchtigkeit, und heftet sich zuweilen unmittelbar mit ihrem vordern Ende, zuweilen durch einige Fasern, welche davon abgehen, an die Kapsel der Crystallinse an. Die Zergliederer der Akademie der Wissenschaften nennen diese Haut einen Beutel, ohngeachtet sie weder bey dem Truthahn, noch in der Henne, der Gans, der Ente, der Taube, und andern Geflügel eine ähnliche Gestalt hat. Petit glaubt, der Nutzen dieses Theils bestünde darinn, daß die Lichtstrahlen, welche von Gegenständen an der Seite des Kopfes einfielen, darinn eingesogen würden *). Diese Erklärung mag nun richtig oder falsch seyn, so ist doch so viel gewiß, daß das Gesichtswerkzeug bey den Vögeln zusammengesetzter ist, als bey den vierfüßigen Thieren. Nun haben wir anderswo bewiesen, daß die Vögel an diesem Sinne alle übrige Thiere übertreffen **), und vor kurzem hatten wir Gelegenheit zu bemerken, wie scharf das Gesicht der Truthenne ist ***). Hieraus folgt der natürliche Schluß, daß dieser Vorzug des Sehewerkzeuges von dem besondern Bau ihrer Augen und der künstlichen Bildung desselben herrühre. So wahrscheinlich dieser Schluß ist, so kann er doch durch nichts, als durch das gründliche Studium der vergleichenden Zergliedrungskunde (Anatome comparata) und des Baues der Thiere gültig gemacht werden.

Vergleicht man die Nachrichten der Reisebeschreiber, so sieht man ein, daß der Truthahn in Amerika und den angränzenden Inseln zu Hause ist, und daß er vor der Entdeckung der neuen Welt in der alten noch nicht zu finden gewesen.

Der P. du Tertre bemerkt, daß sie in den antillischen Inseln fast wie in ihrem Vaterland sind, und daß sie daselbst jährlich drey bis viermal legen ***); alle Thiere pflanzen sich aber unter ihren eignem Himmelsstriche häuffiger, als unter einem fremden fort, und werden daselbst auch weit größer und stärker. Eben dieses gilt auch von den amerikanischen Truthähnen. Man findet, wie die Jesuiten, die sich als Missionarien da aufhalten, berichten, bey den Illinesen eine so große Menge davon, daß man Heerden von hundert bis zwenhundert Stück beysammen antrifft. Sie sind daselbst viel dicker als in Frankreich und wiegen bis auf sechs und dreyßig Pfund ****). Josselin setzt ihr Gewicht bis auf sechzig Pfund †). Eben so viel giebt es deren in Canada, wo sie, nach dem P. Theodar, von den Wilden Ondettuaca genennt werden, und in Mexico, Neuengelland, an Mississippi, und in Brasilien, wo sie in der Landessprache Arignanussu ††) heißen. Der Ritter Hans Sloane hat
M 2   auch

*) *Memoires de l'Acad.* 1735. p. 123. Dieses ist das sogenannte *Pecten animi*, das Haller in den *Elem* Phys. T. V. p. 390. vortreflich beschreibet. A. d. Ueb.
**) Siehe unsre Abhandl. über die Natur der Vögel im 1sten Bande.
***) Anm. Siehe oben S. 88.
***) *Histoire generale des Antilles* T. II. p. 266.
****) *Lettres édifiantes. Recueil* XXXIII. p. 237.
†) *Raretés de la Nouvelle Angleterre.*
††) *Voyage au Bresil par de Lery.* p. 171.

auch welche in Jamaica gesehen. Wir müssen noch anmerken, daß die Truthähne in allen diesen Ländern wild sind, und in einiger Entfernung von den Wohnungen alles davon wimmelt, so daß es scheint, als ob sie den europäischen Kolonisten nur immer einen Fußbreit wichen.

So einig die meisten Reisenden und Augenzeugen sind, daß der Truthahn in Amerika, besonders dem nördlichen, einheimisch sey, so sehr kommen sie auch dar= innen überein, daß er in ganz Asien gar nicht, oder doch sehr selten gefunden werde.

Gemelli Careri berichtet uns, daß es auf den philippinischen Inseln nicht nur keine Truthühner gebe, sondern daß auch diejenigen, welche die Spanier aus Neuspanien dahin gebracht haben, nicht fortgekommen wären *).

Der P. du Halde versichert, daß man in China weiter keine Truthühner habe, als die von andern Orten dahin gebracht worden. Es ist wahr, dieser Jesuit be= hauptet in eben der Stelle, daß sie in Ostindien sehr gemein wären; er hatte das aber wohl blos von Hörensagen, anstatt daß er von dem, was er von China sagt, ein Augenzeuge war **).

Der P. de Bourzes, ein andrer Jesuit, erzählt, daß es keine in dem Kö= nigreiche Madura giebt, welches auf der Halbinsel disseits des Ganges liegt; und er schließt daraus mit Recht, daß der Truthahn seinen Namen (coq d'Inde) von Westindien erhalten haben müsse ***).

So hat auch Dampier keine zu Mindanao †) gesehen. Chardin ††) und Tavernier †††), welche Asien durchreiset sind, sagen ausdrücklich, das es in diesem großen Welttheile keine Truthühner gebe. Nach dem letztern haben die Armenier die ersten Vögel dieser Art nach Persien gebracht, wo sie schlecht fortgekommen sind, so wie die Holländer mit weit besserm Erfolge dieselben zuerst in Batavia einge= führt haben.

Endlich sagen uns Bosmann und einige andere Reisende, daß man zwar in Congo, an der Goldküste, in Senegal und andern Gegenden von Africa Truthüh= ner fände, daß man sie aber nur in den Comptoirs und bey den Fremden anträfe, weil die Eingebohrnen wenig Gebrauch davon machten. Sie setzen noch hinzu, daß diese Truthühner wahrscheinlich von denen abstammten, welche die Portugiesen und andre Europäer mit den gewöhnlichen Hühnern dahin gebracht hätten *).

Ich

---

*) Voyages, T. V. p. 271. 272.
**) Histoire generale des Voyages, T. VI. P. 473.
***) Lettres édifiantes, du 21. Sept. 1713.

†) Nouveau Voyage, T. I. p. 406.
††) Voyage de Chardin, T. II. p. 29.
†††) Voyages de Tavernier, T. II. p. 22.
*) Voyage de Bosmann, p. 242.

Ich muß noch anmerken, daß Aldrovand, Gesner, Belonius und Rajus die Truthühner in Afrika und Ostindien einheimisch machen, und so wenig man heut zu Tage diese Meynung annimmt, so glaube ich doch diesen großen Männern so viel schuldig zu seyn, daß ich sie nicht ohne Untersuchung verwerfe.

Aldrovand will sehr weitläuftig beweisen, daß die Truthühner die wahren Meleagrides der Alten wären, die man sonst auch gefleckte afrikanische oder numidische Hühner (gallinas Numidicas guttatas) nennte. Es ist aber einleuchtend und die ganze Welt weis es itzt, daß diese afrikanischen Hühner nichts anders, als unsre Perlhühner sind, welche würklich aus Afrika kommen, und sich von den Truthühnern ganz unterscheiden. Es ist also unnütze diese Meynung weitläuftiger zu untersuchen, ohngeachtet sie der Ritter von Linné fortpflanzen, oder aufwärmen zu wollen scheint, da er den Truthahn *Meleagris* [6]) nennt.

Rajus, welcher schreibt, die Truthühner kämen aus Afrika, oder Ostindien, hat sich, wie es scheint, durch die Namen hintergehen lassen. Der Name numidisches Huhn, den er annimmt, zeigt einen afrikanischen, und der Name türkischer und kalekutischer Hahn, einen asiatischen Ursprung an. Allein, ein Name ist nicht allemal ein Beweiß, besonders wenn es ein gemeiner Name ist, den Leute ohne Kenntniß einer Sache beylegen. Auch gilt dieses selbst von scientifischen Namen, welche von Gelehrten herkommen, die doch nicht jederzeit von Vorurtheilen frey sind. Rajus setzt auch selbst nach dem Hans Sloane hinzu, daß es den Truthühnern in den warmen Gegenden von Amerika sehr gefalle, und daß sie sich dort erstaunend fortpflanzten *).

Was Gesnern betrifft, so sagt er zwar, die Alten und namentlich Aristoteles und Plinius hätten die Truthühner nicht gekannt, er glaubt aber folgende Stelle des Aelian, beziehe sich auf dieselben:

„In Indien werden sehr große Hähne gezeugt, deren Kamm nicht roth ist, „wie bey unsern, sondern bunt wie ein Bluhmenkranz. Ihr Schwanz hat auch „keine in einen Bogen gekrümmte Federn, sondern sie sind breit. Wenn sie den „Schwanz nicht ausbreiten, schleppen sie ihn wie die Pfaue hinter sich. Ihre Fe-„dern haben die Farbe des Smaragds †).“

Ich

---

[6]) Anm. Auch Pallas tadelt hierinnen den Ritter, welcher dem Aldrovand, Turner und Charleton gefolgt ist. Er beweist mit mehrerer Nachsicht, aber auch ungleich gründlicher Gelehrsamkeit als unter Verfasser, daß die Alten unter dem Namen *Meleagris*, einen ganz andern Vogel, nämlich das Perlhuhn, verstanden haben. *Pallas spicileg. Zoolog.* Fascic. IV, p. 32.

A. d. Ueb.

*) *Raii Synopsis auium*, append. p. 182.

†) In India gallinacei nascuntur maximi, non rubram habent cristam ut nostri, sed ita variam et floridam veluti coronam floribus

Ich ſehe aber nicht ein, wie man dieſe Stelle auf die Truthähne anwenden könne, denn

1) beweißt die Größe und Stärke dieſer Hähne nicht, daß es eben Truthähne ſeyn müſſen, man findet ja in Aſien und beſonders in Perſien und Pegu, wie bekannt, ſehr große Hähne.

2) Iſt ja der bunte Kamm, den Aelian hier beſchreibt, hinlänglich, zu zeigen, daß hier nicht die Rede von Truthähnen ſey; denn er ſpricht nicht von einem Federbuſche, ſondern von einem wahren Kamme, der dem Hahnenkamm ähnlich, und nur anders gefärbt iſt.

3) Iſt die Art den Schwanz zu tragen, worinnen er dem Pfau ähnlich ſeyn ſoll, kein Beweis. Sagt nicht Aelian ausdrücklich: Er trägt ſeinen Schwanz wie der Pfau, wenn er ihn nicht ausbreitet. Könnte er ihn wie dieſer in ein Rad ausſpannen, ſo hätte Aelian ſo ein beſonderes Kennzeichen nicht übergangen, und er hätte dieſe Aehnlichkeit mit dem Pfaue, mit dem er ihn eben verglich, gewiß auch angemerkt.

So können auch 4) die ſmaragdfarbenen Federn nicht entſcheiden, ob hier die Truthühner gemeynt ſind, obgleich einige von ihren Federn dieſe Farbe haben, denn es giebt ja mehrere Vögel, denen dieſes auch zukommt.

Belonius ſcheint mir in ſeiner Meynung nicht richtiger, als Geſner, wenn er die Truthähne in den Werken der Alten finden will. Columella hatte in ſeinem Buche von dem Ackerbau geſagt: „Die afrikaniſche Henne iſt dem Meleagris „ſehr ähnlich, nur daß ihr Kamm und Federbuſch roth ausſieht, anſtatt daß bey dem Meleagris beydes blau iſt *).

Belonius nimmt in dieſer Stelle das afrikaniſche Huhn für das Perlhuhn, und den Meleagris für den Truthahn an. Es iſt aber wohl ſehr einleuchtend, daß Belonius hier von zwo Abänderungen einer Gattung ſpricht, weil die hier genannten Vögel, in nichts als der Farbe verſchieden ſeyn ſollen, die er doch oft in ſeiner Gattung abändert. Beſonders iſt dieſes der Fall bey dem Perlhuhn, wo die Männchen blaue, die Weibchen aber rothe fleiſchichte Lappen an der Seite des
Kopfes

---

bus contextam; caudae pennas non contextas habent, neque reuolutas in orbem, ſed latas; quas cum non erigunt, vt pauones trahunt: eorum pennae ſmaragdi colorem ferunt.

*) Africana eſt Meleagridi ſimilis, niſi quod rutilam galeam et criſtam capite gerit, quae veraque in Meleagride ſunt caerulea. Columell. Lib. VIII. c. 11.

Kopfes herunter hängen haben. Wie kann man sich überdieses einbilden, daß, wenn Columella zwo so verschiedene Gattungen, als das Perlhuhn und der Truthahn sind, beschreiben wollte, er dazu einen so superficiellen Unterschied, als die Farbe eines einzeln Theils ist, gewählt haben würde, da ihm mehr auszeichnende Merkmale von beyden Gattungen in die Augen fallen mußten.

Belonius beruft sich also unrichtig auf das Ansehen des Columella, wenn er die Truthähne zu Afrikanern machen will. Er hat eben so wenig Grund, die folgende Stelle des Ptolemäus anzuführen, um zu beweisen, daß sie aus Asien kommen: „Triglyphon ist die Hauptstadt; man sagt, daß es daselbst bärtige „Hähne geben solle *).“ Triglyphon liegt wirklich auf der Halbinsel disseits des Ganges, nur hat man gar keine Ursache, die bärtigen Hähne, von denen hier die Rede ist, für Truthähne zu halten; denn

erstlich ist ja selbst die Existenz dieser Hähne zweifelhaft, weil sie auf ein blosses: man sagt, gegründet ist.

Zweytens, kann man die Truthähne nicht bärtige Hähne nennen, weil man, wie ich weiter oben gesagt habe, das Wort Bart, blos einer Menge weicher Federn, oder Haare unter dem Schnabel, nicht aber dem Büschel harter Haare beylegen kann, den man unter dem Halse des Truthahns antrift.

Drittens, war Ptolemäus ein Astronem und Erdbeschreiber, aber kein Naturkenner. Man kann in seinen Schriften leicht bemerken, daß er seine geographischen Tabellen dadurch nur gemeinnütziger machen wollte, daß er ohne viele Wahl, einige Merkwürdigkeiten jedes Landes eingeschaltet. Auf eben der Seite, wo er von den bärtigen Hähnen spricht, redet er auch von drey Inseln der Satyren, deren Einwohner Schwänze haben sollen, und von gewissen maniolischen Inseln, zehne an der Zahl, wo der Magnet so häufig wäre, daß man bey dem Bau der Schiffe kein Eisen gebrauchen dürfe, damit dieselben nicht durch die magnetische Kraft angezogen würden. Nun sind aber diese geschwänzten Menschen, ob ihr Dasenn gleich neuere Reisende und die Missionairs **) bezeugen, immer noch sehr zweifelhaft. Nicht gewisser ist die Nachricht von den Magnetbergen oder wenigstens von ihrer Kraft Schiffe anzuziehen. Und man sieht hieraus, wie wenig man sich auf die Glaubwürdigkeit solcher Erzählungen zu verlassen hat, welche mit dergleichen Ungewißheiten vermengt sind.

Vier-

*) Triglyphon Regia, in qua galli gallicacei barbati esse dicuntur. Geograph. l. VIII. c. II. Tab. XI. Asiae.

**) Gemelli Careri Voyages, Tom. V p. 68.

Viertens endlich redet Ptolemäus in der angeführten Stelle ausdrücklich von gemeinen Hühnern (galli gallinacei), welche mit den Truthähnen weder in der Farbe der Federn, noch in der äußerlichen Gestalt, noch in der Stimme, noch in Naturtrieben, noch in der Farbe der Eyer, noch in der Brutzeit u. s. w. etwas gemein haben.

Scaliger *), welcher anfangs gesteht, daß die Meleagris des Athenäus, oder vielmehr des Clytus, ein Vogel aus Aetolien sey, welcher wasserreiche Gegenden liebe, seine Jungen nicht sehr achte, und dessen Fleisch nach Sumpf und Moder schmecke; (alles Merkmale, die den Truthahn, der sich in Aetolien nicht aufhält, wasserreiche Gegenden eher flieht als liebt, seine Jungen sehr lieb hat, und dessen Fleisch sehr wohlschmeckend ist, nicht zukommen;) behauptet dem allen ohngeachtet, daß die Meleagris ein Truthahn sey. Die Zergliederer von den Akademie der Wissenschaften, welche anfangs eben der Meynung waren, als sie den Truthahn beschrieben, haben an einem andern Orte, nachdem sie die Sache besser untersucht hatten, eingestanden und bewiesen, daß das Perlhuhn die wahre Meleagris der Alten sey. Hieraus ist erwiesen, daß weder Athenäus oder Clytus, Aelian, Columella und Ptolemäus, noch Aristoteles und Plinius von Truthähnen gesprochen haben, und daß diese Gattung den Alten gänzlich unbekannt gewesen ist.

Selbst in keinem neuerm Werke, das vor der Entdeckung von Amerika geschrieben ist, finden wir des Truthahns erwähnt. Man glaubt gemeiniglich, daß sie zuerst im sechzehnten Jahrhunderte, unter der Regierung Franz des Ersten, nach Frankreich gebracht worden sind, denn zu dieser Zeit lebte der Admiral Chabot. Die Verfasser der brittischen Zoologie, setzen als etwas bekanntes voraus, daß sie unter Heinrich dem Achten, der mit unserm König, Franz dem Ersten, zugleich regierte, nach Engelland gekommen sind **). Dieses stimmt völlig mit unsrer Meynung überein; denn da Christoph Columbus, Amerika zu Ende des funfzehnten Jahrhunderts entdeckt hat, beyde nur genannte Könige aber zu Anfange des sechzehnten Jahrhunderts auf den Thron gekommen sind; so ist nichts wahrscheinlicher, als daß diese Vögel sowohl nach Frankreich als Engelland, unter der Regierung dieser Könige, als eine Neuigkeit gebracht worden. Auch bestätigt sich dieses durch das Zeugniß des Johann Sperling, welcher im Jahr 1660 geschrieben hat, und ausdrücklich sagt, daß die Truthühner über hundert Jahr vor seiner Zeit, aus Westindien nach Europa gebracht wären ***).

Alles ist also dafür, daß Amerika das Vaterland der Truthühner sey. Nun konnten aber diese Vögel, da sie schwer sind, nicht hoch fliegen, und auch nicht schwim-

---

*) Scaliger. exercitat. in Cardan. exer.　　**) Brittish Zoologie, p. 87.
238.　　　　　　　　　　　　　　　　　　　***) Zoologia physica, p. 366.

schwimmen können, nicht durch die Entfernung, die zwischen der alten und neuen
Welt ist, und folglich nicht nach Europa, Asien und Afrika kommen. Sie sind
hierinnen völlig den vierfüßigen Thieren ähnlich, welche ohne Hülfe des Menschen
nicht aus einer Halbkugel in die andre gelangen können, und also in einer von beyden einheimisch sind. Ein neuer Beweiß für die Wahrheit der Nachrichten der Reisenden, welche weder in Asien noch Afrika wilde, sondern daselbst nur zahme Truthühner gesehen haben, welche von andern Orten dahin gebracht worden.

Die genaue Bestimmung des Vaterlandes der Truthühner, hat viel Einfluß
auf die Auflösung einer andern Frage, die bey dem ersten Anblick keine Aehnlichkeit damit zu haben scheint. Johann Sperling *) behauptet nämlich, der Truthahn sey ein Monstrum (vermuthlich wollte er Bastard sagen,) welches von der
Vermischung des Pfaues und der gemeinen Hühner entstünde. Ist es aber, wie
ich gethan zu haben glaube, völlig bewiesen, daß Amerika sein Vaterland ist, so ist
es unmöglich, daß er von der Vermischung dieser Gattungen herkomme, welche
beyde in Asien zu Hause sind. Ein noch stärkerer Beweiß davon ist, daß man in
Asien nirgends wilde Truthähne findet, die man doch in Amerika so häufig antrifft.
Aber, sagt man, woher kömmt der Name Gallo-pavus, den man seit so langer Zeit
dem Truthahn beygelegt hat? Nichts ist leichter zu beantworten. Der Truthahn war
ein fremder Vogel, für den wir in unsrer europäischen Sprache keinen Namen hatten; nun fand man an ihm einige auffallende Aehnlichkeiten mit dem Hahne und dem
Pfau, welche man durch den zusammengesetzten Namen Gallo-pavus anzeigen wollte. Aus diesem Namen wollten Sperling und andre schliessen, daß der Truthahn
aus der Vermischung des Hahns und Pfaues entstanden wäre, da man eigentlich
doch nur ihre Namen zusammengesetzt hatte. So gefährlich ist es, wenn man von
einer Benennung auf die Sache selbst schließt, und so nöthig ist es, daß man den
Thieren keine so zusammengesetzten Namen beylegt, durch welche fast allemal Verwirrung entsteht.

Edwards redet von einem andern Bastarde, welcher aus der Vermischung
des Truthahns mit dem Fasan entstehen soll. Der, welchen er beschrieben hat **),
war in den Wäldern bey Hanford in Dorsetshire geschossen worden, wo man ihn
mit zween oder drey andern Vögeln von eben der Art gefunden hatte. Er hatte
wirklich die Mittelgröße zwischen einem Truthahn und Fasan, und seine Flügelbreite betrug zwey und dreyßig Zolle. Ein kleiner Busch von ziemlich langen schwarzen Federn, erhob sich von der Wurzel des Schnabels. Der Kopf war nicht kahl,
wie am Truthahne, sondern mit sehr kurzen Federn bedeckt. Die Augen waren mit
Ringen von einer rothen Haut bedeckt, die aber nicht so groß waren, als bey dem
Fasane. Edwards sagt uns nicht, ob er die großen Federn des Schwanzes in ein

Rad

*) Zoologia physica, p. 369. **) Gleanures, t. 337.
Büffon Vögel III B. N

Rad erheben könne. Die Abbildung zeigt, daß er den Schwanz blos gerade hinter ſich geſchleppt habe, wie der Truthahn, wenn er ruhig iſt. Noch iſt anzumerken, daß er nur ſechzehn Federn im Schwanze gehabt habe, wie der Auerhahn, da der Truthahn und der Faſan beyde achtzehn haben. Jede Feder war bey ihm aus einer Wurzel doppelt gewachſen, ſo daß ein Theil groß und ſtark, der andre klein und weich war, ein Merkmal, das weder dem Truthahn, noch dem Faſan, wohl aber dem Auerhahne zukömmt. Sollte aber dieſer Vogel aus der Vermiſchung des Truthahns und des Faſans entſtanden ſeyn, ſo müßte man an ihm, wie an andern Baſtardarten, nicht nur die Kennzeichen der Gattungen, aus denen er entſtanden, ſondern auch die mittlern Nüancen von den Eigenſchaften gefunden haben, worinnen beyde Stammältern einandern entgegengeſetzt ſind. Hier ſcheint das nicht ſtatt zu finden, denn der für einen Baſtard ausgegebene Vogel des Edwards, hatte erſtlich Kennzeichen, die ſeinen Stammgattungen fehlen, (nämlich die doppelten Federn,) und zweytens fehlten ihm andere Kennzeichen, die ſich bey dieſen Gattungen finden, (nämlich die achtzehn Schwanzfedern.) Wollte man aber ja eine Baſtardart aus ihm machen, ſo müßte er aus der Vermiſchung des Truthahns und des Auerhahns entſproſſen ſeyn, weil der letzte nur ſechzehn Schwanzfedern und auch ſolche Doppelfedern hat, wie der Vogel, von dem wir handeln.

Die wilden Truthähne ſind von den zahmen nur darinnen unterſchieden, daß ſie ſtärker und ſchwärzer ſind. Sonſt haben ſie eben die Naturtriebe, Gewohnheiten und Dummheit. Sie ſetzen ſich in den Wäldern auf dürre Zweige, und wenn man einen davon ſchießt, bleiben die übrigen alle ſitzen. Nach dem Fernandez iſt ihr Fleiſch zwar gut, aber härter und nicht ſo ſchmackhaft als das Fleiſch der zahmen Truthühner. Auch ſind ſie zweymal ſtärker. Auf mexikaniſch heißt der Hahn *huxolatl*, und die Henne *cihuatotolin* *). Albinus erzählt, daß viele große Herren in England, wilde Truthähne zu ihrem Vergnügen aufzögen, und daß ſie überall gut fortkämen, wo ſie ſich in kleinen Gebüſchen, Parcs, oder andre eingeſchloßne Thiergärten befänden **).

Der gehäubte Truthahn ⁊) iſt blos eine Abänderung vom gemeinen Truthahn, wie der gehäubte Hahn vom gemeinen Hahne. Dieſe Haube oder Federbuſch iſt bald ſchwarz, bald weiß, wie bey dem, den Albin beſchreibt †). Dieſer

---

*) Fr. *Fernandez* Hiſtoria auium nouae Hiſpan. p. 27.

**) *Albin.* l. II. n. 33.

⁊) Anm. *Meleagris Gallopano* (Var. γ) criſtatus. Der Haubentruthahn, Müllers Linn. Naturſ. Th. 2. S. 464. the creſted Turkey.

Albin. l. c. Klein hat eine beſondre Gattung daraus gemacht. (Vögelhiſt. durch Reyger S. 116.) und nennt ihn Kurre mit Strausfedern.

M. und d. Ueb.

†) *Albin.* ibid.

see war in der Größe der gemeinen Truthähne; er hatte fleischfarbne Füße. Sein obe-
rer Körper war dunkelbraun, die Brust, der Bauch, die Schenkel und der Schwanz
waren weiß, so wie auch sein Federbusch. In allem übrigen war er unserm gemeinen Truthahne ähnlich, als z. E. in der schwammigt fleischichten Haut, die
den Kopf und Hals bedeckt, in dem Büschel harter Federn auf der Brust, in dem
kurzen Sporn an beyden Füßen, in seinem besondern Abscheue vor aller rothen Farbe u. s. w.

Zusätze zur Geschichte des Truthahns.

Zu dem Streite von dem eigentlichen Vaterlande des Truthahns, welchen der
Herr Graf von Büffon so weitläuftig behandelt, gehört noch einiges, das
Klein in seiner Vögelhistorie anführt, und das Büffon nicht hat. So citirt z.
B. Klein einen spanischen Schriftsteller Franciscus Velez *), welcher gesagt, So-
phocles habe einem Vogel, den die Griechen Meleagris nennten, die Eigenschaft
zugeschrieben, daß aus seinen Thränen Bernstein entstünde, daher er schließt, der
Truthahn sey in Griechenland bekannt gewesen. Allein dieser Fehlschluß rührt da-
her, daß Klein so wie Linné, die Meleagris der Alten für den Truthahn hielt,
ein Vorurtheil, das, wie wir in der Anmerkung n. 6 erinnerten, der vortreffliche
Pallas sehr hinreichend widerlegt hat.

Außer den im Terte angezogenen Schriftstellern, hat Klein noch einige, welche von dem Vaterlande des Truthahns Zeugnisse ablegen, als den de Laet **),
welcher sagt, daß die Truthühner in Westindien, des Winters gefangen werden,
den Hieronymus Benzoinus †), welcher sagt, daß es in der Provinz Nicaragua
eine Art Pfauen gebe, die, nachdem sie nach Europa gebracht worden wären, indianische Hühner hießen, und Keyßlern, der in seinen Reisen erzählt, daß der
erste Truthahn, der aus Merico nach Frankreich gekommen, auf dem Hochzeit-
male des Königs Carl des Neunten gespeiset worden sey. Dieses fiel in das Jahr
1670, also zeitiger als der Graf von Büffon solches nach der brittischen Zoologie und einer Stelle des Sperling behauptet.

Mit der in der Anmerkung n. 7. angeführten Varietät *Meleagr. Gallopauo* ʸ.
cristatus Linn. ist *Meleagris* cristata nicht zu verwechseln, welches eine besondre
N 2   Species

*) *Francisc. Velez*, hist. de los animal.
p. 70.

**) *De Laet* Nouus orbis, de nouo Bel-
gio, p.74. Hyeme quoque hic capiuntur *Gallo-
paui* praepingues et optimis carnibus — p.

81. in virginia syluestres *Gallo-paui* nostris
cicuribus pares — p. 91. *Gallo-paui* ibidem
notissimi sunt.

†) *Benzoinus* noua noui orbis historia l. II.
c. 16.

Species ist, und bey dem Graf von Büffon unter der Benennung Yacon vorkommt, welcher auch die dritte linneische Gattung M. *Satyra* unter den Fasanen
mit dem Namen *Napul*, oder der gehörnte Fasan einschaltet.

Herr D. Martini hat noch einige ökonomische Anmerkungen, als einen Anhang hinzugesetzt, wovon ich hier nur einen Auszug geben will: Ein Zuchttrut-
hahn kann sechs bis acht Hühner bestreiten. Die Hühner legen nicht leicht über
zwanzig Eyer nach einander, und sind nicht über vier bis fünf Jahre zur Zucht zu gebrauchen. — Die Begierde sich zu begatten, wird durch Schminkbohnen, Hafer,
Hanfsaat u. d. gl. bey den Truthühnern rege gemacht. — Die Jungen dürfen
bey nasser Witterung nicht herausgelassen werden, und wenn sie niedergeschlagen sind,
muß man ihnen etwas Butterbrod und gekochten Speck reichen. — Alte Truthähne
können zum Brüten gebraucht werden, man bringt sie dazu auf die Art, die wir
bey dem Hahne vom Kapaun angemerkt haben *). — Wenn die Truthühner-
zucht ins Große getrieben wird, so bringt sie so viel ein, daß man eine eigne Magd
daranf halten kann, welches wegen der genauen Abwartung der Jungen höchstnö-
thig ist. — Wenn alle Truthühner Lust zum Brüten bezeugen, (denn eher läßt
man keine brüten, bis alle ausgelegt haben,) so macht man die Brutnester zurechte,
versieht jedes mit funfzehn bis achtzehn Eyern, setzt auf jedes Nest eine Henne, ver-
stopfet die Stallfenster sorgfältig, damit kein Licht hineinfalle, und entfernt von
diesem Orte die Hühner. Aller vier und zwanzig Stunden wird der Stall geöffnet und den Hühnern Fressen und Sauffen gegeben. Den sechs oder sieben
und zwanzigsten Tag untersucht man die Eyer, findet man, daß die meisten Jungen auskriechen wollen, so müssen alle Hühner ohne Fressen und Sauffen auf den
Nestern bleiben, bis alle Jungen ausgekrochen sind. Dieses ist das Vornehmste von
der Wartung der Bruthühner. Das Uebrige, was der sel. Herr D. Martini in
besagtem Anhange angiebt, kann theils bey ihm selbst, theils in den von ihm angeführten Schriften, z. B. dem preußischen Samler, dem hannöver. Magazin, dem
Harzmagazin, dem physikalischen und ökonomischen Patrioten, dem stuttgar-
der Anzeigen u. a. m. nachgelesen werden.

*) S. hannöver. Magaz. 1776. S. 767.

Das

Das Perlhuhn [1]*) (la Peintade.)

Siehe die 108. illuminirte und unsere 15. Kupfertafel.

Man muß nicht, wie Ray, Peintade mit Pintado verwechseln, wenigstens nicht mit dem Pintado, von dem Dampier redet **); weil dieser ein See-vogel ist, der die Größe einer Ente und sehr lange Flügel hat, und dicht an der Ober-fläche des Wassers hinfliegt. Alle diese Kennzeichen stimmen mit dem Perlhuhn, wel-ches ein Landvogel mit kurzen Flügeln und von sehr schwehrfälligen Fluge ist, nicht überein.

Dieses haben die Alten sehr wohl gekannt, und beschrieben. Aristoteles ge-denkt dessen nur einmal in allen seinen Werken über die Thiere. Er nennt es Meleagris, und sagt; daß es mit kleinen Flecken gezeichnet wäre. †).

Varro [2]) gedenkt dessen unter dem Namen der afrikanischen Henne. Nach
N 3 seiner

[1]) Anm. Perlhuhn, Bekmanns Naturge-schichte S. 49. Eberhards Thiergesch. S. 64. Huhn aus Guinea, Hallens Vögel, S. 422 f. 25. Frisch Vögel, II Th. S. 126. Das afrikanische Huhn.) Meyers Thiere, B. I. S. 49. t. 79. Kleins Vögel, S. 206. Alector Guineensis. Memoires pour servir à l'histoire naturelle, T. I. t. 48. 49. Scopoli annus 1. histor. nat. durch Günther p. 135. f. Krapinisch Pagati. Spanisch Pin-tado. Numida Meleagris Linn. Syst. Nat. ed. XII. p. 273 Das Perlhuhn, Müllers Linn. Natur. Th. II. S. 466. Gallus ver-rice corneo, Pallas Spicileg. Zoolog. Fasc. IV. p. 10. — Gallina Guineensis. Aldrov. — Gallus Numidicus aut Maritanus Gesneri, Gesners Vögel, S. 216.
d. Ueb. nach M...

*) La Peintade franz. Meleagris, gr. u. lat. Gallina de Numidia, italien. Perlhuhn

deutsch. Pintado oder Guinea-hen engl. — In Kongo Quetele. — Poule de la Guiné. Belon, Hist. des Oiseaux, p. 246. — Pein-tade. Memoires pour servir etc. P. II p. 79. tab. 47. mit einer guten Figur. — Galli-na Africana Frisch, tab. 126. — La Peinta-de Brisson, T. I. p. 176. mit einer guten Figur, tab. 8.

**) In seiner Voyage aux Terres Austra-les, T. IV. seiner Nouveau voyage autour du monde, p. 23. Ed. de Rouen.

†) S. Hist. animal.

[2]) Müller behauptet in seiner Ueberse-tzung des Linn. Systems Th. II. S. 476. n. 1. der Meleagris der Römer, von wel-chem Varro redet, sey der Truthahn, allein die Gründe des Herrn Grafen von Büffon in vorigem Artikel, sind zu überzeugend, als
daß

seiner Beschreibung soll es ein ansehnlicher, bunter Vogel, mit einem runden Rücken seyn, der zu Rom sehr rar war *).

Plinius sagt das Nämliche, was Varro sagt, und scheint ihn nur ausgeschrieben zu haben **); wo nicht etwa die Aehnlichkeit der Beschreibung der Gleichheit des beschriebenen Gegenstandes selbst beyzumessen ist. Er wiederhohlt auch, was Aristoteles von der Farbe der Eyer ***) gesagt hatte. Er setzt noch hinzu, daß die numidischen Perlhühner sehr geschätzt würden †). Daher man denn auch vorzugsweise der Gattung die Benennung des numidischen Huhns gegeben hat.

Kolumella kannte zwo Arten davon, die einander durchaus glichen, nur daß die eine blaue Lappen, und die andere rothe hatte. Dieser Unterschied hatte den Alten beträchtlich genug geschienen, um zwo Gattungen oder Arten daraus zu machen, und sie durch unterschiedene Benennungen auszuzeichnen. Die Henne mit den rothen Lappen, nannten sie Meleagris, und die mit den blauen ††) das afrikanische Huhn, ohne sie nahe genug zu betrachten, um gewahr zu werden; daß die erstere das Weibchen, und die andere das Männchen von einer und derselben Gattung wäre, wie die Glieder der Akademie angemerkt haben †††).

Dem sey nun wie ihm wolle, so scheint es doch, als wenn das ehedem mit so vielem Fleiß zu Rom auferzogene Perlhuhn, in Europa sich verlohren gehabt hätte, weil man bey den Schriftstellern der mittlern Zeiten keine Spur davon findet, und erst wieder davon zu reden angefangen hat, seitdem die Europäer die westlichen Küsten von Afrika, auf dem Wege nach Indien, über das Gebürge der guten Hoffnung ††††) besucht haben. Sie haben es nicht nur in Europa ausgebreitet, sondern

---

daß man dieser Meynung noch Beyfall geben könnte. Selbst der Ritter von Linné glaubt es nicht, denn er sagt bey dem Truthahn, den er *Meleagris Gallo - pavo* nennt: Habitat in America, und bey unserm Perlhuhn, das bey ihm Numida Meleagris heißt: Habitat in Africa.

A. d. Ueb.

*) Grandes, variae, gibberae quas *meleagrides* appellant Graeci. *Varro de Re rustica* L. III c. 9.

**) Africae Gallinarum genus, gibberum, verii sparsum plumis, *Plin. Hist. nat.* L. X. c. 22.

***) Ibidem c. 52.

†) Ibid. c. 48. quam plerique Numidicam dicunt. (*Columella.*)

††) Africana Gallina est Meleagridi similis, nisi quod rutilam paleam, et cristam capite gerit, quae vtraque sunt in meleagride caeruleas. *Columella de Re rustica*, L. XIII. c. 2.

†††) S. *Memoires pour servir* etc. dressé par Mr. *Perrault*, P. II. p. 82.

††††) So wie Guinea ein Land ist, aus welchem die Kaufleute verschiedene den Franzosen vorher unbekannte Waaren gebracht haben, so würden ohne ihre Seereisen, uns auch die dasigen Hühner unbekannt geblieben seyn, wenn sie nicht diejenigen über das Meer

dern auch nach Amerika gebracht. Da nun dieser Vogel so viele Veränderungen in seinen äußern Eigenschaften, durch den Einfluß der verschiedenen Himmelsstriche erlitten, so darf man sich nicht wundern, wenn die neuern Naturforscher oder Reisebeschreiber ihre Arten noch mehr als die Alten vervielfältiget haben.

Frisch macht, so wie Kolumella, einen Unterschied zwischen dem Perlhuhn mit rothen und dem mit blauen Lappen *). Aber er kennt noch andere Unterschiede bey ihnen. Nach seiner Meynung soll die letzte Art, die in Italien nur wenig gefunden wird, nicht gut zum Essen und kleiner seyn, sich gerne in morastigen Gegenden aufhalten, und sich um ihre Jungen nicht viel bekümmern. Diese beyden letztern Züge finden sich auch bey dem Meleagris des Alyrus von Miletus. „Man hält sie, sagt er, in einer wäßrigen Gegend und sie zeigen so wenig , Zuneigung für ihre Jungen, daß die Priester, deren Obhut sie anvertrauet sind, „für ihre Brut selbst sorgen müssen." An Größe, setzt er hinzu, sollen sie einer Henne von guter Art gleichkommen **). Aus einer Stelle des Plinius erhellt auch, daß dieser Naturforscher den Meleagris, für einen Wasservogel ***) hielt. Das Huhn mit rothen Lappen hingegen, soll nach Frisches Aussage, größer als ein Fasan seyn, sich am liebsten an trocknen Orten aufhalten, und seine Jungen sorgfältig aufziehn.

Nach Dampiers Versicherung, soll es auf der Mayinsel, einer Insel des grünen Vorgebirges, Perlhühner geben, die außerordentlich weißes Fleisch haben; noch andere, deren Fleisch schwarz, aber bey beyden überhaupt mürbe und lieblich seyn soll †). Der Pater Labat sagt eben das ††). Die Richtigkeit dieses Unterschieds vorausgesetzt, würde er desto merkwürdiger seyn, weil er der Veränderung des Klima nicht beygelegt werden könnte. Denn da diese Insel in der Nachbarschaft von Afrika liegt, so sind die Perlhühner ja gleichsam in ihrem Vaterlande. Man wollte denn sagen, daß eben die besondern Ursachen, welche die Haut und Beinhaut der meisten Vögel auf der Insel St. Jago, die mit der Mayinsel benachbart ist, schwarz färben, auch das Fleisch der Perlhühner auf dieser Insel schwarz machten.

Nach

Meer zu uns gebracht hätten, welche nun schon so häufig in den herrschaftlichen Häusern unsers Landes, und nun schon was gemeines sind. S. *Belon.* Hist. nat. des Oiseaux p. 246. A. d. V.

*) S. die Beschreibung der 126. Platte seiner Vögelhistorie.

**) Locus vbi aluntur, palustris est; pullos suos nullo amoris affectu haec ales prosequitur, et teneros adhuc negligit, quare a

sacerdotibus curam eorum geri oportet. S. *Athenaeus,* L. XIV. C. 26.

***) Mencsias Africae locum Syc,onem appellat, et Crethim amnem in oceanum affluentem, lacu in quo aues quas meleagridas et Penelopas vocat viuere. *Hist. nat.* L. XXXVII. c. 2.

†) Nouveau voyage autour du Monde, T. IV. p. 23.

††) Ibid. T. II. p. 316,

Nach des Pater Charlevoir Vorgeben, soll auch auf St. Domingo eine Gattung seyn, die kleiner als die gemeine ist *). Das sind aber wahrscheinlich die wilden Perlhühner und Abkömmlinge derer, welche die Spanier kurz nach der Eroberung der Insel dahin gebracht haben. Diese wildgewordene und im Lande gleichsam naturalisirte Art, mag wohl den natürlichen Einfluß des Himmelsstrichs erfahren haben, und dieser läuft, wie ich anderswo gezeigt habe **), auf die Schwächung, Verminderung und das Schlechterwerden der Gattungen hinaus. Das Merkwürdigste ist, daß diese ursprünglich von Guinea herrührende Art, die nach ihrer Ankunft in Amerika, in den häuslichen Zustand versetzt worden ist, in der Folge an diesen Zustand nicht wieder hat gewöhnt werden können, dergestalt, daß die Kolonisten zu St. Domingo genöthigt gewesen sind, zahme aus Afrika kommen zu lassen, um sie in ihren Höfen aufzuziehen und zu verwahren ***). Kommt es etwa daher, weil sie in einem wüstern, ungebauten Lande gelebt haben, dessen Bewohner selbst wild waren, daß diese wilden Perlhühner auch wilder worden sind; oder auch, nach der Meynung des Jesuiten Margat †) vielleicht davon, daß sie durch die europäischen und besonders französischen Jäger, die eine Menge verheert haben, schüchtern gemacht worden sind,

Markgrav hat gehäubte gesehen, die von Sierra Liona kamen, und um ihren Hals eine Art häutigen Kragen, der aschfarbig blau war ††), hatten. Dieß ist noch eine von den Abänderungen, welche ich ursprünglich nenne, und welche, weil sie noch vor der Veränderung des Himmelsstrichs vorhanden gewesen sind, destomehr Aufmerksamkeit verdienen,

Der Jesuit Margat, der zwischen dem afrikanischen Huhn und dem Meleagris der Alten, keinen spezifischen Unterschied gestatten will, sagt, es gäbe auf St. Domingo welche von zweyerley Farben. Einige hätten schwarze und weiße Flecken, in der Gestalt eines geschobnen Vierecks, und die andern wären mehr aschgrau, sie wären aber sämmtlich weiß unter dem Bauche, unter den Flügeln und an deren Spitzen †††).

Endlich

---

*) Histoire de Isle Espagnole de St. Domingue, p. 18. 19.

**) Siehe die französische Ausgabe der Büffonischen Hist. naturelle, T. IX. p. 87.

***) S. Lettres edifiantes, XXIue Recueil. l. c.

†) Ibid.

††) Earum collum circumligatum seu circumsolutum quasi linteamine membranaceo coloris cinerei coerulescentis: caput tegit crista obrotunda, multiplex, constans pennis eleganter nigris. Marcgrav Hist. nat. Brasil. p. 192.

†††) S. Lettres edifiantes, am angeführten Orte.

Endlich ſieht Briſſon die weißen Federn der Bruſt, die man bey den Perlhühnern von Jamaika bemerkt hat, als eine fortdauernde Abänderung an, macht aus
ihnen eine beſondere Art, und zeichnet ſie durch dieſe Eigenſchaft aus *), die aber, wie
wir oben geſehen haben, ſowohl denen von St. Domingo, als denen von Jamaika zukommt.

Ohne Rückſicht auf die Unähnlichkeiten, welche den Naturforſchern, mehrere
Arten Perlhühner anzunehmen, hinlänglich gedäucht haben, finde ich, bey Vergleichung der durch verſchiedene Schriftſteller herausgegebenen Beſchreibungen und
Figuren, noch viele andere Abänderungen, welche eine ziemlich ſtarke Unbeſtändigkeit,
ſowohl in der innern als äußern Form dieſes Vogels anzeigen, und beweiſen, daß ſolche
immer ſehr geneigt ſind, den Einfluß von äußerlichen Dingen anzunehmen.

Friſchens und einiger andern Perlhuhn **), hat einen weißlichen Helm und
Füße. Der Vorkopf, der Zirkel um die Augen, die Seiten des Kopfs und des
Halſes am obern Theile, ſind weiß und aſchgrau. Es hat noch weiter unter der Kehle einen rothen Fleck in Geſtalt eines halben Monds, weiter unten eine
ſehr breite ſchwarze Halskrauſe, am Hinterkopf nur wenig dünne Faſern und nicht eine
einzige weiße Schwungfeder in den Flügeln. Hierdurch entſtehn ſo viele Abänderungen,
durch welche die Perlhühner dieſer Schriftſteller ſich von dem unſrigen unterſcheiden.

Das Markgraviſche hatte einen gelben Schnabel ***). Des Briſſon
ſeines war da, wo der Schnabel dicke iſt, roth, und an der Spitze hornfarbig †.)
Die Mitglieder der Akademie haben an der Wurzel des Schnabels einen kleines Federbüſchel, welcher aus zwölf bis funfzehn ſteifen, vier Linien langen Federn
beſtund ††), gefunden. Dieſer Büſchel findet ſich nur an denen von Sierra
Liona, von denen ich oben gehandelt habe.

Cajus ſagt, daß des Weibchens Kopf ganz ſchwarz, und dieß das einzige
Unterſcheidungszeichen wäre, wodurch es ſich vom Männchen auszeichne †††).

Aldros

*) S. Briſſon Ornithol. 4to. T. I. p. 180.
und in 8vo. T. I. p. 50. Meleagris pectore
albo.

**) Das Männchen und Weibchen haben
in ihren Federn einerley Zeichnung und einerley Weiße um die Augen, und unterwärts
einerley Röthe. S. Hiſt. nat. des Oiſeaux
de Belon, p 247. — Ad latera capitis albo,
ſagt Markgrav. Hiſt. nat. Braſil. p. 192. —
Der Kopf, ſagt der Jeſuit Margat, iſt mit
einer ſchwammichten, rohen und faltigen

Büffon Vögel III. B.

Haut überkleidet, deren Farbe weißbläulich
iſt. S. Lettres édif. Recueil XX. pag 362.
u.ſ.

***) Roſtrum flauum, Marcgr. l. c.

†) S. Ornithol. T. I. p. 180.

††) S. Memoires ſur les animaux, P. II.
p. 81.

†††) Caius bey dem Gesner de Au. p. 481.
O

Aldrovand hingegen behauptet, daß des Weibchens Kopf die nämliche Farbe. als des Männchens ſeiner habe. Nur des Weibchens Helm wäre niedriger und ſtumpfer *).

Robert ſpricht ihm den Helm gar ab **).

Dampier und Labat verſichern, daß man bey ihm dieſe rothen Bärte und rothen Fleiſchwarzen gar nicht fände, die bey dem Männchen um die Oeffnung der Naſenlöcher herumſtehn ***).

Barrere ſagt, alles dieſes wäre bey dem Weibchen bläſſer als bey dem Männchen †), und die Haare am Hinterkopf wären dünner, ſo etwa, wie man ſie auf der 126. Kupfertafel im Friſch findet.

Schlüßlich haben die Mitglieder der Akademie, bey einigen Perlhühnern dieſe Faſern am Hinterkopfe, eines Zolls hoch gefunden, dergeſtalt, daß ſie gleichſam einen kleinen Federbuſch hinten am Kopfe ausmachten ††).

Unter allen dieſen Abänderungen würde es ſchwer ſeyn, diejenigen auszuſondern, welche weſentlich und beſtändig genug ſind, um unterſchiedene Arten daraus zu machen. Da ſie aber ſonder Zweifel alle noch ſehr neu ſind, ſo würde es vernünftiger ſeyn, ſie blos als Würkungen anzuſehn, welche alltäglich noch aus dem häuslichen Zuſtande, aus der Veränderung des Himmelsſtrichs, aus der Natur der Fütterung, u. ſ. w. entſtehen. Man müßte ſie dennach nur deswegen beſchreiben, um die Grenzen der Abänderungen anzuzeigen, denen gewiſſe Eigenſchaften des Perlhuhns unterworfen ſind, und, um ſo viel als möglich die Urſachen, von welchen ſie hervorgebracht worden ſind, zu entdecken, ſo lange bis daß dieſe Abänderungen die Zeitprobe ausgehalten, und die Dauer, deren ſie fähig ſind, an ſich genommen hätten, und elsdann zu Kennzeichen wircklich unterſchiedner Arten dienen könnten.

Das Perlhuhn hat einen ausgezeichneten Zug der Aehnlichkeit mit dem Kalekutiſchen Hahne darinnen, deß es weder auf dem Kopfe noch an dem obern Theile des Halſes Federn hat. Dieſes hat verſchiedenen Geſchichtſchreibern der Vögel,

*) S. Aldrou. Ornith. T II. p. 336.

**) S. Voyages de Roberts au Cap-verd et aux Isles etc. p. 402.

***) S. Nouveau Voyage de Dampier, T. VI. p. 11. Es iſt wahrſcheinlich, daß der kurze und ſehr hochbreite Kamm, von welchem der Pater Charlevoix redet, nichts anders als die Fleiſchwarzen ſind. S. deſſen rtſl. de l'isle Eſ. agnole, Tom. I. p. 28. u. ſ. w.

†) Barrere Ornithol. Specim. Claſſ. IV. Gen. III Spec. 6.

††) S. Memoires ſur les animaux, P. II. p. 80.

gel, als dem Belonius *), Gesner **), Aldrovand ***) und Klein ****), Anlaß gegeben, den Truthahn für den Meleagris der Alten anzunehmen. Aber außer
den zahlreichen und auffallenden Ungleichheiten, welche sich so wohl zwischen diesen
beyden Gattungen, als auch unter dem, was wir an dem kalekutischen Hahne wahrnehmen, und dem, was die Alten von dem Meleagris †) gesagt haben, finden;
ist es, um die Unrichtigkeit dieser Muthmaßung ins Licht zu setzen, hinlänglich, daß
man sich der Beweise erinnert, welche ich in dem Artikel von dem kalekutischen
Hahne festgesetzt habe: daß nämlich dieser Vogel, Amerika insonderheit eigenthümlich zugehört, daß er schwer fliegt, gar nicht schwimmt, und daß er folglich
über die ungeheure Strecke des Meers, welche Amerika von unserm festen Lande
absondert, nicht hat übersetzen können.

So scheint es auch, daß der Name Knorrhaan ebenfals aus Irrthum sich in
die Liste der Benennungen des Perlhuhns, die Brisson ††), mit Anführung des
Kolbe †††) giebt, eingeschlichen habe. Ich gebe wohl zu, daß die Figur, welche

O 2   der

*) *Belon Hist. nat. des Oiseaux*, p. 248.

**) *Gesner de Avib.* p. 480. etc.

***) *Aldrov. Ornith.* L. XIII. p. 36.

****) *Klein Prodrom. Historiae Avium*, p. 112.

†) Der Meleagris war so groß als ein
Huhn von guter Art, hatte auf dem Kopfe
eine schwülichte Erhabenheit. Das Gefieder war mit weißen Flecken gezeichnet; die
den Linsen ähnlich, aber größer waren. An
dem obern Theile des Schnabels hiengen
zwen Läppchen, der Schwanz hieng herunter, der Rücken war rund, zwischen den
Zeen hatte er Häutchen, aber keine Sporen
an den Füßen; er hielt sich gerne in Sümpfen auf und hatte gar keine Zuneigung für
seine Jungen. Lauter unterscheidende Züge, die
man bey dem kalekutischen Hahne vergeblich
suchen würde. Hingegen hat derselbe zween
sehr auffallende, die man in der Beschreibung des Meleagris nicht antrift, nämlich,
den Büschel harter Haare, der unten am
Halse hervorsteht, und die Art, seinen
Schwanz auszubreiten und ein Rad zu machen, wenn er um sein Weibchen herumgeht.
A. d. V.

††) *Brisson Ornith.* T. I. p. 177.

†††) S. *Description du cap de Bonne-espe-
rance*, T. III. p. 169. oder Kolbens Vorgebürge der guten Hoffnung. Frankf. 1745.
4to. p. 400. n XIV. Unter den wilden vor-
gebürgischen Vögeln ist auch eine Art, deren
Männchen von den Europäern daselbst
Knorrhahn, das Weibchen Knorrhenne
genennt wird. Sie dienen andern Vögeln
statt einer Schildwache, denn so bald sie einen
Menschen sehen, schreyen sie aus aller Macht.
Ihr Laut scheint sehr dem Worte Krack zu
gleichen. Auf dieses Zeichen fliegen alle Vögel in der Nachbarschaft von hinnen, und
ruhen eher nicht, bis sie weit genug sich entfernt haben.
Der Knorrhahn ist so groß, als ein gemeines Huhn; sein Schnabel ist kurz und so
schwarz, wie die Federn auf dem Kopfe, der
übrige Körper mit roth, weiß und Aschfarbe
besprengt. Die Beine sind gelb, die Flügel
klein in Verhältniß gegen den Körper, folglich kann er weder hoch noch weit fliegen.
Er wohnt ordentlich im Gebüsche an abgelegenen Orten. Ins Gebüsche bauet er sein
Nest, worinnen man aber niemals mehr als
zwey Eyer findet. Sein Fleisch ist gut genug, doch wird es von dem Fleische der
Hausthiere im Geschmack übertroffen.

der Knorr-haan in Kolbes Reisebeschreibung vorstellt, nach der afrikanischen Henne des Markgravs, wie Brisson sagt, gezeichnet worden ist; aber dieser Verfasser wird mir auch eingestehn, daß man in einem Vogel, der nach Kolben eigentlich dem Vorgebürge der guten Hoffnung zugehört, schwerlich das Perlhuhn erkennen kann, welches durch ganz Afrika ausgebreitet, und auf dem Vorgebürge rarer, als sonst irgendwo ist. Noch schwerer ist es bey diesem den kurzen, schwarzen Schnabel, die Federkrone, die rothe Mischung in der Farbe der Flügel und des Körpers zu finden. Auch kann man nicht sagen, daß es nur zwey Eyer lege, welches alles Eigenschaften sind, die Kolbe der Knorrhenne beylegt.

Obgleich das Gefieder des Perlhuhns nicht sehr bunt und prächtig ist, so ist es doch gleichwohl sehr unterscheidend. Auf einem bald mehr, bald weniger graubläulichen Grunde, sind ziemlich regelmäßig eingewebte weiße, mehr oder weniger runde Flecken, die den Perlen ähnlich sind. Aus diesem Grunde haben einige neuere Schriftsteller, diesem Vogel den Namen des Perlhuhns *), und die Alten die Namen des bunten und getröpfelten Huhns **) gegeben. So war das Gefieder des Perlhuhns, wenigstens unter seinem einheimischen Himmelsstriche beschaffen. Seitdem es aber in andere Gegenden versetzt worden ist, hat es mehr Weißes angenommen, welches die Perlbühner mit der weißen Brust in Jamaika und St. Domingo, und die völlig weißen, deren Edward erwähnt ***), bezeugen. Auf diese Art ist die weiße Brust, aus welcher Brisson ein Merkmal einer Abänderung gemacht hat, nur eine angefangene Veränderung der natürlichen Farbe, oder es ist vielmehr nur ein Uebergang von dieser Farbe zur völlig weißen.

Die Federn in dem mittlern Theile des Halses sind sehr kurz; an der Stelle, welche an den Obertheil des Halses stößt, hat es gar keine. Nach unten hin werden sie immer länger bis zur Brust, wo sie fast drey Zoll haben.

Diese Federn sind von ihrer Wurzel bis ohngefehr in ihre Mitte pflaumartig, und dieser pflaumartige Theil wird von den Spitzen der Federn der vorigen Reihe bedeckt, welche aus festen in einander gefügten Bärten bestehen †).

Das

*) E. Frisch Tab. 126. — Klein Hist.
Auib. Prodr. p 3.

**) Martial. Epigramm Varia und guttato.

***) G. Glavares d'Edwards, Tom III.
p 260 Seitdem sich in England die Perlhühner vermehrt haben, hat sich ihre Far

be verändert. Bey einigen hat sich weiß
eingemischt, andere sind von einer hellen
Perlfarbe, doch aber mit Beybehaltung der
Flecken; noch andere sind völlig weiß.
A. d. V.

†) Memoir. pour servir à l'hist. des Anim.
T. II. p. 81.

Das Perlhuhn hat kurze Flügel, und einen hangenden Schwanz, wie das Rebhuhn, dadurch und durch die Stellung ihrer Federn, haben sie ein bucklichtes Ansehen (genus gibberum Plinii) bekommen. Aber dieser Buckel ist nur scheinbar, und man findet keine Spuhr mehr davon, wenn man den Vogel gerupft hat [a]).

Es hat die Größe einer gemeinen Henne, und die Gestalt des Rebhuhns, daher es auch den Namen des Rebhuhns aus der neuen Welt bekommen hat [b]). Nur hat es höhere Beine, und oberwärts einen längern und dünnern Hals.

Die Läppchen fangen sich an dem obern Theil des Schnabels an, und haben nicht beständig einerley Form. Bey einigen sind sie eyförmig, bey andern dreyoder viereckicht. Die Weibchen haben sie roth und die Männchen bläulicht, welches nach der Meynung der Mitglieder der Akademie [c]) und Brissons [d]), der einzige Unterschied unter den beyden Geschlechtern seyn soll. Hingegen haben andere Schriftsteller, wie wir oben gesehen haben, noch andere Unterschiede angewiesen, die sie von den Farben der Federn [e]), von dem Läppchen [f]), von dem schwülichten Knoten auf dem Kopfe [g]), von den Warzen an den Nasenlöchern [h]), von der Größe des Körpers [i]), von den dünnen Fasern am Hinterkopfe [k]), u. s. w. hergeleitet haben. Es kann seyn, daß diese Abänderungen wirklich von dem Unterschiede des Geschlechts herrühren, es ist aber auch möglich, daß man sie, vermöge eines sehr gewöhnlichen logikalischen Fehlers, dem ganzen Geschlechte, zugeschrieben hat; da sie doch blos zufällig wäre und aus ganz sehr verschiedenen Ursachen statt finden könnten.

Hinter den Läppchen sieht man auf beyden Seiten des Kopfs die sehr kleine Oeffnung der Ohren, welche sich bey den meisten Vögeln mit Federn besetzt findet, bey diesen aber blos ist. Eine Eigenthümlichkeit des Perlhuhns ist der schwülichte Knoten; diese Art Helm, der sich auf dem Kopfe erhebt, welchen Belon sehr unrecht mit dem Knoten, oder vielmehr mit dem Horn der Giraffen [a]) vergleicht. Seine Gestalt gleicht dem Gegenabdruck des Fürstenhuths des venetianis

O 3

[a]) Lettres édif. Rec. XX. l. c.

[b]) Belon Hist. nat. des Oiseaux, p. 247.

[c]) S. mehrangeführte Mémoires etc. p. 83.

[d]) Ornithol. T. I. p. 179.

[e]) Caius bey Gesnern de Auib. P. 48.

[f]) Kolumella, Frisch, Dampier, u. a. m.

[g]) Aldrovand, Roberts, Barrere, Dalechamp u. s. w.

[h]) Barrere, Labat, Dampier x.

[i]) Frisch.

[k]) Frisch und Barrere u. s. w.

[a]) Belon Nature des Oiseaux, p. 247.

tianischen Dogen, oder, wenn man lieber will, einem solchen verkehrt aufgesetztem Hute *). Bey einigen leidet die Farbe eine Abänderung und geht vom Weissen durch Gelb und Braun in das Röthliche über **). Seine innerliche Substanz ist wie verhärtetes schwülichtes Fleisch. Dieser Kern ist mit einer trockenen und faltigen Haut überzogen, welche sich über den Hinterkopf und über die Seiten des Kopfs herzieht, bey den Augen aber ausgezackt ist ***). Diejenigen Naturforscher, welche Endursachen ⁾ glauben, haben auch hier nicht ermangelt, vorzugeben, daß diese Schwiele ein würklicher Helm, eine den Perlhühnern verliehene Schutzwehr sey, die sie wider ihre wechselseitigen Angriffe schützen sollte, weil es unverträgliche Vögel, mit einem sehr starken Schnabel und sehr schwacher Hirnschale sind †).

Die Augen sind groß und bedeckt. Ihr oberes Augenlied hat schwarze, lange emporstehende Haare, die krystallinische Feuchtigkeit ist inwendig mehr gewölbförmig als auswendig ††).

Perrault versichert, daß ihr Schnabel dem Hühnerschnabel gleiche, hingegen macht ihn der Jesuit Margat dreymal grösser, sehr hart und zugespitzt. Die Klauen sind, nach dem Pater Labat, auch spitzer. Aber doch stimmen die alten und neuern Schriftsteller darinnen alle überein, daß es an den Füßen keine Sporen habe.

Ein zwischen dem gemeinen Huhn und dem Perlhuhn zu bemerkender und beträchtlicher Unterschied ist der Darmkanal, welcher in dem letztern verhältnißmäßig weit kürzer ist, und den Mitgliedern der Akademie zu folge, nur drey Fuß lang ist, aber ohne die Blinddärme, deren jeder sechs Zoll hat. Diese erweitern sich von ihrem Ursprung an, und bekommen wie die andern Därme, ihre Gefäße aus dem Gekröse

---

*) Wegen dieses Horus hat Linne das Perlhuhn bald gallus vertice corneo Syst. nat. Edit. VI. bald Phasianus vertice calloso Ibid. Edit. X. genannt. A. d. V.

**) Weißlich ist sie auf der Frischischen 126sten Kupfertafel; wachsfarbig dem Belon zu folge, S. 247. braun, nach dem Markgrav; rothbraun, nach dem Perrault; röthlich auf unserer Platte.

***) S. Memoires sur les Anim. Tom. II. p. 82.

⁾ Abermals ein Ausfall wider die Philosophen und Naturforscher, welche die Causas finales vertheidigen, von welchen der

Herr Graf und andere Franzosen nichts halten. Der Herr Graf hat schon im zweyten Theile dieses Werks darwider geschrieben, und Herr Kästner hat ihn in einer Anmerkung widerlegt. (S. Allgem. Naturgesch. Th. I. B. II. S. 41 dieser Ausgabe.) Ich wenigstens finde keine Ungereimtheit darinnen, den Gang der Natur zu betrachten und die Absichten des Schöpfers, so viel es unsrer Schwäche möglich ist, zu errathen, ja es ist dieses wohl eine der vornehmsten Pflichten eines philosophischen Naturforschers.   A. d. Ueb.

†) Aldrovand. Ornithol. T. II. p. 37.

††) Mem. sur les Anim. P. II. p. 87.

Gekröſe; der weiteſte Darm iſt der Zwölffingerdarm, welcher mehr als acht Linien im Durchmeſſer hält. Der Magen iſt wie ein Hühnermagen, und man findet in ihm ebenfalls kleine Kieſel, und manchmal gar weiter nichts als dieſe. Dieß trift wahrſcheinlich alsdenn ein, wenn das Thier aus Entkräftung geſtorben iſt, und ſeine letzten Tage ohne Freſſen zugebracht hat. Die innere Magenhaut iſt ſehr faltig, hängt nur wenig mit der Nervenhaut zuſammen, und iſt von einer dem Horn ähnlichen Subſtanz.

Der Kropf hat, wenn er aufgeblaſen iſt, die Gröſſe einer geballten Fauſt. Der Kanal zwiſchen dem Kropf und Magen iſt von einer härtern und weiſſern Subſtanz, als der Kanal, welcher vor dem Kropfe hergeht, und hat bey weitem nicht ſo viele ſichtbare Gefäße.

Der Schlund geht längs dem Halſe hin zur Rechten der Luftröhre *). Dieß rührt ohne Zweifel davon her, daß der Hals, wie ich erwähnt habe, ſehr lang iſt, und ſich alſo öfterer gerade vor ſich, als auf die Seiten biegt. Daher wird der Schlund durch die Luftröhre, deren Ringe hier gänzlich, wie bey den meiſten Vögeln knochicht ſind, gedrückt und auf die Seite geſchoben, wo er den wenigſten Widerſtand findet.

Dieſe Vögel ſind in der Leber und Milz ſtarken Verhärtungen unterworfen. Man hat ſo gar einige ganz ohne Gallenbläſe geſehen, in welchem Falle aber der Lebergang ſehr groß war; auch einige die nur einen Hoden **) hatten. Ueberhaupt ſcheint es, daß die innwendigen Theile eben ſo wohl, als die äußern mancher Aenderungen fähig ſind.

Ihr Herz iſt mehr, als bey den Vögeln gewöhnlich ***) zugeſpitzt, aber die Lungen ſind wie gewöhnlich gebaut. Bey einigen hat man, wenn man, um die Lungen und Luftzellen in Bewegung zu ſetzen, in die Luftröhre bließ, wahrgenommen, daß der Herzbeutel, der ſchlaffer als gewöhnlich zu ſeyn ſchien, eben ſo wie die Lungen aufſchwoll †).

Ich will noch eine anatomiſche Anmerkung beyfügen, welche eine Beziehung auf das gewöhnliche Geſchrey, und auf die Stärke der Stimme des Perlhuhns haben kann; nämlich, daß an die Luftröhre in der Höhlung der Bruſt, zwey kleine muſculöſe Bänder, die einen Zoll lang, und zween Drittel einer Linie breit ſind, ſich auf jeder Seite anſetzen ††).

Das

---

*) S. Memoires pour ſervir. P. II. p. 84. etc.

**) Idem, ibid p. 84.

***) Memoires pour ſervir. P. II. pag. 86. u. f. w.

†) Hiſt. des l'academie des ſciences, Tom. I. p. 155.

††) Mem. pour ſervir etc. am angeführten Orte.

Das Perlhuhn ist in der That ein stark schreyender Vogel, und Browne *) hat ihn nicht ohne Grund den Schreyhahn genennt. Sein Geschrey ist scharf und durchdringend, und auf die Länge wird es so lästig, daß die meisten amerikanischen Kolonisten, ohngeachtet sein Fleisch ein vortreffliches Essen ist, und über alles gewöhnliche Geflügel geht, doch sich ihn aufzuziehen begeben haben **). Die Griechen hatten einen besondern Ausdruck für dieß Geschrey ***). Aelianus sagt, daß der Meleagris seinen Namen ausrufe ****), und Cajus, daß sein Geschrey dem Rebhühnergeschrey nahe käme, ob es gleich nicht so helle wäre †). Belon hingegen verglich es mit dem Pipen ohnlängst ausgekrochner jungen Küchlein; doch sagt er ausdrücklich, daß es dem gemeinen Hühnergeschrey gar nicht gliche ††). Deswegen weis ich nicht, warum Aldrovand †††) und Salerne ††††) ihm das Gegentheil angedichtet haben.

Das Perlhuhn ist ein lebhafter, unruhiger und ungestümer Vogel, der nicht gerne an einem Orte bleibt, und sich gern zum Herrn im Hofe aufwirft. Selbst dem kalekutischen Hahne macht er sich fürchterlich, und, da er ihm an Größe nicht gewachsen ist, hintergeht er ihn durch seine Schalkheit. „Das Perlhuhn, sagt „der Pater Margat, hat sich wohl zehnmal umgedreht, und zwanzig Schnabel-„hiebe ausgetheilt, ehe jene große Vögel sich zur Vertheidigung anschickte." Diese numidischen Hühner scheinen jene Art zu kämpfen an sich zu haben, welche der Geschichtschreiber Sallust, den numidischen Reutern beylegt: „Ihr Angriff ist „heftig, und unregelmäßig; finden sie Widerstand, so wenden sie um, aber augen-„blicklich werfen sie sich wieder über den Feind *) her." Man könnte zu diesen Beyspiele noch viele andere fügen, welche den Einfluß des Himmelsstrichs, auf das Naturell der Thiere, eben so wohl als auf das Nationalgenie der Einwohner bezeugen. Der Elephant, z. B. verbindet mit vielen Kräften und Arbeitsamkeit eine Neigung zur Knechtschaft; das Kameel ist arbeitsam, geduldig und mäßig; die englische Dogge entläßt nichts aus ihren Zähnen.

Aelianus erzählt, daß der Meleagris auf gewissen Inseln von Raubvögeln geschenet würde **). Ich aber glaube vielmehr, daß die Raubvögel in allen Gegenden vorzüglich solche Vögel anpacken werden, welche einen weniger starken Schnabel und keinen Helm auf dem Kopfe haben, und weniger geschickt zur Vertheidigung sind.

Das

---

*) *Natural History of Jamaica*, p. 470.
**) *Lettres édifiantes*, Rec. XX. l. c.
***) Κωχχίτω, nach dem Pollux. S. Gesner *de Auib.* p. 479.
****) *de Natura avium*, L. IV. c. 41.
†) *Gesner de Auibus*, p. 481.

††) *Belon Hist. des Ois.* p. 284.
†††) *Ornithol.* T. II. p. 338.
††††) *Salerne Hist. nat. des Oiseaux*, p. 154.
*) S. *Lettres édif.* Rec. XX. l. c.
**) *Ael. Hist. anim.* L. V. c. 22.

Das Perlhuhn gehört unter die Zahl der Staubvögel, welche sich im Staube eingraben, und sich dadurch für den Insekten sichern. Es scharrt auch, wie unsere gemeinen Hühner, in der Erde, und fliegt in großen Schaaren. Man sieht auf der Mayinsel Züge von zwey bis dreyhunderten. Die Einwohner setzen ihnen durch Jagdhunde, und ohne weitere Waffen, als mit Stöcken nach.ª). Da sie kurze Flügel haben, fliegen sie schwer, aber sie laufen sehr geschwind, und halten, nach Belons Bericht, den Kopf empor, wie die Giraffe ªª). Sie setzen sich, um zu schlafen, des Nachts, auch manchmal bey Tage, auf Mauern, Zäune, ja selbst auf Dächer von Häusern und auf Bäume. Sie sind, sagt Belon ferner, sorgfältig in Aufsuchung ihrer Lebensmittel ªªª), und in der That mögen sie wohl wegen ihrer kurzen Därme viel verzehren, und mehr nöthig haben, als die Haushühner.

Aus dem Zeugnisse der Alten ªªªª) und Neuern †) und aus den halben Häutchen, welche die Fußzeen vereinigen, erhellet, daß das Perlhuhn ein halber Wasservogel ist. Die Hühner von Guinea, welche ihre Freyheit zu St. Domingo wieder erlangt haben, folgen ebenfals ihrer natürlichen Neigung, und suchen sich vorzüglich die wasserreichen und morastigen Gegenden aus ††).

Wenn man sie jung aufzieht, so werden sie sehr zahm. Brue erzählt, daß er während seines Aufenthalts auf Senegal von einer dasigen Prinzeßin, zwey Perlhühner, ein Männchen und ein Weibchen, zum Geschenk erhalten hätte, die alle beyde so kirre gewesen wären, daß sie von seinem Teller gefressen, und daß sie, da er ihnen die Freyheit ans Ufer zu fliegen ließ, auf den Glockenlaut, welche das Mittags- und Abendessen ankündigte †††) richtig auf das Fahrzeug zurück gekommen wären. Moore sagt, sie wären so wild als die englischen Fasanen ††††).

Aber

ª) Dampier nouveau Voyag. autour du monde, T. IV. p. 23. It. le Voyage du Brue in der la nouvelle relation de l'Afrique occidentale, von Labat.

ªª) Belon Hist. nat. des Ois. p. 248.

ªªª) Seve hat, indem er den Perlhühnern Brod hinwarf, bemerkt, daß, wenn eine ein größer Stück nahm, als sie gleich verschlucken kunnte, sie es mit sich fortnahm, und den Pfauen und andern Geflügel entfloh, die sie nicht loslassen wollten. Um ihrer los zu werden, verscharrte sie das Stück Brod in den Mist, oder in die Erde, wo es von ihr einige Zeit hernach wieder gesucht und angefressen wurde.

Büffon Vögel III. B.

ªªªª) Plinii Hist. nat. L. XXXVII. c. 2: It. Klytus von Milet bey dem Athenäus L. XIV. c. 26.

†) S. Gesner de Auibus, p. 478. Frisch, l. c. Lettr. édifiantes, XX. Rec. l. c.

††) S. Lettres édif. Ibid. — Ich gieng in ein kleines Gebüsche nahe an einem Sumpf, in welchen ganze Schaaren Perlhühner waren, sagt Adanson in seiner Reise nach Senegal, p. 76.
A. d. V.

†††) Troisieme Voyage de Brue, durch Labat.

††††) Hist. generale des Voyages, T. III. p. 310.

Aber ich zweiſte, daß man ſo zahme Faſanen je geſehen, als die zwey Perlhühner des Brüe waren. Ein Beweis, daß die Perlhühner nicht ſehr ſchüchtern ſind, iſt dieſer, daß ſie ſelbſt in dem Augenblick, da ſie gefangen werden *) ſind, das ihnen gereichte Futter annehmen. Alles wohl überlegt, dünkt es mir, daß ihre Natur-triebe mehr der Rebhühner, als der Faſanen ihren ſich nähern.

Das Perlhuhn legt und brütet faſt, wie die gemeine Henne. Ihre Frucht-barkeit ſcheint aber in den verſchiedenen Himmelsſtrichen nicht einerley zu ſeyn, we-nigſtens iſt ſie doch größer im häuslichen Zuſtande, wo ſie vollauf Futter hat, als im wilden Zuſtande, wo ihre Nahrung nicht ſo reichlich, und folglich auch mit or-ganiſchen Theilchen weniger verſehen iſt *).

Man hat mir verſichert, daß es auf der *Iſle de France* wild ſey, und da-ſelbſt, acht, zehn bis zwölf Eyer auf der Erde im Holze legt, anſtatt daß die zahmen auf St Domingo, welche auch die dickſten Zäune und Sträucher zur Verwahrung ihrer Eyer ausſuchen, deren hundert bis hundert und funfzig legen; nur muß immer eins im Neſte liegen bleiben **).

Dieſe Eyer ſind nach dem Verhältniſſe kleiner, als der gemeinen Henne ihre, und haben auch eine weit härtere Schale. Es giebt aber einen merkwürdigen Unterſchied unter den Eyern des zahmen und wilden Perlhuhns. Die letztern ha-ben kleine runde Flecken, wie die an ihrem Gefieder, die auch des Ariſtoteles Auf-merkſamkeit nicht entgangen ſind ***). Hingegen die von einem zahmen, ſind an-fänglich hochroth, werden nachher etwas dunkler, und endlich, wenn ſie kalt werden, bekommen ſie Roſenfarbe. Sollte dieß, wie mir Hr. Fournier verſichert hat, welcher viele aufgezogen, richtig ſeyn, ſo müßte man daraus ſchlieſſen, daß der Einfluß des häuslichen Zuſtandes, hier ſtark genug würkt, um nicht nur die Farbe des Gefie-ders, wie wir oben geſehen haben, ſondern auch die Farbe des Stofs, woraus die Eyerſchale gemacht iſt, zu verändern. Da nun dieſes bey den andern Gattungen nicht geſchieht, ſo iſt es noch ein Grund mehr, warum man die natürlichen Eigen-ſchaften des Perlhuhns, als veränderlicher, und mehr der Abänderung unterworfen, anſehen kann, als der andern Vögel ihre.

Dieß

---

*) *Longolius apud Geſnerum,* p. 479.

*) Ich glaube nicht, daß die Frucht-barkeit mit dem Ueberfluſſe der Nahrung im Verhältniß ſtehet. Finden wir nicht ſehr viel entgegen geſetzte Beyſpiele von Thieren, welche ſich in der Gefangenſchaft, wenn ſie auch noch ſo gut gewähret und abgewartet werden, nicht oder doch nur ſelten fortpflanzen,

z. B. die Löwen, Tyger u. ſ. w. Dieſe Bemer-kung ſcheint aber dem Herrn Graf von Büf-fon, aus Liebe zu ſeinen organiſchen Theilchen, entſchlüpft zu ſeyn.

A. d. Ueb.

**) *Lettres édif.* Rec XX.

***) *Hiſt. anim.* L. VI. c. 2.

Es ist noch ein unaufgelößtes Problem: ob das Perlhuhn sich seiner Brut sorgfältig annehme oder nicht? Belonius bejahet es ohne Einschränkung *), und Frisch ebenfals in Ansehung der großen Art, die sich gerne in trocknen Gegenden aufhält; hingegen versichert er, daß das Gegentheil bey der kleinen Art wahr sey, die gerne in Sümpfen lebt. Aber die meisten Zeugnisse sagen, daß es gegen seine Jungen sehr gleichgültig sey. Der Jesuit Margat berichtet uns, daß man ihnen auf St. Domingo, ihre Eyer selbst zu brüten, nicht verstattet, weil sie sich ihrer nicht sorgfältig annehmen, sondern ihre Jungen oft verlassen. Man läßt sie lieber von Truthühnern oder gemeinen Hühnern ausbrüten **).

Wie lange die Brütung wähet, davon finde ich nichts. Aber nach der Größe des Vogels, und nach der Kenntniß der Gattung, womit er die meiste Aehnlichkeit hat, zu schliessen, kann man drey Wochen, mehr oder weniger, in Rücksicht auf die Wärme der Jahrszeit, des Himmelsstriches, des fleißigen Sitzens der Brüthenne, u. s. w. annehmen.

Anfänglich haben die jungen Perlhühnchen keine Läppchen, und ohne Zweifel auch keinen Helm. Zu der Zeit sehen sie, in Ansehung des Gefieders, der Farbe an den Füßen und Schnabel, den rothen Rebhühnern ähnlich, und man kann die jungen Hähnchen von den alten Hühnern ***) nicht gar leicht unterscheiden. Es ist auch bey allen Gattungen so, daß die ausgewachsenen Weibchen, den zarten Männchen gleichen.

Die jungen Perlhühner sind sehr zärtlich, und es hält sehr schwer, sie in unsern nördlichen Landen aufzuziehen, da sie ursprünglich in den heissen afrikanischen Himmelsstrichen zu Hause sind. Ihre Nahrung ist Hirse, so wie sich auch die alten, nach Aussage des Pater Margat †), auf St. Domingo, davon ernähren. Auf der Mayinsel hingegen nähren sie sich von Heuschrecken und Erdwürmern, die sie sich selbst durch Scharren mit ihren Klauen ††) aus der Erde suchen. Frischs Aussage zu folge, leben sie von allerhand Körnern und Insekten †††).

P 2   Der

---

*) Belon. Hist. nat. des Oiseaux. Sie sind sehr fruchtbar und emsig ihre Jungen zu füttern.

**) Lettres édif. Recueil XX. l. c.

***) Dieses hat mir Fournier versichert, den ich oben angeführt habe.

†) Lettres édif. Rec. XX. l. c.

††) Nouveau Voyage autour du monde de Dampier, T. IV. p. 22. — Labat, T. II. p. 326. T. III. p. 139.

†††) Frisch, 126. Platte.

Der Perlhahn gattet sich auch mit der Haushenne; dieß ist aber eine Art künstlicher Erzeugung, die Behutsamkeit erfodert. Die vornehmste Kautel ist, daß man sie zusammen aufzieht. Die Bastarde, welche aus dieser Vermischung entspringen, sind eine Art unvollkommner Maulesel, die, so zu sagen, selbst von der Natur nicht für eines ihrer Produkte erkannt werden, und sich auch, da sie blos taube Eyer legen, bis jetzt regelmäßig nicht haben fortpflanzen können *)

Die zahmen Perlhühner schmecken sehr gut, und geben den Rebhühnern keinesweges etwas nach. Die wilden von St. Domingo aber, sind ein ausgesuchtes Gericht, das über den Fasan geht.

Die Eyer des Perlhuhns, sind auch ein sehr gutes Essen.

Wir haben gesehen, daß dieser Vogel afrikanischen Ursprungs ist, und eben daher hat er die Namen des afrikanischen, numidischen, ausländischen, des barbarischen, des tunischen, mauritanischen, lybischen, guineischen, — (daher der Name Guinette gekommen ist) — des ägyptischen, des Pharaons und des jerusalemischen Huhns, bekommen. Einige Mahomeraner waren auf den Einfall gerathen, sie unter dem Namen jerusalemischer Hühner auszubieten, und verkauften sie an die Christen **) so theuer sie wollten. Da aber diese den Betrug merkten, so verkauften sie sie einfältigen Muselmännern mit Vortheil wieder, unter den Namen mekkischer Hühner.

Man findet sie auf der Isle de France und Isle de Bourbon ***), wo sie ganz neuerlich hin versetzt worden sind, und sich sehr vermehrt haben ****). Zu Madagaskar sind sie unter dem Namen Acauques bekannt *****), zu Kongo unter dem Namen Auotele †). Sie sind sehr häufig auf Guinea ††), auf der Goldküste, wo sie blos im Lande Akra zahm gehalten werden †††); in Sierra Liona ††††), in Senegal †††††), auf der Insel Gorea *), auf dem grünen Vorgebürge, in der Barbarey, in Aegypten **) Arabien ***) und in Syrien †). Ob es welche auf den kanarischen Inseln oder auf Madera giebt, davon wird nichts erwähnt. Le Gentil berichtet, daß er zu Java Perlhühner gesehen habe,

*) Nach Feurniers Aussage.
**) Longolius apud Gesn. de Au. p. 479.
***) Aublet.
****) Voyage autour du monde de la Barbinais le Gentil, T. XI. p. 608.
*****) François Cauche, relation de Madagascar, p. 131.
†) Marcgrav Hist. nat. Brasil. p. 192.
††) Margat Lettres édifiantes, l. c.

†††) Voyage de Barbot, p. 217.
††††) Marcgrav. Hist. nat. Brasil. l. c.
†††††) Voyage au Sénégal, de Monf. Adanson, p. 7.
*) Dampier Voyag. autour du monde, T. IV. p. 23.
**) Strabo, L. XVI.
†) Meleagrides sert ultima Syriae regio. Diodor. Sicul.

be *), aber er sagt nicht, ob sie zahm oder wild sind. Ich würde lieber glauben, daß sie zahm, und von Afrika nach Asien gebracht worden wären, eben so wie man sie nach Amerika und Europa gebracht hat. Da sie aber eines sehr warmen Himmelsstreichs gewohnt waren, so haben sie sich nicht an die kalten Länder, die an die Ostsee stoßen, gewöhnen können, und Linnäus hat ihrer auch in seiner *Fauna Suecica* nicht gedacht. Klein scheint nur nach dem Berichte anderer davon zu sprechen. Auch sehen wir, daß sie zu Anfange dieses Jahrhunderts, in Engelland noch sehr selten gewesen sind **).

Varro berichtet uns, daß zu seiner Zeit die afrikanischen Hühner — so nennt er die Perlhühner — in Rom wegen ihrer Seltenheit sehr theuer verkauft wurden ***). In Griechenland müssen sie zur Zeit des Pausanias weit gangbarer gewesen seyn, weil dieser Schriftsteller ausdrücklich sagt, daß unbemittelte Leute, den Meleagris und eine gemeine Gans, an dem feyerlichen Feste der Isis, gewöhnlich geopfert hätten †). Diesem unbeschadet, muß man doch nicht glauben, daß Griechenland der Perlhühner natürliche Heymath gewesen sey, weil, nach des Athenäus Zeugniß, die Aeolier für die ersten unter den Griechen gehalten wurden, welche die Vögel in ihrem Lande hatten. Auf der andern Seite nehme ich einige Spuren einer regelmäßigen Wanderung, in den Gesechten wahr, welche diese Vögel alle Jahre in Böotien, auf dem Grabe des Meleagris ††) unter sich hielten, ein Umstand der von dem Naturforschern so wohl, als von mythologischen Schriftstellern angeführt worden ist. Davon haben sie den Namen Meleagris erhalten †††), so wie sie Perlhühner, nicht so wohl wegen der Schönheit, als vielmehr wegen der so angenehmen Vertheilung ihrer Farben, mit denen ihr Gefieder gemalt ist, genennt worden sind.

P 3

Zusätze

*) *Nouveau Voyage autour du monde*, T. III. p. 74.

**) *Glanures d' Edwards*, P. III. p. 169.

***) *De Re Rustica*, l. III. c. 9. cf. *Horat.* Epod. II. 53. *Inuenal.* Sat. II. Beyde nennen das Perlhuhn, wenn sie kostbare Gerichte nennen wollen. A. d. V. und M.

†) S. *Gesn. de Auibus*, p. 479. quorum tenuior est res familiaris in celebribus ludis

conuentibus anseres atque aues meleagrides immolant.

††) Simili modo (nempe vt memnonides aues), pugnant meleagrides in Boeotia, *Plin. Hist. nat.* L. X. c. 26.

†††) Die Fabel sagt, daß die Schwestern des Meleagris, verzweifelt über den Tod ihres Bruders, in diese Vögel, welche noch ihre Thränen in den Federn trügen, verwandelt worden wären. A. d. V.

Zuſätze zur Geſchichte des Perlhuhns.

Müller *) beſchreibt das Perlhuhn folgendergeſtalt: Das Perlhuhn iſt weiſſer als ein gemeines Huhn, der Schnabel iſt vollkommen wie an dieſem, zu beyden Seiten iſt eine blaue Haut, die ſich bis an und um die Augen erſtreckt, und daſelbſt ſchwarz wird. Eben dieſe Haut macht auch die Augenlieder aus, verlängert ſich am untern Kiefer und macht die doppelten Lappen der Backen aus, welche bey den Hähnen blau, bey den Weibchen aber roth iſt. Auf dem Wirbel iſt ein hornartiger Auswuchs ſtatt eines Kammes, über welchem eine blasbraune oder röthlichte Haut ſitzt; dieſer Auswuchs iſt länglicht, kegelförmig und ein wenig zurückgebogen. Der obere Hals iſt dünne, und mit ſchwarzen Haarfedern beſetzt, der untere Theil des Halſes iſt vielerfarbig aſchgrau. Die Farbe der Federn iſt über und über ſchwärzlich aſchgrau, und regelmäßig mit kleinen runden weißen Flecken, als mit Perlen beſetzt. Dieſe Flecken ſind auf dem Rücken am kleinſten und am Unterleibe größer; jede Feder iſt mit ſolchen Flecken geſprenkelt. Der äußere Rand der Schwungfedern iſt mit weißen Querſtrichen beſetzt; der Schwanz hängt, wie an den Rebhühnern herunter. Der Schnabel iſt an der Wurzel röthlich, an der Spitze blaß. Die Füße und Nägel ſind bräunlicht grau.

Das Perlhuhn mit weißer Bruſt in Amerika, oder das guineiſche Perlhuhn, welches eben dieſer Verfaſſer angiebt, iſt vermuthlich eine bloße Abänderung, wie ſchon oben erinnert worden.

D. Pallas **) ſetzt zu der Linneiſchen Gattung noch zwo wahre Gattungen hinzu. Die Linneiſche, welche bey dem Ritter *Numida Meleagris* heißt, nennt er *Numidam galeatam*. Er beſtimmt mit vieler Beleſenheit in den Alten, das Geſchlecht und Vaterland der *Meleagris* der Alten, und beweiſt, daß dieſer Name bey ihnen allemal die Numida der Neuern oder das Perlhuhn anzeige. Die Beſchreibung des Klytus bey dem Athenäus ***), die er anführt, iſt genau und entſcheidend. Von dieſer Stelle geht er auf eine andere Stelle des Kolumella †) über, in welcher dieſer alte Oekonom eine andre Gattung erwähnt: *Gallinam*, quam nonnulli *Numidicam* dicunt, *Meleagridi* ſimilem. Dieſe Gattung beſchreibt Pallas unter dem Namen *Numida mitrata*.

Die Größe ſetzt er der Größe des Perlhuhns gleich. Er hat nur wenig Stücke davon geſehen, und daher nicht einmal eine Kupfertafel davon liefern können,

*) Müllers Linn. Naturſ. Th. II. S. 476.

**) *Pallas* Spicileg. Zoolog. Faſc. IV. p. 10.

***) *Athenaeus* deipnoſoph. l. XX. p. 655. edit Lugdun.

†) *Columella* de re ruſtica, l. VIII. c. 2.

nen, sondern nur blos den Kopf stechen laßen. Er weiß von der außerordentlichen Seltenheit dieser Gattung, keine Ursache anzugeben. Der Helm auf dem Kopfe ist weiß, aber kleiner als bey dem gewöhnlichen Perlhuhn, auch ist dieser Helm roth, welches Kolumella als ein Unterscheidungszeichen seiner Numida von seinen Meleagris anführt. Der ganze Scheitel ist, so wie der Umfang des Schnabels, schmuzig dunkelroth.

Die Winkel des Schnabels sind an beyden Seiten in länglicht zugespitzte herabhängende rothe Fortsätze verlängert, welche bey den Hähnen etwas größer sind als bey den Hühnern. Unter der Kehle sieht man eine länglichte, halbrunde Falte oder Wamme, wodurch sich diese Gattung dem Truthahngeschlechte zu nähern scheint.

Der Körper dieses Perlhuhns ist schwarz. Die Federn haben unten am Halse Querstreifen, am übrigen Körper sind sie punktirt, und die Schwungfedern haben, wie am gewöhnlichen Perlhuhne, einige Reihen fast zusammenlaufender Punkte. Die Farbe ist schwärzer und die perlartigen Flecke größer, als bey dem eigentlichen Perlhuhn. Der Schnabel ist gelb, die Füße schwärzlicht.

Der sel. D. Martini, welcher diesen Auszug aus dem Pallas seiner Ueberſetzung gleichfals beygefügt hat, nennt diese Numida mitrata, das kleinhelmichte Perlhuhn. Sie soll in Madagaskar und Guinea einheimisch seyn.

Eine andre Gattung, die wir eben diesem großen Naturforscher zu danken haben, und die er am angeführeten Orte beschreibt, ist Numida cristata. Der berliner Uebersetzer hat sie das buschichte Perlhuhn genennt. Sie kommt aus Ostindien in die holländischen Thiergärten, und ist von dem gewöhnlichen Perlhuhne an Größe und Farbe unterschieden. Erstere ist die mittlere zwischen dem Rebhuhn und dem gewöhnlichen Perlhuhne. Der Schnabel ist hornfarbig, und hat eine Afterwachshaut (cerum spurium.) in welcher die Nasenlöcher lanzenförmig, der Länge nach eingeschnitten stehen, und oben durch einen Knorpel geschlossen werden.

Diese Art Perlhühner haben keinen Lappen an den Backen, oder der Kehle, sondern es hängt nur eine länglichte Falte von den Winkeln des Schnabels etwas hervorragend herab.

Der Kopf und das Genicke sind bis in die Mitte ganz nackend, und kaum sichtbar, mit zarten wollichten Haaren bedeckt, und mit einer dunkelblauen Haut bekleidet. Der untere Theil des Halses ist von der Kehle an, der Länge nach, blutroth gezeichnet.

Auf

Auf der Stirne stehet ein großer, dichter, hinterwärts gebogener schwarzer Federbusch, von welchem ein mit Pflaumfedern bewachsener Winkel, nach dem Zwischenraum der Nasenlöcher zuläuft. Die Oeffnungen der Ohren sind weit, und am Rande mit häufigern haarähnlichen Federn besetzt, als der übrige Kopf.

Die Federn des ganzen Körpers sind schwarz, die Pflaumfedern braun. Am Halse und dem obern Theil des Körpers sind kleine Flecken, das Uebrige ist mit bläulicht weißen Punkten, etwas größer als ein Hirsenkorn, betröpfelt, welche in parallelen Reihen, mit dem Rande der Federn stehen. Auf den Rückenfedern sind auf jeder Seite des Bartes der Feder viere, auf den kleinen aber nur drey Reihen solcher Flecke.

Die größern Schwungfedern sind ganz schwarzbraun, die kleinern haben in jeder Fahne vier Reihen Punkte, von denen die am äußern Ende stehenden zusammenfliessen. Die erste, zwote und dritte kleinere Schwungfeder, haben jederzeit einen kleinen weißen Rand.

Der Schwanz ist rund, etwas zusammengedrückt, niederhängend und etwas größer, als der bey dem gewöhnlichen Perlhuhr. Er enthält vierzehn Schwanzfedern, von braunschwärzlicher Farbe, mit wellenförmigen unterbrochenen Querstreifen durchzogen.

Die Füße sind schwärzlich. Die Falte zwischen den äußern und mittlern Zee ist breiter als an der innern. Die Hinterzee ist ein wenig von der Erde entfernt, und mit einer gekrümmten stumpfen Klaue versehen.

Dieses sind die meisterhaften Beschreibungen eines Pallas, welche freylich in der Uebersetzung, wegen der Kürze der lateinischen Sprache, und der in derselben festgesetzten, in unserer noch mangelnden Kunstwörter und bestimmten Ausdrücke, viel verliehren müssen. Besagter Verfasser nimmt beydes für unterschiedene Gattungen an; da wir aber die Geneigtheit zu Abänderungen im Hühnergeschlechte und den benachbarten Geschlechtern kennen, und dieser große Mann die Fortpflanzung dieser Hühner in ihrem Vaterlande nicht beobachten konnte, so wäre es mit aller der Hochachtung, die wir diesem Namen schuldig sind, gesagt, doch wohl möglich, daß wenigstens das kleinhelmichte Perlhuhn (Numida mitrata) eine bloße Abänderung von unserm gewöhnlichen Perlhuhne wäre, indem die Farbe und Größe des Helms, keinen specifischen Unterschied macht, und die Zahl der Ruder- und Schwanzfedern, in der Beschreibung nicht angegeben ist.

Der

Der Auerhahn ¹⁾ *) oder Tetras.

Siehe die 73. illuminirte und unsere 17. Kupfertafel.

Wenn man die Sachen blos nach dem Namen beurtheilen wollte, so könnte man diesen Vogel entweder für einen wilden Hahn, oder für einen Fasan halten. Denn man giebt ihm in verschiedenen Ländern und besonders in Italien, den Namen eines wilden Hahns, (gallo alpestre **), selvatico;) in andern Ländern hingegen nennt man ihn den balzenden oder wilden Fasan. Er unterscheidet sich aber von dem Fasan durch seinen Schwanz, der im Verhältnisse noch einmal so kurz ist, und eine ganz andere Gestalt hat; durch die Anzahl der Ruderfedern, die er im Schwanze hat, durch seine Flügelbreite, verglichen mit seinem übrigen Maaße; durch seine rauhen, und spornlosen Füße, u. s. w. Ob zwar sonst beyde Gattungen dieser Vögel sich gleich gerne im Gebüsche aufhalten, so trift man sie doch fast nie an einerley Oertern an, indem der Fasan, der die Kälte scheuet, sich immer in ebenen Holzungen aufhält, dahingegen der Auerhahn, der sich gerne in der Kälte aufhält, sich die Holzungen auf den höchsten Gebürgen zur Wohnung aussucht, daher er die Namen des Berg, und Waldhahns bekommen hat.

Die-

---

*) Anm. Auerhahn, Urhahn, Orhahn, Bergfasan, Gurgelhahn, Spielhahn, wilder Hahn, Alphahn, wilder Pfau. S. Martini Naturlex. B. III. S. 508. Kleins Vögelhist. durch Reyger. S. 120. n 1. Hallens Vögel, S. 445. n 469. Scopoli ann. I. hist. nat. p. 137. n. 168. (durch Günther.) Döbels Jägerpraktika Th. I. S. 44. Th. II. S. 167. Th. III. S. 262. Th. IV. S. 12, Vrogallus et Grygallus maior foemina. Willough. Ornith. I. p. 23. t. 30. Oirtygometer vett. Schwenkfeld. Tetrao Vrogallus, pedibus hirsutis, cauda rotundata alba, axillis albis. Linn. Syst. Nat. XII. p.273 Fauna Suec. I. n. 200 p. 72. Der Auerhahn, Müllers Naturf. Th. II. S. 479.
d. Ueb. nach M....

*) Gr. Τετράς; lat. Tetrao (magnus); neu Lat. Vrogallus; ital. Gallo Cedrone;

Büffon Vögel III B.

Deutsch, Urhahn, Auerhahn, Bergfasan, Kurhahn; pohln Giuszec; schwed. Kjaeder oder Tjaeder, Orrhahn, Käder, Kadder Fugel; norw. Tieure, oder Aur Fugle; Dän. Aerhahn; engl. Mountain Cock: in einigen Provinzen Frankreichs, Coq de Limoge, coc de bois, Faisan bruyant. — Tetrao Bel. Oyf. p. 11. — Urogallus seu Tetrao Aldrouand. Auib. Tom. II. p. 59. — Tetrao siue Vrogallus Frisch tab. 107. Mas. — Coq et poule noire de montagnes de moscouie. Albin. T. II. p. 22. tab. 19. das Männchen, tab. 20. das Weibchen. Frischs Platte ist gut illuminirt, aber Albins sehr schlecht.

**) Albin nennt das Männchen und Weibchen in seiner Beschreibung den schwarzen moskowitischen Bergbahn und Henne. Andere Schriftsteller nennen ihn Gallus Sylvestris.

Q.

Diejenigen, welche nach Gesners und einiger anderer Beyspiel, ihn für einen wilden Hahn ansehen wollen, könnten ihre Meynung würklich durch gewisse Aehnlichkeiten unterstützen. Denn er hat in der That verschiedene ähnliche Züge mit dem Haushahn gemein, in seiner ganzen Gestalt des Körpers, in der besondern Bildung des Schnabels, auch wegen der mehr oder weniger beweglichen Haut, die sich über die Augen zieht, und wegen der gar besondern Federn, die fast doppelt sind, und welche zwo und zwo aus einem Kiele wachsen †). Dieses letztere ist, dem Belon zu folge, unserm Haushahn eigenthümlich *). Weiter haben diese Vögel auch gemeinschaftliche Gewohnheiten an sich, als: Die Hähne beyder Geschlechter müssen verschiedene Weibchen haben; diese bauen keine Nester, sondern brüten ihre Eyer mit vieler Aemsigkeit und zeigen für ihre ausgekrochenen Jungen viel Liebe. Giebt man aber auf der andern Seite darauf Acht, daß der Auerhahn unter dem Schnabel keine Lappen und an den Füßen keine Sporen hat, daß seine Füße mit Federn bedeckt, und seine Zeen mit einer Art Kanten eingefaßt sind, daß er im Schwanze zwo Ruderfedern mehr, als der Hahn hat, daß sein Schwanz nicht aus zwo abgetheilten Flächen besteht, sondern daß er ihn nach Art eines Fächers, wie der kalekutische Hahn, in die Höhe trägt: daß er viermal größer als ein gemeiner Hahn ist **). daß er sich gerne in kalten Ländern aufhält; die Hähne hingegen sich in gemäßigten, besser befinden; daß kein ausgemachtes Beyspiel vorhanden ist, daß diese beyden Gattungen sich unter einander gepaart hätten; daß ihre Eyer nicht einerley Farbe haben; und endlich, wenn man sich der Beweise erinnert, durch welche ich die Wahrheit, daß die Gattung der Hähne ursprünglich aus den gemäßigten Gegenden Asiens her ist, wo die Reisenden niemals Auerhähne gesehen haben, auser Zweifel gesetzt zu haben glaube: so wird man sich nicht überzeugen können, daß die letztern die Stammart der erstern seyn sollten, und man wird einen Irrthum, der, wie so viele andere, durch eine unrichtige Benennung veranlaßt worden ist, bald fahren lassen.

Ich meines theils werde, um jeder Zweydeutigkeit auszuweichen, dem Auerhahn in diesem Artikel den Namen Tetras geben, der aus Tetrao entstanden ist und mir sein ältester lateinischer Name zu seyn scheint, und der sich auch noch bis auf den heutigen Tag in Sclavonien erhalten hat, wo dieser Vogel Tetrez heißt. Eben so könnte man ihm auch den Namen Cadron von Cedrone geben, welcher in verschiedenen Gegenden von Italien bekannt ist. Die Graubündner nennen ihn Stolzo, welches deutsche Wort etwas stolzes und auffallendes anzeigt, und für den Auerhahn wegen seiner Größe und Schönheit passend ist. Vermöge der nämlichen Ursachen nennen ihn die Bewohner der pyrenäischen Gebürge, den wilden Pfau. Der Name Urogallus, mit welchem die neuen Schriftsteller, die lateinisch geschrieben, ihn bezeichnet haben, kömmt her von Ur, Urus, welches wild bedeutet, wovon auch

das

†) S. auch oben S. 42.   **) Aldrov. Ornithol. T. II. p. 61.
*) Belon. Nature de Oiseaux, p. 251.

das deutsche Wort Auerhahn gemacht worden ist. Dieses Wort deutet, nach des Frischs Erklärung, einen solchen Vogel an, der sich gerne in öden und schroffen Gegenden aufhält. ²) Es wird auch ein Morastvogel dadurch angezeigt °), daher man ihn in Schwaben, auch so gar in Schottland °°), Riethhahn, d. i. Morastvogel, genennt hat.

Aristoteles erwähnt nur ganz kurz eines Vogels, den er Tetrix nennt, und den die Athenienser nach ihm Ourax nennten. „Dieser Vogel, sagt er, nistet weder auf „Bäumen, noch auf der Erde, sondern in niedrigen kriechenden Stauden °°°). " Es ist hier am rechten Orte anzumerken, daß der griechische Ausdruck nicht getreu genug vom Gaza, in das lateinische übersetzt worden ist. Denn, erstlich redet Aristoteles hier gar nicht von Gesträuche, sondern von niedrigen Stauden †), die eher dem Grase und Moose, als dem Gesträuche gleichen. Zweytens sagt Aristoteles gar nicht, daß der Tetrix in niedrigen Stauden Nester mache, sondern nur so viel, daß er darinnen niste. Dieß kann für einen bloßen Gelehrten einerley bedeuten, aber nicht für einen Naturkündiger. Denn ein Vogel kann nisten, das heißt, er kann Eyer legen und sie brüten, ohne just ein Nest zu machen, welches eben der Fall bey dem Tetrix ist. Denn einige Zeilen vorher sagt Aristoteles selbst, daß die Lerchen und der Tetrix, ihre Eyer nicht in Nester, sondern auf die Erde legten, so wie alle schwere Vögel, und daß sie sie ins dicke Gras versteckten ††).

Was demnach Aristoteles in den beyden Stellen, davon die eine die andere berichtiget, sagt, dieses sind verschiedene Merkmale, die mit unserm Tetras übereinkommen, dessen Weibchen kein Nest macht, sondern sie im Moose verwahret, und wenn sie genöthigt ist, sie zu verlassen, mit großem Fleiß Blätter über sie deckt. Ueberdieß hat der lateinische Name Tetrao, womit Plinius den Auerhahn bezeichnet, eine in die Augen fallende Aehnlichkeit mit dem griechischen Namen Tetrix; die Aehnlichkeit nicht einmal gerechnet, welche sich zwischen dem athenensischen Namen Ourax und der zusammengesetzten Benennung Urhahn findet, welchen die Deutschen diesem Vogel geben; doch ist diese Aehnlichkeit wahrscheinlich wohl nur eine Würkung des Zufalls.

Q 2 Das

²) Diese Erklärung ist sehr gezwungen. Vr heißt im Altdeutschen wild, welche Bedeutung auch das Gothische und Isländische Aer und Vr haben.
A. d. Ueb.

°°) Aue zeigt, nach Srisch, eine große, niedrige und feuchte Gegend an.

°°°) Tetrix, quam Athenienses vocant ἔρηγξ, nec arbori nec terrae nidum suum committit, sed frutici. *Aristot.* Historia animalium, L. VI. c. I.

†) Ἐν τοῖς χαμαιζήλοις φυτοῖς, in humilibus plantis.

††) Ὅυκ ἐν νεοττίαις · · · ἀλλ᾽ ἐν τῇ γῇ ἐγκλυφαζομενα ὕλην, non in nidis · · sed in terra obumbrantes plantis, Gesner sagt ausdrücklich: Nidum eius congestum potius quam constructum vidimus, de Auib. L. III, p. 487.

Das aber könnte über die Gleichheit des Ariftotelifchen Tetrix, mit dem Plinifchen Tetrao einige Zweifel erregen, daß Letzterer, wenn er von feinem Tetrao etwas umftändlich fpricht, nichts von dem, was Ariftoteles von dem Tetrix fagt, anführet, welches er, feiner Gewohnheit nach, nicht unterlaffen haben würde, wenn er feinen Tetrao für einerley Vogel mit dem Ariftotelifchen gehalten hätte; man wollte denn hierauf antworten, daß Plinius deswegen, weil Ariftoteles nur fehr obenhin von dem Tetrix geredet hatte, auf das Wenige, was er davon fagt, nicht fehr zu achten Urfache gehabt hätte.

Der große Tetrax, von welchem Athenäus im neunten Buche redet, ift unfer Tetras ficher nicht, denn er hat eine Art Lappen, die des Hahns feiner gleichen, fich bey den Ohren anfangen, und bis unter den Hals gehen. Dieß ift für den Tetras fchlechterdings ein fremdes Kennzeichen, welches mehr den Meleagris oder die numidifche Henne, (unfer Perlhuhn,) bezeichnet.

Der kleine Tetrax, von welchem der nämliche Schriftfteller fpricht, ift, ihm zu folge, ein fehr kleiner Vogel, und wegen feiner kleinen Figur, felbft von aller Vergleichung mit unferm Tetras ausgefchloffen, welches ein Vogel von der erften Größe ift.

Gefner fieht den Tetrax des Dichters Nemefianus, welcher ihn für dumm ausgiebt, für eine Art Trappen an; ich aber finde an ihm noch einen unterfcheidend ähnlichen Zug des Meleagris, nämlich die Farbe feines Gefieders, welche afchgrau, und mit Fleckchen, gleichfam als mit Tropfen übergoffen ift *). Das ift wohl das Gefieder des Perlhuhns, welches von einigen gallina guttata genennet wird **).

So viel oder fo wenig nun auch an allen diefen Muthmaffungen feyn mag, fo ift doch das außer Zweifel, daß die beyden Gattungen des Plinifchen Tetrao, würklich Tetrax oder Auerhähne find †). Ihr fchönes, fchwarzes, glänzendes Gefieder,

---

*) S. Fragmenta librorum de aucupio, welche von einigen, dem Poeten Nemefianus, der im dritten Jahrhunderte lebte, zugefchrieben worden find.

**) Et picta perdix, Numidicaeque guttatae Martial. Juft fo war auch das Gefieder der beyden Hühner des Herzogs von Serrara, von welchen Gefner in dem Artikel des Perlhuhns redet. Totas cinereo colore, eoque albicante, cum nigris rotundifque maculis, de Anibus, p. 481.

†) Decet Tetraonas fuus nitor abfolutaque nigritia, in fuperciliis cocei rubor ----gignunt eos Alpes et feptentrionalis Regio. Plin. L. X. c. 22. Der Tetrao auf den hohen Gebürgen auf der Infel Kreta, welchen Belon gefehen hat, gleicht dem Plinifchen. Er hat, fagt der franzöfifche Beobachter, einen rothen Fleck auf jeder Seite neben den Augen, und feine Federn gehen von der vielen Schwärze, die er vor der Bruft hat, einen Glanz von fich. Obferu. de plufieurs fingularités u. f. w. p. 11.

Gefieder, ihre feuerfarbigen Augenbraunen, die wie Feuerflammen über ihre Augen stehen, ihr Aufenthalt in kalten und hohen Gebürgen, die Lieblichkeit ihres Fleisches, sind lauter Eigenschaften, die in dem großen und kleinen Tetras angetroffen werden, und sich bey keinem andern Vogel vereinigt finden. Wir nehmen selbst in der Beschreibung des Plinius *), solche besondere Züge wahr, die nur sehr wenige Neuere gekannt haben. Dieses bezieht sich auf eine merkwürdige Anmerkung, welche Frisch in der Geschichte dieses Vogels eingerückt hat **). Dieser Naturforscher fand in dem Schnabel eines todten Auerhahns keine Zunge; da er ihm aber den Magen geöffnet hatte, so fand er sie daselbst, wohin sie sich mit allem ihren Zubehör gezogen hatte. Dieß muß etwas gewöhnliches seyn, weil es unter den Jägern eine allgemeine Meynung ist, daß die Auerhähne keine Zunge haben. Vielleicht hat es mit dem schwarzen Adler, dessen Plinius ***), und mit dem brasilischen Vogel, von welchem Skaliger redet †), eben diese Bewandniß, denn man glaubt auch von ihm, daß er keine Zunge habe, welches ohne Zweifel von Erzählungen leichtgläubiger Reisenden oder unaufmerksamer Jäger herkommt, welche die Thiere fast nie anders sehen, als wenn sie entweder schon todt oder im Begriff zu sterben sind, besonders aber wird kein Beobachter ihren Magen untersucht haben.

Die andere Gattung des Tetrao, von der Plinius in eben derselben Stelle spricht, ist weit größer: denn sie übertrift den Trappen und selbst den Geyer, mit dem sie einerley Gefieder hat, nur den Strauß nicht. Uebrigens ist er ein so schwerer Vogel, daß man ihn manchmal mit der Hand greifen kann ††). Belon behauptet, daß die Neuern diese Gattung des Tetrao gar nicht kennten. Nach seiner Behauptung, haben sie den Tetras oder die Auerhähne, nie größer gesehen, als die Trappen, und nicht einmal so groß. Uebrigens könnte man auch zweifeln, daß der Vogel, welcher in dieser Stelle des Plinius, mit dem Namen Otis und Auis tarda bezeichnet ist, unser Trappe sey, dessen Fleisch sehr wohlschmeckend ist; da der Auis tarda des Plinius, ein schlechtes Gericht war. Aber deswegen muß man nicht mit Belon dem Schluß machen, daß der Auerhahn mit dem Auis tarda einerley sey, weil Plinius in eben derselben Stelle des Tetras und des Auis tarda besonders erwähnt, und sie als Vögel von unterschiedenen Gattungen mit einander vergleicht.

Q 3 Alles

*) Moriuntur contumacia, spiritu revocato Plinius. Congolius sagt: Capiti animum despondent,

**) Frisch, Geschichte des Auerhahns, Tab. 108.

***) Plin. L. X. c. 3.

†) I. C. Scaliger in Cardanum Exerc. 228.

††) Dieß ist von dem kleinen Tetras oder dem Birkhahn buchstäblich wahr, wie in dem folgenden Artikel zu sehen seyn wird.
A. d. V.

Alles wohl erwogen, würde ich meines Theils lieber sagen:

1) Daß der erste Tetrao, von welchem Plinius spricht, der Tetras von der kleinen Gattung sey, auf welchen alles, was er von ihm sagt, besser, als für den großen paßt.

2) Daß sein großer Tetrao unser großer Tetras oder Auerhahn sey, und daß er es nicht übertreibe, wenn er sagt, daß er größer als der Trappe wäre. Denn ich selbst habe einen großen Trappen gewogen, der vom äußersten Ende seines Schnabels bis auf das äußerste Ende seiner Klauen, drey Fuß drey Zoll, an seiner Flügelbreite aber sechs und einen halben Fuß hatte, und zwölf Pfund wog. Nun aber weiß man, und wird bald erfahren, daß es unter den Auerhähnen welche giebt, die noch mehr wiegen.

Des Tetras oder des Auerhahns Flügelbreite, hält meistens vier Fuß, seine Schwere ist gemeiniglich zwölf bis funfzehn Pfund. Aldrovand sagt, er habe einen gesehen, der drey und zwanzig Pfund gewogen; das sind aber Bolognefer Pfunde, die nur zehn Unzen halten, daß also drey und zwanzig Pfund, keine funfzehn Pfund zu sechzehn Unzen ausmachen. Der schwarze moskowitische Berghahn, welchen Albin beschrieben hat, und welcher nichts anders ist als der große Tetras oder Auerhahn, wog ohne Federn und ohne Eingeweide, zehn Pfund. Eben dieser Schriftsteller sagt, daß die norwegischen *Tieures*, welches würkliche Auerhähne sind, so groß wie ein Trappe wären *).

Dieser Vogel scharrt in der Erde, wie alle kornfressende Vögel; er hat einen starken und scharfen Schnabel **), und im Gaumen eine mit der Größe seiner Zunge verhältnißmäßige Höhlung. Die Füße sind auch sehr stark, und vorne mit Federn besetzt. Der Kropf ist über die Maaße groß, sonst aber ist er so wohl als sein Magen, wie bey einem zahmen Hahn eingerichtet †). Seine Magenhaut ist an der Stelle, wo die Mußkeln ansitzen, sammetartig.

Der Auerhahn lebt von dem Laube oder eigentlich von den Nadeln der Fichten, des Wachholderstrauchs, dem Cederlaube ††), Weiden- und Birklaube,

von

---

*) *Albin.* T. I. p. 21.

**) Ich weiß nicht, was Longolius sagen will, wenn er vorgiebt, daß an diesem Vogel, Spuren von Käppchen anzutreffen wären. S Gesner S. 487. Giebt es etwan unter den Auerhähnen eine Rasse oder Gattung mit Käppchen, wie unter den Birkhühnern, oder redet Longolius vielleicht

nur von einer gewissen Stellung der Federn, welche Läppchen auf eine unvollkommene Art vorstellt, wie er im Artikel vom Haselhuhn gethan hat. S. *Gesner de Auibus,* p. 229.

†) *Belon. Nat. des Oiseaux*, p. 251.

††) *Ibid.*

von dem Laube der weißen Pappel, der Haselsträuche, Heidelkraut, von
Brombeer- und Distelblättern, von Tannzapfen, von den Blättern und Bluhmen des Heydekorns, von Platterbsen, von Schaafgarbe, von Löwenzahn,
von Klee und wilden Wicken; besonders, so lange diese Blätter noch jung sind.
Denn wenn diese Gewächse anfangen Saamen zu bekommen, so rührt er die Blü-
the nicht mehr an, sondern begnügt sich mit Blättern. Er frißt auch, besonders
im ersten Jahre, wilde Maulbeeren, Buchheckern, Ameißeneyer, u. s. w.
Gegenseitig hat man wahrgenommen, daß verschiedene andere Pflanzen, diesem Vogel nicht bekommen, unter andern der Liebesstöckel, Schellkraut, Attich, Stech-
apfel, Maybluhme, Waizen, Nesseln u. f. w. *)

Man hat in dem geöffneten Magen des Auerhahns, kleine Kiesel angetroffen,
die denen gleichen, welche man in dem Magen der ordentlichen Hühner antrift. Dieß
ist ein sicheres Kennzeichen, daß sie sich nicht mit der Baumblüthe und dem Laube
allein begnügen lassen, sondern daß sie auch von den Körnern leben, die sie finden,
wenn sie in der Erde scharren. Wenn sie zu viel Wachholderbeeren fressen, so
nimmt ihr Fleisch, welches sonst vortrefflich ist, einen übeln Geschmack an, und nach
der Bemerkung des Plinius, behält es seine Güte auch nicht lange, wenn man sie,
wie manchmal aus Liebhaberey geschicht, in Gebauern oder Vogelhäusern füt=
tert **).

Das Weibchen unterscheidet sich von dem Männchen blos durch den Wuchs,
und durch das Gefieder, indem es kleiner und weniger schwarz ist. Uebrigens übertrift die Henne den Hahn durch ihre angenehmen bunten Farben, welches so wohl
unter den Vögeln, als auch selbst unter den andern Thieren, etwas ungewöhnliches
ist, wie wir in der historischen Abhandlung von den vierfüßigen Thieren, mit Uebereinstimmung des Willoughby, angemerkt haben. Geßner hat aus Mangel der
Bekanntschaft, mit dieser Ausnahme, aus dem Weibchen, eine andere Gattung der
Auerhühner, unter dem Namen *Grygallus major*, welcher aus dem deutschen
Krügelhahn †), hergeleitet ist, gemacht, so wie er auch von dem Weibchen der
Birkhühner, denen er den Namen *Grygallus minor* ††) gegeben hat, eine besondere

Gattung

---

*) *Journal Oeconomique*, May 1765.

**) In aviariis saporem perdunt. *Plin.* L.
X. c. 22.

†) Geßner findet, daß der Name des grossen Frankolin der Alpen, auf den *Gryzal-
galius maior* ziemlich passe, weil er sich vom
Frankolin blos durch seinen Wuchs unterscheide und dreymal größer sey. S. 405
A. d. V.

††) Geßner behauptet in der That, daß
es unter allen Thieren keine Gattung gäbe,
wo nicht das Männchen an Schönheit des
Gefieders, das Weibchen übertrefe. Dieser Beobachtung setzt Aldrovand mit vielem
Grunde das Beyspiel der Raubvögel, besonders des Sperbers und Falken entgegen,
deren Weibchen nicht nur schöner Gefieder
als die Männchen haben, sondern sie auch
an Stärke und Größe übertreffen, wie ich en
oben in der Geschichte von den Vögeln angemerkt

Gattung gemacht hat. Aber Gesner behauptet, er habe seine Gattungen nicht eher festgesetzt, als bis er alle diese Vögel, mit vieler Genauigkeit, den Grygallus minor ausgenommen, untersucht und sich von ihren sehr ausgezeichneten Unterscheidungs⸗ merkmalen überzeugt habe *). Andererseits versichert Schwenkfeld, der in den gebürgichten Gegenden wohnte und den Grygallus oft und sehr aufmerksam be⸗ merkt hatte, daß es das Weibchen des Tetrao wäre **). Aber man muß einge⸗ stehen, daß bey dieser Gattung und vielleicht bey vielen andern, die Farbe des Ge⸗ fieders, nach der Verschiedenheit des Geschlechts, des Alters, des Himmels⸗ striches und anderer Umstände mehr, Abänderungen unterworfen sey. Derjenige, den wir haben zeichnen lassen, ist ein wenig gehäubt. Brisson hat gar keiner Haube in seiner Beschreibung gedacht, und von den zwo Figuren, welche Al⸗ drovand geliefert hat, ist die eine gehäubt und die andere nicht ³). Nach eini⸗ ger Vorgeben hat der Auerhahn, wenn er jung ist, viel Weißes in seinem Gefie⸗ der †), das er aber, so wie er älter wird, verliehret, daß man also dadurch sein Alter erkennen kann ††). So gar scheint es auch, daß die Zahl der Schwanz⸗ federn nicht immer gleich ist. Denn der Ritter Linnäus bestimmt deren achtzehn in seiner Fauna Svecica, Brisson dagegen nur sechzehn in seiner Ornitholo⸗ gie. Noch sonderbarer ist Schwenkfelds Vorgeben, nach welchem die Weibchen von der großen und kleinen Gattung achtzehn Schwanzfedern, und die Männchen nur zwölfe haben sollen. Hieraus folgt, daß jede Methode, welche solche veränder⸗ liche spezifische Kennzeichen, wie die Farben der Federn und selbst ihre Anzahl, sind, eminunt, der großen Unbequemlichkeit unterworfen seyn wird, die Gattun⸗ gen zu vervielfältigen, oder nur vielmehr ihre Namen zu vermehren, dadurch dem Gedächtniß der Anfänger lästig werden und folglich das Studium der Natur er⸗ schweren.

Was Enzelius sagt, ist nicht wahr, daß nämlich das Männchen der Auer⸗ hühner, wenn es auf den Bäumen sitzt, seinen Saamen, vermittelst des Schna⸗ bels herunter werfe, welchen seine Hühner, die er durch lautes Geschrey herbey⸗ ruft, auffangen, ihn herunterschlucken, nachher wieder von sich geben, und daß auf diese Weise ihre Eyer befruchtet würden. Auch folgendes ist eben so wenig wahr, daß

gemerkt werden ist. S. Aldrou. de Anibus, T. II. p. 72.
A. d. V.

*) Gesner de Auib. L. III. p. 493.

**) Schwenkfeld Aviarium Silesiae, pag. 371.

³) Sollte diese kleine Haube nicht mehr ein Effekt des Paßtraubens bey dem Balzen

des Auerhahns, als eine würkliche Haube von Federn seyn?
A. d. Ueb.

†) Das Weiße des Schwanzes, macht mit dem Weißen der Flügel und des Rü⸗ ckens, einen Zirkel von dieser Farbe, wenn der Vogel seinen Schwanz radförmig aus⸗ einanderschlägt. Journal Oecon. Avril 1753.
A. d. V.
††) Schwenkfeld, Aviar. Silef. p. 371.

daß aus den Saamentheilchen, welche die Hühner nicht auffangen, Schlangen, köstli=
che Steine und Arten von Perlen entstünden; erniedrigend ist es für den menschlichen
Verstand, daß man sich genöthiget sieht, sich mit der Widerlegung solcher Irrthümer ab=
zugeben. Der Auerhahn paart sich, wie die andern Vögel. Noch sonderbarer ist es, daß
Ezenlius selbst, der diese befremdende Befruchtung durch den Schnabel erzählt, gleich=
wohl wußte, daß der Hahn die Hühner hierauf träte, und daß diese, wenn sie nicht
getreten worden, unfruchtbare Eyer legten. Dieß wußte er, und beharrte doch auf
seiner Meynung. Zu ihrer Behauptung sagt er, daß diese Paarung nur ein Spiel,
nur eine Tändeley wäre, die gleichsam ein Siegel auf die Befruchtung setzte, aber
keineswegs sie bewürke, indem die Befruchtung eine unmittelbare Würkung der
Verschluckung des Saamens wäre. — — Dieß heißt sich aber in der That zu lange
bey Ungereimtheiten aufhalten *).

Der Auerhahn fängt an in den ersten Tagen des Februars hitzig zu werden,
und seine Begierde erreicht die völlige Stärke gegen die letzten Tage des Märzes,
und währet fort, bis das Laub ausschlägt. Während Balzzeit bleibt jeder Hahn
in seinem gewissen Bezirke, von dem er sich nicht entfernt. Zu der Zeit sieht man
ihn morgens und abends auf dem Stamme einer starken Tanne, oder eines andern
Baums, hin und hergehen, seinen Schwanz rund aus einander schlagen, seine Flü=
gel schleppen, seinen Hals gerade vor sich hin strecken, dicke werden, welches ver=
muthlich aus der steifen Stellung der Federn herkommt, und ihn allerley außeror=
dentliche Geberden annehmen. So sehr wird er durch das Bedürfniß, seine über=
flüßigen organischen Theilchen ⁵) von sich zu geben, gemartert. Sein Schreyen
hat einen besondern Laut, wodurch er seinen Weibchen lockt, welche ihm antworten,
und unter den Baum herbeygelaufen kommen, auf dem er sich aufhält, von wel=
chem er alsbald herabkommt, um sie zu treten und zu befruchten. Wahrscheinlich
hat man ihn wegen des besondern Schreyens, das sehr stark und weit ertönt, den
schreyenden Fasan genennt. Sein Geschrey fängt sich mit einem Schall an, wor=
auf eine helle und durchdringende Stimme folgt, die dem Getöse einer Sense, die
geschliffen wird, ähnlich ist. Diese Stimme hört abwechselnd auf und fängt wie=
der an, und wenn sie durch diese Art mit mehrern Wiederhohlungen, ohngefehr eine
Stunde

---

*) Solche Ungereimtheiten zu erzählen,
hat doch immer den nicht unbeträchtlichen
Nutzen, daß man den wunderlichen Gang
des menschlichen Verstandes beobachtet und
bemerkt, wie derselbe das Entlegene, so
gar gerne für das näher liegende ergreift.
Sie dienen zu einem Beytrage zur Geschich=
te der Meynungen, welche der Wahrheit so
unendliche Vortheile bringt.
A. d. Ueb.

⁵) Dieses beziehet sich auf die Hypo=
these des Verfassers, von der Erzeugung,
die er, trotz aller Ausschmückungen seiner
Beredsamkeit, nicht allgemein machen kön=
nen. Der Ueberfluß des Saamens über=
haupt, die Ausdehnung der Saamengefäße,
und die Beymischung des Saamens zum
Blute (und nicht eben die so gründlich be=
zweifelten organischen Theilchen) erregen die
Hitze oder Begattungsbegierde der Thiere.
A. d. Ueb.

Stunde gedauert hat, so macht sie den Schluß mit einem Schall, der dem ersten ähnlich ist.

So schwer es zu jeder andern Zeit ist, dem Auerhahn nahe zu kommen, so leicht ist es, ihn zu überraschen, wenn er seine verliebte Periode hat, und besonders wenn er sein Lockgeschrey hören läßt. Alsdenn ist er von seinem eigenen Geräusche so betäubt, oder wenn man lieber will, so benebelt, daß ihn weder der Anblick eines Menschen, noch ein Schuß, zum Fliegen bewegen können, und es scheint, als wenn er weder höre noch sehe, und in einer Art von Entzückung sey *). Daher kommt es, daß man im gemeinen Leben sagt, und es auch geschrieben hat, daß er zu der Zeit taub und blind sey; doch ist er es nicht viel mehr als alle andere Thiere, den Menschen ausgenommen, in den nämlichen Umständen. Sie erfahren alle mehr oder weniger diese Liebesentzückung, sie ist aber dem Anscheine nach bey dem Auerhahn merklicher. Daher giebt man in Deutschland einem Verliebten, welcher alle andere Bekümmernisse vergessen zu haben scheint, um nur einzig und allein mit dem Gegenstand seiner Leidenschaft beschäftigt zu seyn **), auch den Namen Auerhahn, und nennt jede andere Person so, welche eine dumme Unempfindlichkeit gegen ihre wichtigsten Angelegenheiten an den Tag legt.

Es ist leicht zu ermessen, daß man auf die Auerhähne zu der Zeit Jagd macht, und ihnen nachstellt, da sie verliebt sind. In der Abhandlung von der kleinen Gattung mit dem gespaltenen Schwanze, werde ich besondere Umstände über diese Jagd, und vorzüglich diejenigen beybringen, welche zur Kenntniß der Gewohnheiten und der Naturtriebe dieser Vögel die geschicktesten sind. Hier will ich nur sagen, daß es selbst für die Vermehrung der Gattung wohl gethan ist, wenn man die alten Hähne ausrottet, weil sie in ihren Paarungen keine andere um sich leiden, und dazu ein ziemlich beträchtliches Gebiet einnehmen. Da sie auf diese Art nicht alle Hühner ihres Distrikts bedienen können, so leiden viele Hühner Mangel an einem Männchen und legen deshalb unfruchtbare Eyer.

Einige geben vor, daß diese Thiere vor ihrer Paarung, sich einen sehr reinlichen und ebenen †) Platz zu rechte machen, und ich zweifle auch nicht daran, daß man dergleichen Plätze würklich gesehen habe; daran aber zweifle ich, daß der Auerhahn die Vorsicht gehabt habe, sie zu rechte zu machen. Natürlicher ist der Gedanke, daß diese Plätze die gewöhnlichen Versammlungsörter der Hähne mit

*) In tantum aucta, ut in terra quoque immobilis prehendatur. Was Plinius hier der Größe zuschreibt, ist vielleicht nur eine Folge seiner Hitze und der damit verbundenen Benebelung. A. d. V.

**) S. Frischens Beschreibung der 107. Tafel.

†) Gesner. de Avibus, p. 492.

mit ihren Hühnern sind, und daß diese Oerter nach Verlauf eines oder zweer Monate, durch den täglichen Aufenthalt ebener, als das andere Erdreich werden.

Die Auerhenne legt gewöhnlich fünf oder sechs Eyer auf das Wenigste, und acht oder neune auf das Höchste. Schwenkfeld behauptet, das erstemal lege sie deren achte, die folgenden Male, zwölfe, vierzehn bis sechzehn *). Diese Eyer sind weiß, mit gelb gesprenkelt °), und sind, nach eben diesem Schwenkfeld, größer als der gemeinen Hühner ihre. Sie legt sie in das Moos an einem trockenen Orte, wo sie ganz allein und ohne Beyhülfe des Männchens, brütet **). Wenn sie, um Futter zu suchen, von ihnen zu gehen genöthiget wird, so bedeckt sie solche sehr sorgfältig mit Laube. Wenn man sich, indeß daß sie über den Eyern sitzt, ihr nähert, so bleibt sie sitzen, und verläßt sie sehr schwerlich, ob sie gleich sonst sehr schüchtern ist. Die Liebe zur Brut überwiegt bey dieser Gelegenheit die Furcht für der Gefahr.

So bald die Jungen ausgekrochen sind, so lernen sie mit großer Leichtigkeit laufen. Sie laufen so gar schon, ehe sie völlig ausgekrochen sind. Denn man sieht welche hin und her laufen, wenn ihr Körper noch Schaalentheilchen an sich sitzen hat. Die Mutter führt sie mit vieler Sorgfalt und Affektion. Sie geht mit ih-nen in dem Gehölze herum, wo sie sich von Ameiseneyern, wilden Maulbeeren, u. s. w. erhalten. Die Familie bleibt die ganze übrige Jahreszeit beysammen, bis sie sich in der Balzzeit, die ihnen neue Bedürfnisse und neues Interesse verleiht, trennen, besonders aber die Männchen, welche alsdann gerne abgesondert leben mö-gen. Denn sie können, wie wir gesehen haben, einander alsdann nicht ausstehen, und mit ihren Weibchen leben sie auch nicht sehr eher zusammen, als bis das Be-dürfniß sie ihnen nothwendig macht.

Der Auerhahn hält sich, wie ich gesagt habe, gerne in hohen Gebürgen auf; das hat aber nur in den gemäßigten Himmelsstrichen seine Richtigkeit. Denn in sehr kalten Ländern, z. B. in der Hudsonsbay, ziehen sie die ebenen und plat-ten Gegenden vor, wo sie wahrscheinlich so einen Himmelsstrich finden, als auf un-

R 2   fern

---

*) Auiar. Silesiat, p. 372. Dieß scheint mit Aristoteles Bemerkung überein zu stim-men: Ex primo coitu aues oua edunt pau-ciora. Hist. Animal. L. V. c. 14. Die Zahl der Eyer scheint mir nur zu groß zu seyn.
U. d. V.

°) Klein in seiner Sammlung illumi-nirter Vogeleyer, p. 33. T. XV. f. 1. 2. be-schreibt und liefert in seinen Abbildungen die Eyer der Auerhühner rostfarbig, und wie-

ter mit starken dunkeln Punkten und Flecken belegt. Cf. Wirsing Eyer und Nester, T. VIII. p. 138.
M....

**) Ich glaube irgendwo gelesen zu haben, daß sie acht und zwanzig Tage brüten, wel-ches nach der Größe des Vogels, ziemlich wahrscheinlich ist.
A. d. V.

fern höchsten Bergen *). Es giebt deren auf den Alpen, auf den Pyrenäen, auf den Bergen von Auvergne, von Savoyen, der Schweiz, auf den westphälischen, schwäbischen, moskowitischen, schottischen, griechischen und italienischen, norwegischen und selbst auf den nördlich amerikanischen Gebürgen. In Irrland **), glaubt man, habe sich diese Raffe verlohren, da sie doch ehedem daselbst anzutreffen gewesen °).

Die Raubvögel, sagt man, sollen viele aus dem Wege räumen, welches entweder daher kommen muß, daß sie sie zu der Zeit, da sie von Liebe begeistert und deswegen leicht zu überraschen sind, anfallen, oder auch davon, daß sie ihr Fleisch vorzüglich wohlschmeckend finden, und deswegen besonders Jagd auf sie machen.

Zusätze zur Geschichte des Auerhahns.

Die Gestalt und Größe des Auerhahns, sagt Müller, kommt ziemlich mit den Truthühnern überein. Die Schwere setzt er auf zehn bis vierzehn Pfund. Die Farbe zeigt sich von weitem schwarz, hin und wieder mit einem weißen Querstrich oder Flecken geziert. Die Schwingfedern fallen in das Braune, und einige derselben sind an der schmalen Seite weißlich. Die Deckfedern haben ein Gemisch von fahlen, schwarzbraun, gelb und dergleichen, welches sein unter einander gesprenkelt ist. Ueber den Augen und nach den Seiten der Ohren zu, zeigen sich hin und wieder einige röthliche Federn. Der Hals hat unten ein glänzendes Grün, jedoch trift diese Beschreibung nicht bey allen ein, denn sie verändern sich ziemlich. Der Schwanz ist am Ende rund, und wenn er ihn in die Höhe richtet, macht er einen ordentlichen Fächer. Die Füße sind bis an die Finger braun gefedert; der Schnabel ist hornartig gefärbt; die Zehen sind braun; die Nägel schwarz. — Das Vaterland ist Europa und das nördliche Amerika.

Nach einer Anmerkung des berliner Herausgebers, welche aus der brittischen Zoologie entlehnt ist, beträgt die Länge des Hahns, zween Fuß acht Zoll, die Breite drey Fuß zehn Zoll. —Das Gewichte steigt bis zu vierzehn Pfunden. Die Länge des kleinern Weibchens macht sechs und zwanzig, und die Breite vierzig Zoll. Das Männchen hat einen blaßgelben Schnabel. Die Nasenlöcher sind mit schwärzlichen Federn bewachsen, der Kopf, Hals und Rücken ist zierlich mit schmalen grauen und schwarzen Querstreifen gefleckt. Die Federn des Hinterkopfs sind lang, und

*) Histoire générale des Voyages, T. XIV. p 663
**) Brittish Zoolog. p. 84.
°) Eben dieses gilt von den schottischen Gebürgen   A. d. Ueb.
†) Naturystem, Theil II. S. 479.

und unter der Kehle findet sich ein großer Büschel von langen Federn. Der obere Theil der Brust hat einen schönen grünen Glanz, das Uebrige derselben, wie der Bauch, hat eine schwarze Farbe, mit einigen weißen Federn untermengt. Die Seiten sind wie der Hals gezeichnet, die Deckfedern der Flügel mit wellenförmigen schwarzen und rothbraunen Linien durchkreuzt, die äußern Bärte der größten Schwungfedern schwarz, mit einem weißen Flecken am Ursprunge der Flügel, die innern Deckfedern von gleicher Farbe: die achtzehn Ruderfedern schwarz, an jeder Seite mit etlichen weißen Flecken bezeichnet; die Federn unter dem Schwanze schwarz mit weiß gemischt; die Füße vorzüglich stark mit braunen Federn bedeckt, die Zeen braun, die Klauen schwarz.

An dem Weibchen ist der Schnabel schwärzlich, die Kehle roth, der Kopf, Hals und Rücken sind mit rothen und schwarzen Querstreifen bezeichnet. Die Brust hat einige weiße Flecke. Der untere Theil ist ganz citronenfarbig, der Schwanz dunkel rostfarbig und schwarz gestreift.

Die Jagd des Auerhahns, welche in Deutschland zur hohen Jagd gehört, ist eines der vorzüglichsten Vergnügen großer Herren, ohngeachtet sie mit großen Unbequemlichkeiten verknüpft ist. In einer der unangenehmsten Jahreszeiten, nämlich im März und April, muß man des Morgens gegen zwey oder drey Uhr schon an den Platz seyn, wo man den Auerhahn bemerkt hat, und mit großer Geduld und Stille sein Balzen erwarten. Sobald und wie unser Schriftsteller im Texte sagt, den Gebrauch seiner Sinne gänzlich verliert, kann man ihn leicht schiessen. Außer dieser Zeit würde man ihn vergeblich belauern wollen.

Der Auerhahn hat ein sehr hartes Fleisch, welches man ohne weitläuftige Zubereitung nicht genießen kann. Man ißt ihn daher bloß, nachdem er lange Zeit in Eßig gelegen hat, oder in Pasteten geschlagen. Man bratet ihn auch, nachdem man ihn in halb Wein und halb Eßig gesotten, und richtet ihn mit einer Sauce von Fleischbrühe, Eßig, Butter und Gewürze an *).

Jägerausdrücke von ihm sind: der Auerhahn hat seinen Stand — der Auerhahn balzet. — Er steigt oder tritt vom Baume zu Baume. — Er wird aufgebrochen d. i. ausgenommen **).

Der Ritter von Linne' hat eine Varietät, die er sonst in der zehnten Ausgabe seines Systems *Tetrao Phasianellus* genennt hat. Nach Martini †) ist dieses

R 3

die

*) Anm. Schenks Kochbuch. Langensalz. 1766. Krünitz ökonom. Encyclop. Th. II. S. 717 — 721.
**) S. Döbels Jägerpract. Th. I. S. 44. Th. II. S. 167. Th. III. S. 162. Th. IV. S. 12.

†) Martini allgem. Naturgesch. Th. III. S. 510. (i) Ebendes. Ausgabe von Büffons Naturgesch. der Vögel, B. V. S. 9. (1)

die Auerhenne nach Müllers Linneischem Naturfystem †), das Weibchen des Edwardischen kleinern kanadensischen Auerhahns, dessen 17te Figur auch im Linn. System, unter dem Namen *Vrogallus minor cauda longiore* citirt wird. Ich getraue mich nicht hierüber zu entscheiden. So viel ist gewiß, daß der berewigte Ritter hier ein Weibchen vom Männchen abgerissen, und zu einer Varietät gemacht hat.

Das Birkhuhn mit dem gespaltenen Schwanze*) oder der kleine Tetras.

Siehe die 172 illuminirte und unsere 17 Kupfertafel.

Hier haben wir noch einen Hahn und einen Fasan, der weder Hahn noch Fasan ist. Man nennt ihn den kleinen wilden Hahn, den Auerhahn, den Birkhahn u. s. w. den schwarzen Fasan, den Bergfasan, man hat ihn auch Rebhahn und Haselhuhn genennet. In der That ist es aber der kleine Tetras, der erstere Plinische *Tetrao*, und der Tetrao oder *Vrogallus minor*, der meisten neuern Naturforscher. Einige von ihnen, als Rzaczynsky, haben ihn für den Tetrax des Dichters Nemesianus gehalten. Dieß ist aber ohne Zweifel daher gekommen, weil man bemerkt hatte, daß dieser Tetrax, nach dem Nemesianus

†) Müllers Linn. Naturf. Theil II. S. 480.

*) Anm. Franz. *le petit Tetras, le Coq de Bruyere à queue fourchue, Coq de bouleau, Francolin.* Ital. *Sforzello, Gallina Sforzella.* Engl. *Heath-Cock, black Game, Grous, the More-Hen.* Schwed. *Orre.* Lappländ. *Orrar.* Norweg. *Aarfugl, Orefugl, Orhons, Orhaene, Orhaene.* Dän. *Urfane.* Holländisch, *Birkhahn, Korhaen, Birkhuhn.* Martini Naturier. B. III. S. 526. Beckmanns Naturgesch. S. 50. Eberhards Thiergesch. S. 65. Hallens Vögel. S. 447. f. 53. Kleins Vögelhist. durch Reyger, S. 120. n. 2. Frisch, T. 109. *Scopoli* ann. I. hist. nat. durch Günther, S. 139. Döbels Jägerprakt. Th. I. S. 48. Th. II. S. 175. Th. III. S. 98. 163. *Vrogallus s. Tetrao minor, Grygallus minor s. Tetrix Nemesian.* Aldrov. l. XIII. c. 7. Gesner. de Auib. p. 494. Müller. Prodrom. Zool. Dan. p. 27. Brunnich. Ornithol. boreal. p 57. n. 196. 197. *Tetrao, Tetrix pedibus hirsutis, cauda bifurcata, remigibus secundariis versus basin albis.* Linn. Syst. Nat. T. XII p. 274. Faun. Suec. Ed. I. n. 168. Ed. II. n. 202. p. 73. Müllers Linn. Naturf. Th. II. S. 480.

d. Verf. und M.

ſtanus ſelbſt, die Gröſſe der Gans und des Kranichs *) hat; da er hingegen
nach Geſnern, Schwenkfeld, Aldrovand und einigen andern Beobachtern, die
den kleinen Tetras ſelbſt geſehen haben, nicht viel gröſſer als ein gemeiner Hahn
iſt. Nur iſt er etwas länglicher, und nach Ray, iſt ſein Weibchen nicht völlig
ſo groß als unſre gemeine Henne.

Wenn Turner von ſeiner ſogenannten Mohrenhenne redet, giebt er ihr dieſen Namen, wie er ſelbſt ſagt, nicht wegen ihres Gefieders, das des Rebhuhns
ſeinem gleich, ſondern wegen der Farbe des Männchens, welche ſchwarz iſt, und er
legt ihm einen rothen dickfleiſchichen Kamm und zwey Läppchen bey die von eben dieſer Subſtanz und Farbe ſind **). Aber eben hierinnen, ſagt Willoughby, trüge er
ſich, welches aber um ſo ſchwerer zu glauben iſt, weil Turner von einem Vogel ſeines
eignen Landes redet, und weil die Rede von einem zu auffallenden Kennzeichen iſt,
als daß man ſich darinnen verſehen könnte. Vorausgeſetzt alſo, daß Turner ſich
in Anſehung dieſes Kamms und der Läppchen würklich nicht geirrt hat, und
daß man andererſeits erwägt, daß er gar nicht von ſeiner Mohrenhenne behauptet, daß ſie einen geſpaltenen Schwanz habe, ſo wäre ich geneigt, ſie als eine andere Gattung, oder, wenn man lieber will, als eine andere Raſſe des kleinen Tetras anzuſehen, die der erſten an Dicke, an der Verſchiedenheit des Gefieders zwiſchen dem Männchen und Weibchen, an Gewohnheiten, Naturtrieben, an einerley
Geſchmack in ihren Nahrungsmitteln, u. ſ. w. gleich iſt; daß ſie ſich im Gegentheil aber
durch die dickfleiſchichen Lappen und durch ihren ungeſpaltenen Schwanz unterſcheide.
Was noch dieſe meine Idee beſtärket, iſt, daß ich bey dem Geſner einen Vogel unter
dem Namen Gallus ſylveſtris finde ***), der auch Läppchen und einen ungeſpaltenen Schwanz hat, übrigens aber dem kleinen Tetras oder Birkhuhn ſehr ähnlich iſt. Solchergeſtalt kann und ſoll man ihn, dünkt mich, als einen Vogel anſehen, der mit dem Mohrenhuhn von einerley Gattung iſt, und dieſes um ſo viel mehr,
da das Männchen unter dieſer Gattung in Schottland, woher Gepween die Figur dieſes Vogels geſchickt worden war, den Namen des ſchwarzen Hahns, und
ſein Weibchen den Namen der grauen Henne führt. Dieſes zeigt den Unterſchied
des Gefieders, welcher ſich bey den Gattungen des Tetras unter beyden Geſchlech-
tern findet '), genau an.

Der kleine Tetras oder das Birkhuhn, von dem hier gehandelt wird, iſt nur
in Vergleichung mit dem groſſen Tetras, klein zu nennen. Er wiegt drey bis vier
Pfund

---

*) Tarpeiae eſt cuſtos Arcis non corpore
    minor

Nec qui te volucres docuit, Palame-
    de, figuras.

S. M. Aurelii Olympii Nemeſiani, fragmen-
ta de Aucupio.
**) S. Geſner. de Anibus, p. 477.
***) Ibid
') S. den Zuſatz zu dieſem Artikel.

Pfund, und ist nach jenem der größte unter allen Vögeln, die man Waldhüh-
ner nennt *).

Er hat mit dem großen Tetras viele Stücke gemein, als die rothen Augenbraunen, die rauchen spornlosen Füße, ausgezackte Zeen, weiße Flecke auf
den Flügeln u. s. w.   Aber er unterscheidet sich von ihm durch zwey sehr in die
Augen fallende Kennzeichen.   Er ist um vieles kleiner und hat einen gespaltenen
Schwanz, nicht allein deswegen, weil seine große Federn in der Mitte kürzer, als
die äußern sind, sondern auch noch deswegen, weil die letztern sich auswärts umlegen.   Weiter ist das Männchen dieser kleinen Gattung schwärzer und zwar mehr
pechschwarz, als das Männchen der großen Gattung, und es hat größere Augenbraunen.   Diese Benennung gebe ich der rothen drüsichten Haut, die es über den Augen hat.   Aber die Größe dieser Augenbraunen leidet bey einerley Subjekten eine
Abänderung in verschiedenen Zeiten, welches wir weiter unten sehen werden.

Das Weibchen ist noch einmal so klein als das Männchen **), sein Schwanz
ist weniger gespalten und die Federn sind bey ihr so verschieden, daß Gesner sich
berechtiget glaubte, eine besondere Gattung davon zu machen, die er mit dem Namen *Grygallus minor* bezeichnete, wie ich oben in der Geschichte des Auerhahns
angemerkt habe.   Uebrigens wird der Unterschied des Gefieders zwischen den beyden
Geschlechtern nicht eher, als nach Verlauf einer gewissen Zeit sichtbar.   Die
jungen Hähne haben anfänglich die Farbe der Mutter, welche sie bis auf den ersten Herbst behalten.   Mit dem Ende dieser Jahrszeit und den Winter hindurch,
nehmen sie Schattirungen an sich, die immer dunkler und dunkler werden, bis sie
endlich schwarzbräunlich werden, welche letzte Farbe sie ihre Lebenszeit hindurch,
ohne Veränderung behalten, diejenigen ausgenommen, welche ich jetzt anzeigen will,
nämlich:

1) so wie sie älter werden, nimmt das Blaue zu.

2) Nicht eher als im dritten Jahre bekommen sie unter dem Schnabel einen
weißen Fleck.

3) Im höchsten Alter kommt ein anderer schwarzbunter Fleck am Schwanze zum Vorschein, wo die Federn vorher alle weiß waren †).   Charleton und einige andere fügen hinzu, daß, je weniger weiße Flecke dieser Vogel habe, desto älterer wäre er, und daß also die größere oder kleinere Anzahl von Flecken ein Merkmal sey, wodurch man sein Alter erkennen könnte ‡).

Die

*) *Gesner. de Auib.* p. 493.
**) *Brittish Zoology.*

†) Breslauer Sammlungen, Nov. 1725.
‡) *Charleton Exercitat.* p. 81.

Die Naturforscher haben zwar einmüthig sechs und zwanzig Federn in dem Flügel des Birkhuhns gezählt, aber über die Zahl der Schwanzfedern sind sie gar nicht unter sich eins, und man trift hier beynahe eben die nämlichen Verschiedenheiten der Meynungen an, deren ich bey Gelegenheit des Auerhahns gedacht habe. Schwenkfeld legt der Henne achtzehn Ruderfedern bey, dem Hahne hingegen nur zwölfe. Willoughby, Albin und Brisson schreiben dem Männchen so wie dem Weibchen, sechzehn zu. Die zween Männchen aber, welche im königlichen Kabinette aufbewahrt werden, haben deren achtzehn, nämlich sieben große auf jeder Seite, und viere weit kürzere in der Mitte. Sollte diese Verschiedenheit wohl daher kommen, daß die Anzahl der Federn wirklich einer Abänderung unterworfen wäre; oder haben vielleicht diejenigen, welche sie gezählt haben, aus Nachläßigkeit unterlassen, sich vorher zu überzeugen, ob keine in den Subjekten fehlten, an welchen sie ihre Beobachtungen anstellten. Uebrigens hat das Birkhuhn kurze Flügel und fliegt folglich schwer, und man sieht nie, daß es sich hoch schwinge oder weit fliege.

Die Hähne und Hühner haben große Ohrenlöcher, ihre Klauen sind bis auf das erste Gelenke durch eine Haut vereinigt und mit Kanten eingefaßt *). Das Fleisch ist weiß und leicht zu verdauen; die Zunge weich, und durch kleine Warzen etwas stachlicht, und nicht getheilt. Unter der Zunge findet man eine drüsichte Substanz und im Gaumen eine Höhlung, deren Größe mit der Größe der Zunge in Verhältniß steht. Der Kropf ist sehr groß, der Darmkanal funfzehn Zoll lang, und die Anhängsel oder der Blinddarm vier und zwanzig Zoll. Diese Anhängsel sind mit sechs Streifen gerippt **).

Der zwischen den Hühnern und Hähnen sich befindliche Unterschied, erstreckt sich nicht blos auf die äußere Beschaffenheit, sondern auch auf die innwendige Organisation. Weygand hat bemerkt, daß das Brustbein der Hähne, wenn man es über das Licht hält, mit einer ungeheuren Menge kleiner rothen Aestchen durchwebt, sich darstelle, die sich auf tausenderley Art und in mancherley Richtungen, hin und her durchkreuzen, und ein sehr wunderbares und besonderes Netz formiren. Hingegen hat das nämliche Bein bey den Hühnern dieser Aestchen nur wenige oder gar keine; auch ist es kleiner und weißlich †).

Dieser

*) Vnguis medii digiti ex parte interiore in eciem tenuatus, ist ein etwas undeutlicher Ausdruck des Willoughby. Denn wenn es bedeuten soll, daß die Klaue der mittlern Zeen auf der inwendigen Seite scharf ist, so habe ich aus eigenen Untersuchungen gefunden, daß die äußere und innere Seite dieser Klaue gleich scharf ist. Es unterscheidet sich auch diese Klaue nur sehr wenig und fast ganz und gar nicht von den andern durch diesen Charakter. Folglich scheint mir diese Anmerkung des Willoughby, ungegründet zu seyn.

A. d. V.

**) Willoughby, p. 124. Schwenkfeld, p. 375.

†) S. Breslauer Sammlungen, Nov. 1725. — Sollte diese Verschiedenheit der Knochen nicht blos von dem Unterschied des Alters hergerührt haben? A. d. V.

Dieser Vogel ziert am öftersten schaarenweise, und setzt sich, wie der Fasan, auf Bäume *). Ihre Mauserzeit fällt in dem Sommer, während welcher sie sich in dicke Gebüsche und morastige Gegenden verstecken **). Ihre Hauptnahrung sind Laub und Knospen der Birken ¹), wie auch Heydelbeeren (baies de bruyère). Von diesen hat er im Französischen den Namen Coq de bruyère, von jenen aber im Deutschen den Namen Birkhahn bekommen. Er lebt auch von Haselstaudenkämmerchen, von Waizen und andern Getraide. Im Herbste begnügt er sich mit Eicheln, Brombeeren, Ellenknospen, Tannzapfen, Heidelbeeren und Pfaffenhütchen. Im Winter nimmt er endlich wieder zu grossen Büschen seine Zuflucht, wo er entweder blos von Wachholderbeeren leben, oder unter dem Schnee die Beeren aufsuchen muß, welche man gewöhnlich Moos- oder Affenbeeren (Oxycoccus) nennt ***). Manchmal frißt er während zween oder drey Monaten des härtesten Winters gar nichts. Denn man behauptet, daß er in Norwegen, diese strenge Jahrszeit, unter dem Schnee schlafend, ohne Rührung und Futter †) zubringe, wie etwan in unsern gemäßigten Gegenden die Fledermäuse, die Ratzen, Haselmäuse, die Igel und Murmelthiere, zu thun gewohnt sind ††).

Man findet diese Vögel in den bergigten Gegenden des nördlichen Engellands und Schottlands, in Norwegen und in den nördlichen Provinzen von
Schwe-

*) Brittisb Zoolog.

**) Bresl. Samml. l. c.

¹) Sie zerbeissen auch das junge Holz davon, lassen die Schaale herabfallen, und geniessen sie als klaren Hecel. Onom. for. l. c. Ihre Jungen füttern sie gemeiniglich mit Ameiseneyern, ibid.
M.

***) S. Schwenkfeld Aviar. Siles p 375. — Rzaczynski auctuarium Polon. p. 422. — Willougly, p. 125. — Brittisb Zoolog. p. 85.

†) Linnaeus Syst. nat. edit. X. p 159. — Gesner de Aulbus, p. 49. Die Verfasser der britischen Thiergeschichte hatten bemerkt, daß die weißen Rebhühner, die den Winter in dem Schnee zubringen, an den Füssen mehr befiedert waren, als die zwo Gattungen des Tetrao, die sich durch die dicken Wälder schützen. Wenn aber die Auerhühner und Birkhühner den Winter auch unter dem Schnee zubringen, wo bleibt denn die schöne Endursache,

oder vielmehr, was wird aus den schönen Vernunftschlüssen dieser Art, wenn man sie mit philosophischen Augen beschauet.
A. d. V.

††) S. Hist. naturelle, générale et particulière, T. VIII. p 159. (Naturgesch. der Vögel, Th. I) wo ich die wahre Ursache der Erstarrung dieser Thiere anzeige. Das Erstarren des Auerhahns während des Winters, erinnert mich an das, was ich in dem Buche de mirabilibus, welches dem Aristoteles zugeschrieben wird, über gewisse Vögel des Königreichs Pontus finde, die im Winter in einem so schläfrigen Zustande waren, daß man sie rupfen und so gar an den Bratspieß stecken konnte, ohne daß es fühlten und sie blos durch das Braten erwecken konnte. Wenn man von dieser Erzählung das, um es wunderbar zu machen, hinzugesetzte Lächerliche absondert, so läuft es auf eine Erstarrung, wie bey den Birkhühnern und Murmelthieren hinaus, bey welchen alle Regungen des äußerlichen Gefühls aufhören, und nur durch die Würkung der Wärme wieder kommen.
A. d. V.

Schweden, in den Gegenden von Köln, auf den schweizerischen Alpen, in Bü-
gey, wo sie, nach dem Hebert, Grimots heissen; in Podolien, Litthauen,
Samogitien, und vorzüglich in Vollhinien und der Ukraine, welche die Woy-
wodschaften Riov und Braßaw in sich begreifet, allwo, nach Aussage des
Rzaczynski, ein pohlnischer Edelmann, einsmals hundert und dreyßig Paar mit
einem einzigen Netzzuge bey dem Dorfe Kusmince fieng *). Weiter unten werden
wir sehen, auf was Art das Birkhuhn in Kurland gejagt wird.   Diese
Vögel gewöhnen sich nicht leicht an einem andern Himmelsstrich, und auch nicht
an den häuslichen Zustand. Alle die, welche der Marschall von Sachsen, für sein
Vogelhaus zu Chambor, aus Schweden kommen ließ, sind darinnen aus Mat-
tigkeit, ohne sich fortzupflanzen, gestorben **).

Der Paarungstrieb kommt dem Birkhuhn an, wenn die Weiden zu treiben
anfangen, welches nämlich gegen das Ende des Winters ist; die Jäger können solches
aus der Flüßigkeit seines Unflaths abnehmen ***). Alsdenn versammlen sich die
Hähne zu hunderten und drüber, in hohen, einsamen, von Morästen eingeschlosse-
nen und mit Heyde bewachsenen Gegenden u. s. w. Diese wählen sie zu ihren gewöhnlichen Versammlungsplätzen, wo sie auf einander losgehen und sich heftig mit einander schlagen, so lange bis die Schwächern die Flucht zu ergreifen, genöthiget
worden sind. Wenn dieß geschehen, so gehen die Sieger auf Baumstöcken, oder
auch auf einer andern Anhöhe des Platzes mit blitzendem Auge, aufgeschwollenen
Augenbraunen, emporstehenden Gefieder, auseinander geschlagenen Schwanze auf
und ab, schlagen mit den Flügeln, machen häufige Luftsprünge ****), und rufen ihre
Hühner durch ein Geschrey herbey, das auf eine halbe Meile weit erschallt. Sein
natürlicher Laut, welcher das deutsche Wort Frau †) auszudrücken scheint, wird in diesem Falle um eine Terze höher. Außer diesen verbindet er noch damit ein besonderes
Geschrey, welches ein vernehmliches Magenkullern ist ††). Die in der Nähe sich
befindlichen Hühner, erwiedern den Ruf der Hähne, durch ein ihnen eigenes Geschrey, versammlen sich um sie herum, und kommen die folgende Tage sehr pünktlich auf den nämlichen Sammelplatz wieder. Jeder Hahn hat nach D. Weygandt, zwey oder drey Hühner, denen er besonders zugethan ist †††).

Wenn die Hühner befruchtet sind, so geht eine jede für sich, und legt in dicken
und etwas erhabenen Holzungen. Sie legen auf die Erde, und sind wegen der
Einrichtung des Nestes, eben nicht sehr bekümmert, wie solches alle andere schwere
Vögel zu thun pflegen. Nach einiger Versicherung legen sie sechs oder sieben Ey-

S 2

er,

---

*) Auctuarium Paul. p. 422.
**) S. Salerne Ornithol. p. 137.
***) BreslauerSammlungen,Nov.1725.
****) S. Frisch 109. Platte. — Bri-
tish Zoolog. p. 85.

†) Ornithol. de Salerne, l. c.
††) Frisch, ibid.
†††) Breslauer Sammlungen, Nov.
1725.

er *), nach andern zwölf bis ſechzehn **), und noch nach andern von zwölf bis zwanzig ***). Ihre Eyer ſind nicht völlig ſo groß als der Haushühner ihre, nur etwas länglicher ¹). Der Ritter Linnäus ****) verſichert, daß ſie während der Brütung ihren Geruch verliehren ²). Schwenkfeld ſcheint behaupten zu wollen, daß die beſtimmte Zeit ihrer Eyerlegung, ſeitdem die Jäger ſie verfolgt und durch ihre Schüße ſcheu gemacht haben, ſich verändert habe. Eben dieſen Urſachen ſchreibt er auch den Verluſt mancher ſchönen Arten von Vögeln zu, den Deutſchland erlitten hat.

Wenn die Jungen zwölf oder funfzehn Tage alt ſind, ſo fangen ſie ſchon an, ihre Flügel zu bewegen und probiren das Flattern. In den Stand aber, ſich in der Höhe zu ſchwingen und mit ihren Müttern ſich auf die Bäume zu ſetzen, kommen ſie erſt nach fünf oder ſechs Wochen. Alsdenn lockt man ſie durch eine Lockpfeiffe †), um ſie entweder mit einem Netze zu fangen, oder zu ſchießen. Die Mutter, welche den nachgemachten Ton dieſer Pfeiffe, für das Geſchrey eines ihrer verlohrnen Jungen hält, läuft darauf zu, und ruft es durch ein beſonders oft wiederholtes Geſchrey zurück, ſo wie unſere Haushühner in dem nämlichen Falle thun, und bringt in ihrem Gefolge die ganze Brut herbey, die ſie auf dieſe Art in die Hände der Jäger liefert.

Wenn die jungen Birkhühner etwas gewachſen, und ihr Gefieder ſchwarz zu werden anfängt, ſo laſſen ſie ſich nicht leicht auf dieſe Art berücken. Aber alsdenn, wenn ſie die Hälfte ihres Wachsthums erreicht haben, jagt man ſie durch Raubvögel. Die rechte Zeit dieſer Jagd, iſt der ſpäte Herbſt, wenn die Bäume ihr Laub verlohren haben. In dieſer Zeit ſuchen ſich die alten Hähne einen gewiſſen Ort aus, wohin ſie ſich alle Morgen mit Sonnenaufgang verfügen, und durch ein gewiſſes Geſchrey — beſonders wenn Froſt oder ſchön Wetter kommen ſoll — alle

---

*) Brittiſh Zoolog. p. 85.

**) Schwenkfeld Auiar. Sil p. 373.

***) Breslauer Sammlungen, Nov. 1725

¹) Kleins illum Eyer, S. 33 t. XV. f. 3. Sie ſind eben ſo roſtfarbig punktirt, aber etwas kleiner als die Eyer der Auerhenne, und werden in Zeit von vier Wochen ausgebrütet. Man ſehe Wirſing am angef. Orte und Onom. foreſt. pag. 113.

M.

****) Syſt. nat Edit. X p. 159 Ed. XII. p. 374 Oua excludens odore priuatur.

²) Im Lateiniſchen des Ritters ſo wohl, als in dem Franzöſiſcher des Grafen, iſt dieſer Ausdruck ſehr dunkel. Ich wenigſtens

kann daraus nicht ſchlieſſen, ob die Hennen während dieſer Zeit den Sinn des Geruchs verliehren, oder ob ihrem Fleiſche, wenn ſie alsdenn geſchoßen werden, der ihm eigene wildartige Geruch mangelte. Wenn, wie es ſcheint, das Erſte gemeynt iſt, ſo kenne ich nur die Facta nicht, wodurch man ſich von der Wahrheit dieſer Erſcheinung verſichern könnte.

A. d. Ueb.

†) Dieſe Pfeiffe wird aus einem Flügelbein des Habichts gemacht. Man ſtopft in einen Theil deſſelben Wachs und läßt die Löcher offen, welche beſtimmt ſind, den verlangten Ton von ſich zu geben.

A. d. V.

alle Vögel ihrer Gattung, jung und alt, Männchen und Weibchen, herbeyrufen. Wenn sie beysammen sind, so fliegen sie schaarenweise auf die Birken, oder breiten sich auch, wenn kein Schnee auf der Erde liegt, auf den Feldern aus, die den vorhergehenden Sommer, Rocken, Haber oder andre Körner von dieser Art, getragen haben, und alsdenn haben die dazu abgerichteten Raubvögel gut Spiel.

In Rusland, Liefland und Lietthauen, hat man eine andere Art, diese Jagd zu veranstalten. Man bedient sich eines ausgestopften Birkhuhns, oder man macht auch aus Zeug von gehöriger Farbe einen künstlichen Birkhahn, der mit Heu oder Werk ausgestopft ist, welches nach der Landessprache, eine Balvane genennt wird. Man bindet diese Balvane an das Ende eines Stocks, und macht den Stock an einer Weide fest, in der Nähe des Orts, den diese Vögel zu den Platz ihrer Begattung ausgewählt haben. Denn im Monat April, welches die Zeit ihrer Begattung ist; stellt man diese Jagd an. So bald sie die Balvane gewahr werden, versammlen sie sich um sie herum, gehen auf einander los, und vertheidigen sich anfänglich bles scherzweise; aber bald darauf erhitzen sie sich und schlagen sich ernsthaft mit einander und so wüthend, daß sie nicht sehen und hören, und auf diese Weise kann der Jäger, der nicht weit davon in einer Hütte steckt, sie leicht und ohne Flintenschuß fangen [5]). Diejenigen, welche er auf diese Art gefangen hat, macht er innerhalb fünf oder sechs Tagen so kirre [6]), daß sie kommen und ihm aus der Hand fressen *). Im Frühlinge des darauf folgenden Jahres, bedient man sich dieser kirren Vögel, anstatt der Balvanen, um die wilden Birkhühner anzulocken, welche auf sie losfallen, und sich mit ihnen so blutig schlagen, daß ein Flintenschuß nicht vermögend ist sie wegzujagen. Sie kommen alle Tage sehr früh an den Versammlungsplatz zurück, bleiben daselbst bis Sonnenaufgang, alsdenn fliegen sie weg, und zerstreuen sich in die Gebüsche, und auf den Heyden, um Futter zu suchen. Um drey Uhr Nachmittags kommen sie an den nämlichen Ort wieder, und verbleiben da bis auf den späten Abend. So versammlen sie sich täglich, besonders bey schönem Wetter und so lange ihre Paarungszeit währt, nämlich drey oder vier Wochen; wenn aber schlecht Wetter ist, sind sie etwas eingezogener.

S 3   Die

---

5) Sie fangen sich durch so einen Balvan, oder wie es nach der *Onomat. forest.* heißt, Balvahn, auch auf Lermruthen. v Heppe. wohlred. Jäger, S 69 not. z. *Onomat. forest.* I, 25t   M

6. Man hat so gar Versuche gemacht, zahme Birkhühner dahin zu bringen, daß sie Eyer legen und Junge ausbrüten. S Schwed. Abhandl. 1759 und Krönitz Encyclop. B. V. S. 385.   M. . . .

*) Darinnen unterscheiden sich die Birkhühner von den Auerhühnern sehr, welche letztere, weit entfernt sich zähmen zu lassen, nicht einmal Futter annehmen, wenn sie gefangen sind, und sich bisweilen durch Verschlingung ihrer Zunge, wie wir in ihrer Geschichte gesehen haben, selbst ersticken.   A. d. V

Die jungen Birkhühner haben auch ihre eigene Versammlung und ihren ab-
gesonderten Sammelplatz, wo sie schaarenweise bey vierzig und funfzig zusammen
kommen, und wo sie sich fast wie die Alten herumtummeln. Nur haben sie eine
schwächere und heisere Stimme und ihr Ton ist nicht so aushaltend, ihre Art zu
hüpfen ist auch nicht so ungezwungen. Ihre Versammlungszeit dauert nicht leicht
über acht Tage, nach deren Verlauf sie wieder zu den Alten kommen.

Da sie nach der Paarungszeit ihre Versammlungen nicht so pünktlich halten,
so kostet es eine neue Mühe, sie in die Gegend zu locken, wo der Schütze mit den
Balvanen ist. Verschiedene Jäger zu Pferde, machen einen mehr oder weniger
weiten Creiß, von welchem die Hütte der Mittelpunkt ist. Sie nähern sich unvermerkt, und indem sie zur rechten Zeit mit ihrer Peitsche klatschen, so bewegen sie
sie zum Auffliegen, und jagen sie von Baum zu Baum auf die Seite des Schützen, den sie entweder durch ihre Stimme, wenn sie nahe sind, oder durch Pfeiffen,
wenn sie weit sind, ein Zeichen geben. Man begreift aber leicht, daß diese Jagd
nur glücken kann, wenn der Schütze, nach der Kenntniß der Gewohnheiten dieser
Vögel, alles gut veranstaltet hat. Wenn die Birkhühner von einem Baume zum
andern fliegen, so suchen sie sich durch einen schnellen und treffenden Blick Aeste
aus, die stark genug sind, sie zu tragen; selbst die in die Höhe gerichteten Aeste
nicht ausgenommen, welche sie durch das Gewicht ihres Körpers biegen, wodurch
sie ihnen eine Horizontallage geben, daß sie auf diese Art recht gut darauf sitzen
können, ob sie gleich hin und her wanken. Wenn sie sitzen, so ist die Sicherheit ihre
erste Sorge. Sie sehen sich auf allen Seiten um, horchen, machen einen langen
Hals, um wahrzunehmen, ob Feinde vorhanden sind. Wenn sie sich für Raubvögeln
und Jägern sicher halten, so beginnen sie Baumknospen zu fressen. Um dieser Ursache
willen befleißiget sich ein verständiger Schütze, seine Balvanen auf schwankende Aeste
zu setzen, an welche er einen Strick bindet, und von Zeit zu Zeit daran zieht, damit die Balvane, die Bewegung des Birkhuhns auf dem Aste nachmache.

Weiter muß man aus der Erfahrung wissen, daß man bey heftigem Winde,
den Kopf der Balvanen, gegen den Wind stellen muß, bey stillem Wetter aber
muß man sie einander gegen über setzen. Wenn nun die Birkhühner, welche auf
die besagte Art von den Jägern beunruhiget worden sind, gerade auf die Hütte
des Schützen zukommen, so kann dieser aus einer leichten Bemerkung abnehmen,
ob sie sich in seiner Nähe setzen werden oder nicht. Wenn ihr Flug unentschlossen
ist, wenn sie mit den Flügeln schlagen und wechselsweise bald herbey, bald davon
fliegen, so kann er darauf Rechnung machen, daß sich, wo nicht alle, doch wenigstens einige, bey ihm niederlassen werden. Nehmen sie aber in der Nähe seiner
Hütte einen Schwung, so fliegen sie schnell und unterbrechen, und daher kann er
schliessen, daß sie, ohne sich aufzuhalten, vorbeyziehen werden.

Wenn sich die Birkhühner in der Nähe des Schützens niedergelassen haben,
so giebt ihm ihr drey- oder mehrmal wiederholtes Schreyen, Nachricht davon; alsdenn muß er sich wohl hüten, daß er sich mit dem Schießen nicht übereile.   Er
muß sich im Gegentheil gar nicht rühren, und nicht das geringste Geräusch machen,
um ihnen Zeit zu lassen die Gegend zu besehen und kennen zu lernen.   Darnach,
wenn sie sich auf ihre Aeste gelagert haben, und zu fressen anfangen; so kann er
sie gemächlich aussuchen, und sie schießen.   Wie zahlreich aber auch die Schaar
seyn mag, wenn sie auch hundert oder gar über hundert wäre, so kann man nicht
erwarten, mehr als einen oder zween mit einem Schuß zu tödten.   Denn diese Vögel setzen sich aus einander, und gewöhnlich sucht sich jeder seinen Baum aus.   Die
einzelnen Bäume sind bequemer als ein dicker Wald.   Diese Jagd ist weit leichter, wenn sie auf Bäumen sitzen, als wenn sie sich auf der Erde aufhalten.

Wenn kein Schnee ist, so schlägt man manchmal die Balvane und Hütte
auf Feldern auf, welche das vorige Jahr Haber, Rocken oder Buchwaizen getragen haben.   Man deckt die Hütte mit Stroh, und diese Jagd ist ziemlich einträg-
lich, nur muß gute Witterung seyn; denn bey schlechter Witterung zerstreuen sie
sich, verstecken sich, und machen die Jagd unmöglich. Aber der erste schöne Tag,
der darauf folgt, macht sie desto leichter, und ein Schütze, der auf dem rechten
Platz ist, kann sie durch seine Lockpfeiffe ganz allein leicht zusammen locken, ohne
andere Jäger nöthig zu haben, die sie auf die Seite der Hütte zutreiben.

Man giebt vor, daß diese Vögel, wenn sie in Schaaren fliegen, an ihrer Spitze einen alten Hahn haben, der sie als ein versuchter Befehlshaber anführe, und
ihnen alle Fallstricke der Jäger vermeiden helfe.   Solchergestalt ist es in diesem
Falle sehr schwer, sie auf die Balvane zuzutreiben, und man hat keine andere Mittel übrig, als einige langsamere, vom Truppe abzuschneiden.

Diese Jagd kann jeden Tag vom Sonnenaufgang bis zehn Uhr, und des
Nachmittags von eins bis vier Uhr angestellt werden.   Im Herbste aber bey stillem nebelichtem Wetter, kann sie den ganzen Tag ununterbrochen vor sich gehen,
weil in diesem Falle die Birkhühner nicht gerne ihre Plätze verändern.   Auf diese
Art, nämlich da man sie von einem Baume zum andern treibt, kann die Jagd
bis gegen den kürzesten Tag im Winter dauern, nach dieser Zeit aber werden sie
wilder, mißtrauisch und listiger. Sie verändern so gar ihren gewöhnlichen Aufenthalt, es wäre denn, daß sie durch strenge Kälte oder übermäßigen Schnee, davon
abgehalten würden.

Man will bemerkt haben, daß, wenn die Birkhühner sich auf die Gipfel der
Bäume, oder auf ihre jungen Zweige setzen, es ein Zeichen schöner Witterung sey;
hingegen aber, wenn sie sich auf die untern Aeste herablassen, und sich darinnen
verkriechen, zeige es schlecht Wetter an.   Ich würde die Beobachtungen der Jäger
nicht

nicht anführen, wenn sie nicht mit dem Naturtriebe dieser Vögel übereinstimmten, welche, wie wir oben gesehen haben, dem Einfluß der guten und schlechten Witterung, sehr unterworfen zu seyn scheinen. Ihre große Empfindlichkeit in dieser Betrachtung, könnte wohl, ohne Verletzung der Wahrscheinlichkeit, in einem solchen Grade angenommen werden, als sie haben müssen, um die Witterung des folgenden Tages voraus zu spüren.

Zur Zeit starker Regengüsse, ziehen sie sich in die dicksten Gehölze zurück, um durch sie dafür geschützt zu seyn. Weil sie zu der Zeit schwer sind und schwerfällig fliegen, so kann man sie mit Windhunden jagen, die sie oft ermüden und selbst im Laufe fangen *).

In andern Ländern fängt man sie, nach dem Aldrovand, mit Schlingen **), auch wie wir oben gesehen haben, mit Netzen. Es wäre der Mühe werth, die Gestalt, den Umfang und die Art der Aufstellung des Netzes zu wissen, auf welche Art der pohlnische Edelmann, von dem Rzaczynski redet, einst zweyhundert auf einmal fangen konnte.

*) S. Breslauer Sammlungen, November 1725. 2c. und 1738. Diese Schwere des Tetras hat Plinius schon angemerkt. Wahr ist es, daß er sie der ersten Art oder den Auerhühnern beyzulegen scheint, und ich zweifle auch nicht daran, daß sie ihnen nicht eben so wohl, als den Birkhühnern zukomme.   A. d. V.

**) Aldrou. de Auibus, T. II. p. 69.

Das

Das Birkhuhn mit dem ganzen Schwanz [1].

Im vorhergehenden Artikel habe ich die Gründe angegeben, die mich bewogen haben, aus diesem kleinen Tetras, eine Gattung oder vielmehr eine besondere Raße zu machen. Gesner redet von ihm unter dem Namen eines Waldhahns (gallus sylvestris) [*], und bezeichnet ihn als einen Vogel mit rothen Lappen, und mit einem ganzen und ungespaltenen Schwanze. Er setzt hinzu, daß er in Schott-land der schwarze Hahn, und das Weibchen die graue Henne (greyhen) genennt würde. Es ist wahr, daß dieser Schriftsteller, durch den Begriff eingenommen, daß das Männchen und Weibchen bey allen Vögeln nicht sehr durch das Gefieder verschieden seyn müßten, hier das Wort greyhen durch gallina fusca, dunkelbraune Henne, übersetzt, um so gut als möglich, die Farben des Gefieders einander ähnlich zu machen, und daß er sich auf diese seine unrichtige Uebersetzung gründet, um zu behaupten, daß diese Gattung eine ganz andere sey, als die Mohrenhenne des Turners [**], aus der Ursache, weil das Gefieder der Mohrenhenne, von dem Gefieder des Männchens so abgehe, daß ein Mann von nicht ganz gründlichen Kenntnissen, sich leicht dorinnen versehen, und diesen Hahn und Henne, als zu zwo verschiedenen Gattungen gehörig, ansehen könne. Würklich ist das Männchen fast kohlschwarz und das Weibchen beynahe von der nämlichen Farbe, als das graue Rebhuhn. Im Grunde ist es aber ein neuer Zug der Gleichheit, welcher die Aehnlichkeit dieser Gattung, mit dem schwarzen schottischen Hahn, noch voll-ständiger macht. Denn Gesner behauptet in der That, daß diese zwo Gattungen, in allen übrigen Stücken, einander gleich sehen. Ich meines Orts finde nur den einzigen Unterschied, daß der schwarze schottische Hahn, kleine rothe Fleckchen auf der Brust, auf den Flügeln und Schenkeln hat. Wir haben aber in der Geschich-te des Birkhuhns mit dem gespaltenen Schwanze gesehen, daß die jungen Hähne, welche in der Folge ganz schwarz werden, in den ersten sechs Monaten, das Gefie-der der Mütter, nämlich des Weibchens, an sich haben. Folglich könnte es seyn, daß

---

[1] Coq de Bois; Vrogallus minor pun-ctatus. Le coq de Bruyere piqueté. Briss. de Auib. I. p. 53. Der schwarze Hahn, Wald-hahn, Martini Naturlexikon, Th. III,

S. 495.

III. . . .

[*] Gesner de Auibus, p. 477.
[**] Ibid. l. c.

daß die rothen Fleckchen, von welchen Geßner redet, nur ein Ueberbleibsel des ersten Gefieders wären, ehe es sich gänzlich in ein reines Schwarz, ohne Vermischung
verwandelt.

Ich weiß nicht, warum Brisson, diese Rasse oder Abänderung, wie er sie
nennt, mit dem weißgesprenkeltem Tetras des Linnäus *), darum vermengt,
weil dieser Tetras, der in Schweden Racklehahn ¹) genennt wird, den gespaltenen Schwanz zum Unterscheidungszeichen hat; da doch Linnäus ihm übrigens
keine Läppchen beylegt, und der Tetras, von dem hier die Rede ist, nach der Geß-
nerischen Figur, einen ganzen Schwanz, und nach seiner Beschreibung, rothe
Läppchen an den Seiten des Schnabels hat.

Eben so wenig begreife ich, warum Brisson, wenn er zwo Rassen in eine
bringt, von dem kleinen Tetras mit dem gespaltenen Schwanze, nur eine Abänderung macht, da Linnäus, ohne auf die beyden Unterschiede zu sehen, die ich jetzt
angezeigt habe, zuverläßig sagt, daß sein gesprenkelter Tetras, seltner und wilder
sey, auch ganz anders schreye, welches, wie mich dünkt, merklichere und wesentli-
chere Unterscheidungsmerkmale sind, als die, welche gewöhnlich eine bloße Abart
ausmachen. Vernünftiger scheint mir es zu seyn, daß man diese zwo Klassen oder Gattungen des kleinen Tetras von einander absondere; die eine, welche
den ganzen Schwanz und die rothen Läppchen zum Unterscheidungszeichen hat, begreift den schwarzen schottischen Hahn und die turnerische Mohrenhenne, und die
andere, welche die weißen Fleckchen auf der Brust und ein ganz verschiedenes Geschrey hat, würde aus dem schwedischen Racklehahne entstehen.

Folglich, dünkt mich, muß man bey dem Geschlechte der Tetras oder Auerhähne, vier verschiedene Gattungen rechnen; als:

    1) Den großen, oder den Auerhahn.

    2) Den kleinen Tetras, oder den Birkhahn mit dem getheilten Schwanze.

    3) Den schwedischen Racklan, oder Racklehahn, den Linnäus ange-
       zeigt hat.

                                         3) Das

---

*) *Linnaeus Fauna Svecica*, n. 167.
¹) Der Ritter hat, seinem Geständniß
nach, diese Gattung nicht gesehen, sondern
beruft sich auf das Zeugniß der Jäger und
des Herrn Degeer, der sie gesehen und
gezeichnet habe. Er wirft die Frage auf:
ob es eine Bastardart von Auerhahne und
Birkhahne seyn möchte? S. den nächsten
Zusatz zur Geschichte der Birkhühner.
                A. d. Ueb.

4) Das turnerische Mohrenhuhn, oder der schwarze schottische Hahn, mit den dickfleischichen Lappen an jeder Seite des Schnabels und mit dem ganzen Schwanze.

Diese vier Gattungen gehören ursprünglich den nordischen Himmelsstrichen zu, und halten sich, eine wie die andere, in Tannen- und Birkenwäldern auf. Blos die dritte Gattung, nämlich den schwedischen Racklehahn, würde man als eine Abänderung des kleinen Tetras ansehen können, wenn Linnäus nicht versicherte, daß er ein ganz anderes Geschrey, als diese habe ¹).

Das Birkhuhn mit den veränderlichen Federn.

Die Auerhähne sind in Lappland gemein, besonders, wenn der Mangel an Nahrungsmitteln, oder die übertriebene Vermehrung der Gattung sie zwingt, die schwedischen und schonischen Wälder zu verlassen, und sich weiter gegen Norden zu ziehen *). Doch hat sich noch niemand gerühmt, in diesen eiskalten Himmelsstrichen weiße Auerhähne gesehen zu haben. Die Farbe des Gefieders, halten wegen ihrer Fettigkeit und innern Beschaffenheit, die Probe einer strengen Kälte aus. Es giebt auch schwarze Birkhühner, die in Kurland und den nördlichen Pohlen eben so häufig, als die großen in Lappland sind. Aber D. Weygandt **), der Jesuit Rzaczynski ***), und Klein †), versichern, daß es in Kurland noch eine andere Gattung von Birkhühnern gäbe, die sie die weißen nennen. Sie sind aber nur im Winter weiß, und im Sommer wird ihr Gefieder alle Jahre braunröthlich, nach D. Weygandt ††); graubläulich aber, nach Rzaczynski †††). Diese Abänderungen finden sich bey den Hähnen und Hühnern, dergestalt, daß die einzelnen Subjekte beyder Geschlechter, zu jeder Zeit, genau einerley Farben haben. Sie setzen sich nicht, wie die andern Birkhähne auf Bäume, sondern halten sich gerne in dicken kurzen Gebüschen und Heiden auf, wo sie

T 2   gewohnt

---

¹) Venatores nostri sono facile eam distinguunt. *Linn.* Faun. Suec. l. c.
               A. d. Ueb.
*) Histor. Auium, p. 173.
**) Weygandt, Bresl. Sammlungen, Nov. 1725.

***) *Rzaczynski, Auctuarium Hist. nat.* Pol. p. 422.
†) *Klein Hist. auium prodromus*, p. 173.
††) *Weygandt* l. c.
†††) Rzaczynski, l. c.

gewohnt sind, sich alle Jahre einen gewissen Umfang des Reviers zu ihrer ordentlichen Versammlung auszusuchen. Wenn sie durch Jäger, Raubvögel oder Stür-
me zerstreuet worden sind, so locken sie einander hieher und versammlen sich wieder. Wenn man sie jagt, so muß man das erstemal, da man sie aufjagt,
sich sorgfältig den Ort merken, wo sie sich wieder niederlassen. Denn
das ist sicher ihr Sammelplatz für das ganze Jahr, und sie werden nicht leicht
zum zweytenmal, besonders wenn sie Jäger merken, auffliegen. Sie ducken
sich vielmehr auf die Erde und verstecken sich auf das Beste, und alsdenn sind sie
leicht zu schiessen.

Man sieht also, daß sie sich von den schwarzen Tetras, nicht nur durch die
Farbe, und durch das gleiche Gefieder des Hahns und der Henne, sondern auch durch
ihre Gewohnheiten, sich nicht auf Bäume zu setzen, unterscheiden. Sie zeichnen
sich auch von den Schneehühnern, die gemeiniglich die weißen Rebhühner genannt
werden, dadurch aus, daß sie sich nicht auf hohen Bergen, sondern in Gebüschen und
Heyden aufhalten. Uebrigens wird von ihnen nicht gesagt, daß sie an ihren Füßen
Zotten bis an die Klauen, wie die Schneehühner, hätten. Ich würde sie auch
lieber unter die Frankoluren oder Rothhühner gesetzt haben, wenn ich es nicht
für meine Schuldigkeit geachtet hätte, meine Muthmassungen dem Ansehen dreyer
gelehrten Schriftsteller, die noch dazu von einem Vogel ihres eignen Landes handeln,
zu unterwerfen.

Zusätze zur Geschichte der Birkhühner oder Tetras des Büffon.

Ehe wir uns in die Verwirrung einlassen, welche unter diesen Geschlechtern oder
Gattungen, bey alten und neuern Schriftstellern herrscht, müssen wir hier die
Beschreibung des im vorigen Artikel von dem Herrn Grafen von Büffon, nur
obenhin erwähnten schwedischen Racklehahne einschalten. Herr D. Martini *)
beschreibt ihm unter den Namen des:

Auerbirkhuhns, Schnarchhuhns, After- oder Bastardauerhuhns,

folgendergestalt:

Diese

*) Martini Naturles. Th. III. S. 505. schen Naturgeschichte, B. V. S. 56. Te-
Ebendesselben Uebersetzung der Büffoni- trao hybridus.

„Diese Halbart von Auer- und Birkhähnen, soll eine Vermischung beyder
„Arten zum Grunde ihres Daseyns haben. Der Birkhahn wird als Vater, die
„Auerhenne als Mutter angegeben. Indessen wird ihnen, wie den meisten Ba-
„stardarten, die Vermehrung ihrer Art, gänzlich abgesprochen. An Größe des
„Körpers gleichen sie den alten großen Auerhähnen. Der Schnabel ist, wie bey
„dem Birkhuhn, gerade und ganz schwarz, da er bey dem Auerhahn gräulich und
„stark gekrümmt erscheint. Auch der Kopf gleicht im Ganzen, bis auf die meh-
„rere Größe, dem Birkhuhn. An dieser Halbart sieht man auch an den Seiten
„zween große rothe Falten, wie bey dem Birkhuhn, da hingegen der Auerhahn
„blos einen schmalen rothen Streif an jeder Seite des Kopfes hat. Die Farbe
„des Halses ist so, wie bey dem Birkhuhn, die Größe und Dicke desselben, wie
„bey dem Auerhahn beschaffen, und in Vergleichung mit der Größe des Körpers,
„sogar länger, auch dicker, als an der Auerhenne. Unter der Brust und am gan-
„zen Leibe gleicht er völlig einem Auerhahn, außer daß hier, da der Birkhahn
„hinten unter den Federn im Schwanze ganz weiß, der Auerhahn aber daselbst
„mit großen Flecken bezeichnet ist, die obern Federn an einigen Orten ganz wenig
„besprenkelt sind.

„Die Rumpffedern gleichen an Farbe und Länge den Auerhähnen, an Ge-
„stalt aber mehr den Birkhähnen, weil diese Federn bey dem Auerhahne wie ein
„Bogen gekrümmt, in der Mitte am höchsten, an den Seiten aber, wo sie sich
„ausbreiten, merklich niedriger sind, bey dem Auerbirkhahn aber in der Mitten nie-
„driger, als an den Seiten stehen, und an den Seiten eine Krümmung, wie am
„Birkhuhn machen.

„Füße und Beine findet man, in Vergleichung mit der Größe des Kör-
„pers, meistentheils mit dem Auerhahn übereinstimmend.

„Das Merkwürdigste bey diesem Vogel ist wohl der Schall oder Laut, den
„er von sich hören läßt. Hierinnen gleicht er weder dem Auerhahn noch dem Birk-
„hahn. Er pflegt blos im Sitzen so aus dem Hals zu plarren, als ob es dem
„vierschrötigsten Kerl oberwärts aufstiesse. Das geschieht aber so lange hinter einan-
„der, daß man davon unmöglich eine genaue Beschreibung geben kann. Uebrigens
„verhält es sich bey diesem Geschrey eben so, wie mit dem Auerhahn, wenn er
„balzet. Herr Rutenschiöld hat ihn unter den Hühnern, wo der Auerhahn balz-
„te, theils auch unter den Birkhühnern, wo diese balzeten, wahrgenommen. Er
„hat aber nicht bemerken können, ob es auch einige Hühner dieser Art gebe, deren
„Größe zu den Rakelhahn einiges Verhältniß zu haben geschienen.

Nun etwas von allen diesen Birkhühnerarten, zum Versuche, ob man sie aus
einander setzen könne:

T 3

Aldro-

Aldrovand *) rechnet uns drey Vögel vor, welche etwas von dem Auerhahn haben, aber kleiner, und daher unserm Birkhuhn ähnlich sind. Er beschreibt

1) den *Urogallus minor*, dem er die deutsche Benennung, kleiner Orhahn, und die italiänische, Falan negro, zuschreibt. Der Schnabel ist nach ihm von schwarzer Farbe, nur einen Zoll lang. Der Hals, ohngefähr fünf bis sechs Zoll lang, ist mit blauen Federn besetzt. Unter dem Halse, auf den Rücken und den Flügeln, werden die Federn schwärzer. Die Flügel sind in der Mitte, und nach innen zu weiß. An dem Bauche sind die Federn schwarz, nach dem Schwanze zu wieder blau wie am Halse. Die Schwanzfedern sind schwärzlich, die mittlern sehr kurz, und können aus einander gefaltet werden.

2) Den *Tetrax* des Nemesianus, oder den *Grygallus maior*, deutsch Gurgelhahn. Er vergleicht die Größe desselben mit der Größe einer Gans. Die Farbe ist nach ihm vom Schnabel bis an die Ohren aschgrau, schwarz gefleckt; der Hals, Brust und Bauch braunroth mit schwarz und weißen Flecken. Der Rücken und Flügel aschgrau. Die Schwungfedern schwarz und grau eingefaßt. Der Schwanz fast kastanienbraun mit großen schwarzen Flecken. Vier aschgraue Zeen, rothe Augenwimpern. Er glaubt ihn zum Attagen der Alpen machen zu können, ohngeachtet er dreymal größer sey, als andere Attagens oder Francolinen.

3) Den *Grygallus minor*; deutsch Birckhahn. Die Größe soll wie ein Rebhuhn seyn; nur etwas größer. Longolius sagt, nach dem Aldrovand, er habe den deutschen Namen nicht von seinem Aufenthalte, sondern von seiner Farbe. Aldrovand ist ungewiß, ob dieses nicht das turnerische Mohrenhuhn sey?

Nun entsteht die Frage, wie drey solche Vögel, welche alle für kleinere Aushähne oder Tetras des Buffon erkannt werden können, nach diesem unserm Schriftsteller, oder vielmehr nach der Natur geordnet werden müssen. Nimmt man den *Grygallus maior* und *minor* für Männchen und Weibchen an, was ist alsdenn *Urogallus minor?* Nimmt man aber, wie der Graf von Buffon thut, den *Grygallus minor* für das Weibchen des *Urogallus minor*, was ist denn der *Grygallus maior*, und wie kann man mit allen diesem, die Größe des letztern vergleichen, die Aldrovand als die Größe einer Gans angiebt? Buffon selbst sagt zwar, daß der *Tetrax* des Nemesianus, kein Birkhahn sey, allein er belehrt uns nicht, was es für ein Vogel sey.

So

*) *Aldrov. Ornithologs.* l. XIII, c. 7. p. 89. T. II. p. 32.

So ſehr auch Aldrovand durch ſehr ſinnreiche Auslegungen, der Stelle des Nemeſianus abzuſtreiten ſucht, daß dieſer Vogel kein Trappe ſey, ſo bin ich doch ſehr geneigt es zu glauben, weil die Größe dieſes anzuzeigen ſcheint. Der Vrogallus minor und Grygallus minor, werden aber alsdenn das Männchen und Weibchen ſeyn.

Büffon hat an den, im königlichen Kabinet befindlichen Birkhühnern, ſo wie Linne', achtzehn Schwanzfedern gezählt, nur ſind ſie in der Vertheilung uneinig. Büffon ſetzt auf beyden Seiten ſieben große, in der Mitten vier kleinere, Linne' auf beyden Seiten vier große, in der Mitten zehen kleinere Federn.

Die Vergleichung der Schriftſteller, welche überall eine mühſelige Arbeit für den Naturforſcher iſt, muß durch die verſchiedenen Benennungen der Jäger, in der Klaſſe von Vögeln, die wir itzt bearbeiten, nothwendig erſchwert werden. Wir werden daher noch einigemal auf Schwierigkeiten ſtoſſen, wo wir nichts Entſcheidendes zu ſagen wagen dürfen.

Das Haſelhuhn 1) *).

Siehe die 474. und 475. illuminirte und unſere 18. Kupfertafel.

In der vorhergehenden Abhandlung haben wir geſehen, daß unter allen Gattungen des Auer= und Birkhahns, das Weibchen ſich vom Männchen, durch die Farben des Gefieders unterſcheide, ſo, daß manche Naturforſcher nicht haben glauben können, daß es Vögel von einerley Gattung wären. Schwenks=
feld

1) Anm. Das Haſelhuhn, Rothhuhn. Schwenkfeld, Martini Naturler. B. III. S. 552. Friſch Vögel, t 112. Hallens Vögel, S. 449. 473. Kleins Vogelhiſt. durch Reyger, S. 121. n. 3. Eiuſd. ſtemmata Auium, p. 25. T. 26. f. 13. a. b. Scopoli ann I. hiſt. nat. durch Günther, S. 142. Döbels Jägerprakt. Th I. S. 48. Th. II. S. 176. v. Heppen wohlred. Jäger, S. 185. Brunnich Ornithol. boreal. p. 59. Müller Prodr m. Zool. p 28. 214. — Onomatol. Hiſt. Nat. II. p. 261. — Bonaſa, Onomat. foreſt I. p 59 Ouomat. oecon. pract. II. p. 40. Neuer Schau=

platz der Natur, Th. III. S. 670. Valmont de Bomare Dict. de hiſt. nat. T. V. p. 59. Jonſton Au. T. 25. Willoughb. Au. 126. t. 21. Rai. Au. 55. n, 6. Aldrouand. Ornithol. l. XIII. c. XII. Tetrao Bonaſa pedibus hirſutis, reſtricibus cinereis, punctis nigris, faſcia nigra, exceptis mediis duabus, Linn. Syſt. Nat. T. XII. p. 275. n. 9. Faun. Suec. ed. I. n. 170. ed. II. n. 204. p. 73. Müllers Linn. Naturſ. Th. II. S. 485. das Haſelhuhn. III.

*) Franzöſ. Gelinotte, lat. Gallina corylorum, Gallina ſiluaſtica, eben ſo in alt franz=
zöſ.

feld aber *), und nach ihm Rzaczynſki **), ſind in einen gerade entgegen geſetzten
Fehler verfallen, und haben das Haſelhuhn und den Frankolin, unter eine und
eben dieſelbe Gattung geſetzt. Dieſes hat nicht anders, als durch einen ſehr erzwun-
genen und unrecht verſtandenen Schluß geſchehen können, da ſich ſo zahlreiche Unterſchiede zwiſchen dieſen beyden Gattungen finden. Friſch verfällt in ein Verſehen
von nämlicher Art, wenn er einerley Vogel aus der Attagen und dem Haſelhuhn
macht, und unter dieſer doppelten Benennung blos die Geſchichte des Haſelhuhns
vorträgt, die er von Gesnern wörtlich entlehnt hat. Dieß iſt ein Irrthum, von
welchem er, dünkt mich, durch einen andern hätte zurück gehalten werden ſollen,
vermöge deſſen er, ſo wie Charleton ***), das Birkhuhn mit dem Haſelhuhn
verwechſelte. In Anſehung des Frankolin, werden wir in ſeinem beſondern Artikel ſehen, mit welcher andern Gattung er eine weit natürlichere Aehnlichkeit habe.

Alles was Varro von ſeiner Feld- oder wilden Henne ſagt ****), iſt dem
Haſelhuhn ſehr angemeſſen, und Belon zweifelt gar nicht daran †), daß es nicht
die nämliche Gattung ſeyn ſollte. Dieſer Vogel war, nach dem Varro, eine ſehr
große Seltenheit zu Rom, und man konnte ihn, wegen der Schwierigkeit ihn
zahm zu machen, nur in Gebauern aufziehen, er legt auch im Stande der Gefangenſchaft faſt niemals Eyer. Dieß iſt eben das, was Belon und Schwenkfeld
vom Haſelhuhn ſagen. Der erſte giebt von dieſem Vogel mit wenig Worten,
einen ſehr richtigen und vollſtändigern Begriff, als die umſtändlichſte Beſchreibung
nicht thun würde, folgendermaaßen: „Wenn man ſich, ſagt er, ein Baſtardreb-
„huhn von dem rothen und grauen und im Geſieder etwas Faſanmäßiges vorſtellt,
„ſo hat man das Bild des Haſelhuhns ††).“

Der Hahn unterſcheidet ſich von der Henne durch einen ſehr ſtarken
ſchwarzen Fleck unter dem Halſe, und durch ſeine flammichten Augenbraunen, die
viel röther ſind. Dieſe Vögel ſind ſo dick, wie ein rothes Rebhuhn. Sie haben ohngefähr ein und zwanzig Zoll in der Flügelbreite, kurze Flügel und fliegen
folglich ſchwer, und ihr Flug geſchicht mit vieler Anſtrengung und Geräuſch; hingegen laufen ſie deſto geſchwinder †††). In jedem Flügel haben ſie vier und zwanzig Schwungfedern, die faſt alle von gleicher Größe ſind, und im Schwanze ſechzehn; Schwenkfeld ſagt funfzehn ††††). Aber dieſer Fehler iſt deſto gröber; je
gewiſſer es iſt, daß es vielleicht keinen einzigen Vogel giebt, der eine ungleiche Anzahl

---

36f. *Gelinotte des bois;* Haſelhuhn, Haſel-
henne; engl. *Hafel-ben;* ſchwed. *Hierpe;*
pohln. *Jarxabek;* — Gallina corylorum
ſeu bonoſa Alberto dicta. *Geſn. de Auib.* p.
228. *La Gelinotte Briſſ. Ornitholog.* T, I.
p. 191.
*) *Schwenkfeld Auiar. Sil.* p. 279.

**) Rzaczynſki, *Auctuarium Pol.* p. 366.
***) *Charleton. Exercit.* p. 82. n, 7.
****) *Varro, de Re Ruſtica,* L. III. c, 9.
†) *Belon. nat. des Oiſ.* p. 253.
††) *Idem, Ibid.*
†††) S. Geſner, S. 229.
††††) *Schwenkfeld, Auiar. Sil,* p. 278.

zahl Federn im Schwanze hat. Durch den Schwanz des Haselhuhns geht gegen
das Ende desselben ein breiter schwärzlicher Streifen, der bloß durch die mittelsten
zwey Federn unterbrochen wird. Ich halte mich bey diesem Umstande nur deswegen auf, weil bey den meisten Vögeln, nach des Willoughby Bemerkung, eben
diese zwo Federn ihren Ursprung bald etwas höher, bald tiefer als die Seitenfedern, zu nehmen pflegen *). Auf diese Weise scheint hier die verschiedene Farbe
von der Verschiedenheit der Stellung abzuhängen. Die Haselhühner haben, wie
die Auer- und Birkhühner rothe Augenbraunen, und um ihre Klauen kleine,
aber kürzere Kanten. Die Klaue der mittelsten Zee ist scharf, und die Füße
vorne mit Federn versehen, aber nur bis auf die Mitte des Vorderfußes. Sie
haben einen muskulösen Magen, einen Darmkanal, der etliche dreyßig Zoll lang
ist; die Anhängsel, oder der Blinddarm sind dreyzehn bis vierzehn Zoll lang
und gerippt **). Ihr Fleisch ist zwar, wenn es gekocht ist, weiß, aber doch
mehr inwendig, als auswendig. Diejenigen, welche es genau untersucht haben, behaupten, vier verschiedene Farben daran wahrgenommen zu haben, so wie man drey-
erley verschiedenen Geschmack im Fleische der Trappen, und der Auer- und Birkhühnern gefunden hat ¹). Was nun auch daran seyn mag, so ist doch das Fleisch
des Haselhuhns vortrefflich, und daher soll es den lateinischen Namen *Bonasa*,
und seinen ungarischen Namen *Tschafarmadar*, erhalten haben, welches einen Kai-
servogel andeutet, als wenn gleichsam ein so gutes Stück für den Kaiser ganz allein
aufbehalten werden müßte. Es wird würklich sehr viel daraus gemacht, und Gesner merkt an, daß es das einzige Gerichte ist, welches man auf fürstliche Tafeln,
zweymal aufzutragen sich erlaubte ***).

In Böhmen speiset man deren viele zur Osterzeit, so wie man in Frankreich
zu der Zeit Lammfleisch ißt, und pflegt sich damit einander wechselsweise Geschen-
ke zu machen †).

Ihre Sommer- und Winternahrung, stimmt meist mit des Tetras seiner
überein. Im Sommer findet man in ihrem Magen Beeren vom Sperberbaum,
Heydel- und Brombeeren, Alpenhollunderkörner, Schoten von der Sal-
zarella, Birken- und Haselkätzchen u. s. w.; im Winter Wacholderbeeren,
Birken-

---

*) *Willoughby Ornithol.* p 3.
**) *Idem*, *Ornithol.* p. 126.
¹) Schwenkfeld beschreibt uns das
Fleisch vom Haselhuhne, als eine gesunde,
leicht verdauliche Speise. „Probe ac mul-
tum nutrit; bonum et laudabile corpori sug-
gerit alimentum. Facillime digeritur et ex-
crementorum expers. In cibo arthriticis, pa-
ralyticis, epilepticis, stomachicis salutaris."

— Die Zuträglichkeit und den angenehmen
Geschmack dieses Wildprets, bestätigt auch
der sel. D. Zückert in seiner *Mat aliment.* p.
103. und in seiner Abhandl. von den Speisen
aus dem Thierreiche, Berlin 1777. S. 92.
M. . . .
***) *Gesner Ornithol.* p. 231.
†) *Schwenckfeld*, *Aviar. Sil.* p. 279.

Birkenlämmerchen, Spitzen von Heydekraut und von Fichten und Wachholderstauden und einigen andern immer grünenden Gewächsen *). Diejenigen Haselhühner, die man eingesperret hat, füttert man auch mit Waizen, Gerste und andern Korn. Das aber haben sie noch mit den Auerhühnern gemein, daß sie den Verlust ihrer Freyheit nicht lange überleben **), weil man sie entweder in zu enge und ihnen nicht zuträgliche Behältnisse einsperret, oder auch, weil ihr wildes oder vielmehr freyes Naturel, an keine Art von Sklaverey sich gewöhnen kann.

Ihre Jagd fällt im Jahre zweymal vor, nämlich im Frühjahre und Herbste, am glücklichsten ist sie in der letzten Jahrszeit. Die Vogelsteller und auch die Jäger locken sie durch Pfeiffen an sich, die ihr Geschrey nachahmen. Sie unterlassen auch nicht, Pferde mit sich zu bringen, weil es eine allgemeine Meynung ist, daß die Haselhühner, diese Art Thiere leiden mögen †). Noch eine andere Bemerkung der Jäger ist diese: daß wenn man zuerst einen Hahn fängt, das Weibchen, die ihn unablässig sucht, oft wieder zurückkommt, und in ihrem Gefolge andere Hähne mit sich bringt. Fängt man hingegen zuerst eine Henne, so hängt sich der Hahn an eine andere, und läßt sich nicht mehr wieder sehen ††). Zuverlässiger ist dieses, daß, wenn man einen von diesen Vögeln, es sey Hahn oder Henne überrascht, und ihn zum Auffliegen verleitet, so geschieht dieses allemal mit einem großen Getöse, und sein Naturtrieb leitet ihn, sich in ein Fichtendickicht zu begeben, wo er mit besonderer Geduld sich nicht rühret, so lange der Jäger ihm auflauert ꞌ). Gemeiniglich setzen sich diese Vögel mitten in den Baum, das heißt, auf die Stelle, wo die Zweige aus dem Stamme herausgehen.

Da vom Haselhuhn viel erzählt worden ist, so hat man auch viele Mährchen von ihm ausgesprengt. Die abgeschmacktesten sind die, welche sich auf die Art seiner Fortpflanzung beziehen. Enzelius und einige andere haben vorgegeben, daß sich diese Vögel vermittelst des Schnabels begatteten, daß die Hähne selbst in ihrem Alter Eyer legten, welche von Kröten bebrütet würden, woraus wilde Basilisken entstünden, so wie aus den Eyern unserer Haushähne, wenn sie auch von Kröten bebrütet werden, nach eben diesen Schriftstellern Hausbasilisken entstehen sollen. Aus Besorgniß, daß man an diesen Basilisken etwa zweifeln möchte, beschreibt Enzelius einen, den er gesehen hat †††), zum Glück aber sagt er nicht,

daß

<hr />

*) S. Ray, Synopsis avium, p. 55. Schwenckf. p. 278. et Rzaczynski, Auctuar. p. 366.

**) Gesner, Schwenckfeld ꝛc. in den angeführten Stellen.

†) Gesner, S 230.

††) Gesner Ornithol. p. 230.

ꞌ) Herr von Heppe sagt, l c. „Das Haselgeflügel sey aus einem Reviere leicht

auszurotten. Denn erstlich fällt es zur Balzzeit, wenn es mit einem Rufe gelockt wird, leicht auf, daß es kann geschossen werden. Zweytens kann man es leichtlich in Schlingen und Sprenkeln fangen. Daher man letzteres unterlassen muß, um dieses Federwildpret nicht allzu dünne zu machen.

M. . . .

†††) Idem, Ibid.

daß er ihn aus einem Haſelhuhney habe kriechen, noch auch, daß er einen Hahn von dieſer Gattung das Ey hat legen ſehen. Wir wiſſen, was von dieſen vorgeblichen Hahneneyern zu halten iſt. Wie ſich aber die lächerlichſten Erzählungen gemeiniglich auf etwas gründen, das an ſich wahr iſt, aber nur falſch angeſehen und falſch erzählt wird, ſo gehet es auch an, daß Unwiſſende, die immer das Wunderbare lieben, Haſelhühner, während der Begattung, eben den Gebrauch, wie viele andere Vögel im nämlichen Falle zu thun pflegen, von ihrem Schnabel habe machen ſehen, und das Schnäbeln, das bey den Turteltauben und andern, das Vorſpiel der wirklichen Paarung iſt, einfältiger Weiſe für eine Paarung, vermittelſt des Schnabels gehalten haben. Es giebt in der Naturgeſchichte viele Erzählungen dieſer Art, die lächerlich ſcheinen und doch eine verborgene Wahrheit in ſich enthalten. Um ſie zu entwickeln, muß man nur das, was der Mann geſehen, von dem zu unterſcheiden wiſſen, was er zu ſehen geglaubt hat.

Nach der Meynung der Jäger, beginnen die Haſelhühner ihren Fortpflanzungstrieb, mit Anfang des Octobers zu fühlen, und die Paarung dauert von dieſem Monat bis in dem November. Dieß iſt wahr, daß man während der Zeit nur die Hähne umbringt. Man lockt ſie durch eine Pfeiffe, die den hohen Ton der Henne nachahmt. Die Hähne kommen auf die Pfeiffe, indem ſie ihre Flügel mit großem Geräuſche bewegen, und man ſchießt ſie, ſo bald ſie ſich geſetzt haben.

Als ſchwerfällige Vögel machen die Haſelhühner ihre Neſter auf die Erde, und verſtecken ſie gewöhnlich in Haſelſträucher, oder in dem großen Bergfarrenkraute. Sie legen gewöhnlich zwölf bis funfzehn [*], auch wohl zwanzig Eyer, die etwas größer, als Taubeneyer ſind [§]. Sie brüten ſie während drey Wochen aus, und bringen nicht leicht über ſieben oder acht Junge heraus [**]. Dieſe laufen, ſo bald ſie ausgekrochen ſind, ſo wie die meiſten kurzgeflügelten Vögel thun [†].

Wenn dieſe Jungen aufgefüttert und zu fliegen im Stande ſind, ſo entfernen die Alten ſie von ihrem ihnen eigenthümlichen Bezirk. Die Jungen geſellen ſich

U 2 paar-

---

[*] Dieſe Eyer fallen aus dem Roſtfarbigen ins röthliche, ſind etwas geflect, und haben zwey große Flecken gegen den ſchmalen Theil der Schale. S. Kleins illum. Vogeleyer, S. 33 Th. XV. f. 4.

[§] Schwenckfeld, p. 278.

[**] Friſch, tab. 112.

[†] Bomare, der ſonſt ſo treue Auszüge und Kopien macht, ſagt, daß die Haſelhüh-

ner nur zwey Junge, ein Männchen und ein Weibchen, ausbrüten. S. das Dictionaire de l' Hiſtoire nat. im Artikel Gelinotte. Aber nichts iſt weniger wahr, ja ſelbſt nicht wahrſcheinlich. Dieſer Fehler muß alſo von dem Irrthum unwiſſender Nomenklatoren herkommen, die das Haſelhuhn mit dem Ariſtoteliſchen Vogel Oenas verwechſelt haben, (vinago de Gaza) obgleich dieſe Vögel bey weiten nicht mit einander übereinſtimmen, indem der Oenas von dem Taubengeſchlechte iſt, und würklich nur zwey Eyer legt.

A. d. V.

paarweise zusammen, und jedes sucht für sich eine Stätte zu seiner Niederlassung aus *), um Eyer zu legen, zu brüten und Junge aufzuziehen, die sie in der Folge eben so behandeln.

Sie halten sich gerne in Wäldern auf, wo sie die ihnen gemäße Nahrung und ihre Sicherheit gegen die Raubvögel finden, für welche sie sich äußerst fürchten, und sich für ihnen dadurch zu schützen suchen, daß sie sich auf niedrige Zweige setzen **). Einige haben gesagt, daß sie die bergichten Wälder vorzögen, aber sie halten sich auch in ebenen Wäldern auf; denn man sieht in den Gegenden von Nürnberg viele. Sie sind auch in den Gehölzen am Fuße der Alpen, der Apenninen, des Riesengebürges in Schlesien und in Pohlen u. s. w. häufig. Ehedem waren sie, nach dem Varro, auf einer kleinen Insel des ligustischen Meers, heut zu Tage des genuesischen Meerbusens, in einer so großen Menge, daß man dieselbe deshalb die Haselhuhninsel nannte.

Zusätze zur Geschichte des Haselhuhns.

Dieses Haselhuhn heißt bey Frisch und andern, sehr falsch *Attagen*, welcher Name dem rothen Haselhuhne zukommt. , Man findet, sagt Müller im „Linn. Naturs. am angeführten Orte, die Haselhühner hin und wieder in den „Wäldern von Europa, wo es Haselstauden giebt, jedoch fast nirgends in grof-„sem Ueberfluß, und da es viele Gegenden giebt, welche keine Haselgebüsche ha-„ben, so mangelt es auch daselbst an diesem Geflügel. Die einzige Gegend, wo „sie am meisten sind, ist Lappland und das Gebürge Kolen in Norwegen. „In Engelland sind ihrer wenig, in Frankreich mäßig.

„Die Größe ist wie eine Taube, die Farbe aber weißlichtbraun und röthlich „melirt. Die Schwungfedern sind auswendig braun, an den Spitzen röthlicht. „Der Schwanz ist braun und blaßaschgrau melirt. Das Männchen ist an der Kehle „schwärzlicht, und hat über den Augen ein glänzendes Roth. Man fängt sie im „Garn, und lockt sie durch Pfeiffen. Sie haben unter allen wilden Geflügel fast „das weißeste, zärteste und schmackhafteste Fleisch.“

Aldrovand merkt an, daß dieser Vogel bey dem Albertus Magnus, Oryx heiße, daher ihn Longolius, der vermuthlich Otis gelesen, mit den Trappen verwech-selt, mit welchem er nichts Aehnliches hat. Eben dieser Schriftsteller führt aus den Engelius an, daß er im Deutschen Rebhuhn hieße. Ein Beweiß, wie leicht Sa-chen durch Namen verwechselt werden können.

*) *Gesner. Ornithol.* p. 23.　　　　** *Idem, ibid.* p. 229 — 230.

Das

Das schottische Haselhuhn [1] *).

Wenn dieser Vogel mit Gesners Gallus palustris einerley ist, wie Brisson glaubt, so kann man versichern, daß die von Gesnern gelieferte Figur nichts weniger als treffend sey. Denn man sieht darinnen gar keine Federn auf den Füßen, im Gegentheil rothe Lappen unter dem Schnabel. Würde es nicht weit natürlicher seyn, zu glauben, daß es die Figur eines andern Vogels sey? dem sey wie ihm wolle, so ist doch dieser gallus palustris oder Sumpfhahn, ein herrliches Gerichte. Alles was man von ihm weiß, ist, daß er sich gerne in morastigen Gegenden aufhält, wie man aus den Namen Gallus palustris zur Genüge schliessen kann **). Die Verfasser der brittischen Zoologie behaupten, daß das schottische Haselhuhn kein anderer, als der Ptarmigan in seiner Sommertracht sey, und daß sein Gefieder im Winter ganz weiß würde †). Er müßte aber auch die Federn im Sommer verliehren, die seine Zeen bedecken. Denn Brisson sagt zuverläßig, daß sie nur bis an den Anfang der Zeen gehen, da sie hingegen bey dem Ptarmigan der brittischen Zoologie, bis auf die Klauen reichen. Außerdem haben diese beyden Thiere, nach der Abbildung in der Zoologie und nach der Brissonischen, weder in der Stellung noch in der Gesichtsbildung, und in der ganzen körperlichen Zusammensetzung, einige Aehnlichkeit. Unterdessen ist das schottische Haselhuhn des Brisson, etwas dicker, als das unsrige, und hat einen kürzern Schwanz. In Ansehung der langen Flügel, der vorne mit Federn bis an den Anfang der Zeen besetzten Füße, der langen Mittelzee, in Vergleichung mit den Seitenzeen, und der kurzen Hinterzee, hat es mit dem pyrenäischen Haselhuhn Aehnlichkeit. Es unterscheidet sich aber von ihm darinnen, daß seine Zeen ohne Kanten sind, und der Schwanz die zwo langen schmalen Federn nicht hat, welche das auffallendste Kennzeichen des pyrenäischen Haselhuhns ist. Der Farben des Gefieders erwähne ich nicht. Die gemalten Figuren werden sie den Augen genauer vorstellen, als meine Beschreibung sie dem Verstande vormalen könnte. Uebrigens ist hier kein trüglicheres Kennzeichen der Gattungen,

U 3   tungen,

[1] Bonasia Scotica, e rufo nigricante transverfim striata, gutture omnino rufescente, remigibus maioribus fuscis rectricibus quatuor vtrinque extimis nigricantibus. Briss. Au. I. 55 T. 23. f 1. Gallus palustris. Gesn. Au. p. 23. Aldrou. Au I XIV. c. 16. T. VII. f. 1. Jonston. Au. p. 83. t. 30. Pennants britt. Thiergesch. S. 86. Engl. Muyrbeck. D. Martini Naturlex. Th. III. S. 577. — Lagopus altera Plinii. Raii 54. M und d. Ueb.

*) Brisson T. I. p. 109 tab. 23. fig. 1.
**) Gesner, de Nat. auium, p. 23.
†) Brittish Zoolog. p. 86.

timgen, als die Farben des Gefieders, weil diese Farben von einer Jahrszeit zur andern, in einerley Subjekt, beträchtliche Abänderungen leiden.

Zusatz zum schottischen Haselhuhn.

Der Ritter von Linne' hat diesen Vogel nicht, und er ist daher vermuthlich als eine Abänderung des Tetrao Bonasia anzusehen.

Aldrovand scheint ihn unter die Gattung des Attagen bringen zu wollen. Klein hat ihn gar nicht.

Der Ganga oder das pyrenäische Haselhuhn [1] *).

Siehe die illum. Kupfertafeln, das Männchen n. 105. das Weibchen n.106. und die neunzehnte Kupfertafel bey uns.

Obgleich die Namen nicht die Sachen selbst sind, so fügt es sich doch oft, besonders in der Naturgeschichte, daß ein Irrthum in der Benennung, einen Irrthum in der Sache nach sich zieht. Man kann deswegen, dünkt mich, nie genau genug seyn, den Gegenständen immer die Namen anzupassen, die ihnen beygelegt worden sind. Aus diesem Grunde haben wir es uns zum Gesetz gemacht, die Mißverständnisse, oder den falschen Gebrauch der Benennungen, zu berichtigen.

Brisson

---

[1] Anm. Seldengel, afrikanisches Waldhuhn. — Der kleine Auerhahn mit zwo nadelförmigen Federn im Schwanze. — Das Rebhuhn von Garrira. — Seeligmann, Th. VII. t. 39. Hallens Vögel. 441. n. 463. und 454. n. 479. Gmelins Reise, Th. 3. S. 39. t. 18. *Tetrao alchata*, pedibus subhirsutis, nudiis, rectricibus duabus intermediis duplo longioribus, subulatis, *Linn. Syst. Nat. XII. p.* 275. n. 11.

Bonasia. Pyrenaica. *Briss. Au.* I. p. 54. n. 4. Alchatta I. Filacoton. *Gesu. Au.* 311. t. 307.

III. . . .

*) Französ. *Gelinotte des Pyrénées*; span. *Ganga*; türkisch, *Catta*. — Perdrix de Damas ou de Syrie, *Belon hist. nat. des Ois.* p. 259. et *portraits des Ois.* p. 63. a. — Petit coq de Bruyère aux deux aiguilles à la queue, *Edward, Glanures*, t. 249. mit einer sehr gut ausgemalten Figur.

Brisson, welcher des Belon damascener oder syrisches Rebhuhn, mit dem pyrenäischen Haselhuhn, für einerley Gattung hält *), setzt unter die Namen, welche diese Gattung in den verschiedenen Sprachen beygelegt worden sind, die griechische Benennung Συρσπέρδιξ, und führt den Belon an; aber er irrt hierinnen auf doppelte Art: denn erstlich berichtet uns Belon selbst, daß der Vogel, den er das damascener Rebhuhn genennt hat, eine verschiedene Gattung von derjenigen sey, welche die Schriftsteller Syroperdix genennt haben, indem diese schwarz gefiedert ist und einen rothen Schnabel hat **). Sein zweytes Versehen ist, daß er den Namen Syroperdix, mit griechischen Buchstaben schreibt, woraus er denselben griechischen Ursprung machen zu wollen scheint, da doch Belon ausdrücklich sagt, daß es eine lateinische Benennung sey †). Endlich sind die Gründe auch schwer zu begreifen, die Brisson bewogen haben, den Aristotelischen Oenas, mit dem pyrenäischen Haselhuhn, für einerley Gattung zu halten. Denn Aristoteles setzt seinen Oenas, welcher des Gaza Vinago ist, unter die Zahl der Feldturtel- und Holztauben, (worinnen ihm alle Araber gefolgt sind,) und er versichert ausdrücklich, daß er so, wie jene Vögel, nur zwo Eyer auf einmal legt ††). Nun haben wir aber oben gesehen, daß die Haselhühner weit mehrere Eyer legen, folglich kann auch der Aristotelische Oenas, nicht für ein pyrenäisches Haselhuhn angesehen werden. Wollte man aber schlechterdings eins aus ihm machen, so müßte man zugestehen, daß das pyrenäische Haselhuhn kein Haselhuhn sey.

Rondelet hatte vorgegeben, daß das griechische Wort οινας falsch wäre, und daß man dafür inas lesen müßte, dessen Stammwort Fasern oder Faden bedeute, und dieses, sagt er, deswegen, weil das Fleisch dieses Vogels, oder vielmehr die Haut so fasericht und hart ist, daß man sie, um es essen zu können, abziehen muß †††). Wenn er aber wirklich mit dem pyrenäischen Haselhuhn von einerley Gattung wäre, so würde man, mit Annehmung der Rondeletischen Verbesserung, dem Worte inas, eine glücklichere und der griechischen Sprache angemessenere Erklärung geben können, wenn man, weil ihre Ausdrücke alle malerisch sind, die zwo Streifchen oder schmalen Federn dadurch anzeigte, welche die pyrenäischen Haselhühner im Schwanze haben, und welche ihr unterscheidendes Merkmal ausmachen. Zum Unglück sagt aber Aristoteles kein Wort von diesen Streifchen, die ihm doch nicht entwischt seyn würden, und Belon spricht in seiner Beschreibung des damascenischen Rebhuhns, auch nichts davon. Uebrigens paßt der Name Oinos oder Vinago für diesen Vogel desto besser, weil er nach Aristoteles Anmerkung, alle Jahre im Herbste nach Griechenland kam *), welches die Zeit der Trauben-

reise

*) Brisson, T. I. 195. Gen. 5, spece 4.
**) Belon, nat. des Ois p. 158.
†) Idem, ibid.
††) Aristot. Hist. anim. L. VI. c. 1.

¹) Anm. ii, hóc, fibra.
                        A. d. Ueb.
†††) Gesner, de nat. Avium, p. 307.
*) Arist. Hist. anim. L. VIII, c. 3.

reise ist. Eben so machen es gewisse Drosseln in Burgund, die eben deswegen Vinettes, Weindrosseln, genennt werden.

Aus dem, was ich jetzt gesagt habe, folgt, daß der Syroperdix des Belon und der Aristotelische Oenas, keine Gangas oder pyrenäische Haselhühner sind, eben so wenig, als die Alchata, der Alfuachat, und die Filacotona, welches nur arabische Benennungen dieses Vogels zu seyn scheinen, und gewiß einen Vogel des Taubengeschlechts anzeigen *).

Im Gegentheil ist der syrische Vogel, den Edward den Birkhahn mit zwey Streifchen im Schwanze nennt **), und welcher bey den Türken den Namen Cata hat, mit dem pyrenäischen Haselhuhn einerley. Dieser Schriftsteller sagt, daß Shaw ihn Kittauiah nenne, und ihm nur drey Zeen an jedem Fuße zuspreche. Er entschuldigt aber dieses Versehen durch die Hinzusetzung, daß die hintere Zee dem Shaw wegen der Federn, die über die Schenkel herunterhängen, hätte entwischen können. Aber er hatte doch in seiner Beschreibung vorhergesagt, und man sieht es auch aus der Figur, daß die Schenkel nur vorne mit weißen, haarähnlichen Federn überzogen sind. Folglich ist es schwer zu begreifen, wie die hintere Zee sich in die Federn des Vorderfusses verkriechen könne. Natürlicher könnte man sagen, daß sie Shaw wegen ihrer unbedeutenden Größe übersehen hätte. Denn sie ist wirklich nur zwo Linien lang. Die zwo Seitenzeen sind auch sehr kurz, in Vergleichung mit der mittelsten, und alle zusammen sind mit kleinen Kanten, wie bey dem Tetrao, eingefaßt. Der Ganga, oder das pyrenäische Haselhuhn, scheint von dem würklichen Haselhuhn, recht sehr verschieden zu seyn. Denn

1) hat er, in Vergleichung seiner übrigen Größe, weit längere Flügel, folglich muß er entweder schnell oder leicht fliegen, und andere Naturtriebe und Gewohnheiten haben, als ein schwerfälliger Vogel. Denn man weiß, wie sehr die Gewohnheiten und der Naturtrieb eines Thieres von seinen natürlichen Fähigkeiten abhängen.

2) ersehen wir aus den Bemerkungen des D. Russel, die in der Beschreibung des Edwards angeführt werden, daß dieser Vogel, der schaarweise fliegt, sich den größten Theil des Jahres, in den syrischen Wüsteneyen aufhält, und nur in den Monaten des May und Junius, und wenn er durch den Durst genöthigt wird, wasserreiche Gegenden aufzusuchen, Aleppo näher kommt.

Diesem

*) Gesner, de nat. auium, p. 307. et 311.   **) Edward, Glanur. tab. 49.

Nun haben wir aber in der Geschichte des Haselhuhns gesehen, daß es ein
sehr furchtsamer Vogel ist, der sich für dem Habicht nur in den dicksten
Gebüschen gesichert glaubt. Dieses ist wieder ein Unterschied, der vielleicht nur eine
Folge von dem erstern ist, und der, wenn er mit verschiedenen andern einzelnen Unterschieden verknüpft wird, welche durch Gegeneinanderhaltung der Figuren und Beschreibungen, leicht wahrzunehmen sind, gegründete Zweifel darüber erregen könnte,
ob man Ursache gehabt hat, Vögel von so verschiedenen Naturen unter ein Geschlecht
zu bringen. Der Ganga, den die Kataloner auch das Rebhuhn von Garrira nennen *), ist ziemlich so groß, als das graue Rebhuhn. Der Zirkel um die
Augen ist schwarz, und er hat gar keine flammichten oder rothen Augenbraunen über
den Augen. Der Schnabel ist fast gerade, die Oeffnung der Naselöcher
steht da, wo sich der obere Theil des Schnabels anfängt, und an den Stirnfe-
dern an. Der Vorderfuß ist bis auf den Anfang der Zeen bedeckt, die Flügel
sind lang, die Kielen der Schwungfedern schwarz, die zwo mittelsten Schwanzfedern noch einmal so lang als die andern, und da, wo sie sich endigen, sehr schmal.
Die Seitenfedern werden nach den äußersten hin, an beyden Seiten immer kürzer **).
Hiebey ist anzumerken, daß unter allen diesen Zügen, welche das angebliche pyrenäische Haselhuhn auszeichnen, vielleicht kaum ein einziger auf das eigentlich so genannte Haselhuhn paßt.

Die Henne ist eben so groß als der Hahn. Sie unterscheidet sich aber davon
durch das Gefieder, dessen Farben nicht so schön sind, und durch die Fasern im
Schwanze, welche nicht so lang sind. Es hat der Hahn unter der Kehle einen
schwarzen Fleck, die Henne aber statt dieses Fleckchens, drey Streifen von eben der
Farbe, die um den Hals, wie ein Halsband gehen.

Ich will mich nicht umständlich auf die Farben des Gefieders einlassen. Die
illuminirte Figur stellt sie genau vor. Sie kommen der Farbe des zu Montpellier,
unter dem Namen Angel, bekannten Vogels, ziemlich gleich, von welchem Johann Kulmann, Gesnern eine Beschreibung mitgetheilt hat†). Aber die zwo langen Federn kommen in seiner Beschreibung nicht vor, eben so wenig als sie in der Zeichnung eben dieses Angels von Montpellier zu sehen sind, welche Gesnern vom Rondelet zugeschickt worden war, der ihn für den Aristotelischen Oenas hielte ††). Sol-
                                                                                        cher-

*) *Barrere* Ornithol. Clasß. VI. Gen. XV.
Sp. V.

**) S. die Edwardische und Brissonische
Beschreibung, in Ansehung des Vorhergehenden sowohl als des Folgenden.

†) *Plumis ex fusco colore* in nigrum ver-
Büffon Vögel III. B.

gentibus, et luteis in rufum, sagt Gesner,
wenn er von dem Angel redet, S. 307.
Oliusceo, flauicante nigro, et rufo varia,
sagt Brisson, von dem pyrenäischen Haselhuhn.

††) S. *Gesner*, de nat. au. p. 307.

L

chergestalt kann man mit Grunde zweifeln, daß diese zwo Gattungen des Angels und des Ganga einerley sind, obgleich ihr Aufenthalt und Gefieder übereinstimmen; man wollte denn annehmen, daß die von Kulmann beschriebenen und von Ron-delet gezeichneten Subjekte Hühner wären, deren Fasern im Schwanze weit kürzer sind, und folglich weniger in die Augen fallen.

Diese Gattung findet sich in den meisten warmen Ländern der alten Welt; als in Spanien, in den südlichen Theilen Frankreichs, in Italien, in Syrien, in der Türkey und Arabien, in der Barbarey und sogar in Senegal. Denn der un-ter dem Namen des senegallischen Haselhuhns vorgestellte Vogel *), ist bloß eine Ab-änderung des Ganga oder des pyrenäischen Haselhuhns, nur ist er etwas klei-ner. Uebrigens hat er gleichermaßen zwo lange Federn oder Fasern im Schwanze, und seine Seitenfedern werden auch immer kürzer und kürzer, je weiter sie ihren Abstand von der Mitte haben. Seine Flügel sind sehr lang, und seine Füße sind vorne mit weißen Pflaumfedern überzogen. Die mittlere Zee ist weit länger, als die Seitenzeen, und die hintere außerordentlich kurz. Er hat endlich auch keine rothe Haut über den Augen, und unterscheidet sich von dem europäischen Ganga bloß da-durch, daß er ein wenig kleiner und röther im Gefieder ist. Es ist also nur eine bloße Abänderung von einerley Gattung, die von dem Einfluß des Himmelsstrichs erzeugt worden ist. Daß dieser Vogel von dem Haselhuhn sehr verschieden ist, und daß er folglich einen andern Namen haben sollte, wird außer den unterscheidenden Zeichen auch noch dadurch erwiesen, daß er sich überall in heissen Ländern aufhält, und weder in kalten noch auch in gemäßigten Himmelsstrichen gefunden wird; dahingegen die Haselhühner nur unter kalten Himmelsstrichen sich in Menge finden.

Hier ist der Ort dasjenige anzuführen, was Shaw uns von dem *Kittawiah* oder dem Haselhuhn der Barbarey meldet **), welches auch alles ist, was wir da-von wissen, um den Leser in den Stand zu setzen, seine Eigenschaften mit des Ganga oder pyrenäischen Haselhuhns seinen zu vergleichen, und daraus zu be-urtheilen, ob es würklich Subjekte von einerley Gattung sind.

„Der **Kittawiah**, sagt er, ist ein kornfressender Vogel, der truppweise fliegt. „Er hat die Gestalt und den Wuchs einer gemeinen Taube, Füße mit kleinen Fe-„dern bewachsen, und keine Hinterzeen. Er hält sich gerne in unbebauten und un-„fruchtbaren Gegenden auf. Sein Körper ist braunbläulich und schwarz gefleckt, sein „Bauch schwärzlich und unter der Kehle hat er einen gelben halben Mond. Jede „seiner Schwanzfedern hat einen weißen Fleck an der Spitze und die mittelsten sind „lang

*) S. die illuminirten Kupfertafeln, n. 130.

**) Shaw hat geglaubt, man könne ihm

den afrikanischen *Lagopus* nennen, ob er gleich unter den Füßen keine Zotten hat, wie das Schneehuhn. *Travels of Barbary and the Levant.* p. 253.

„lang und spitzig, wie bey dem Bienenfänger (*Merops*). Uebrigens ist das Fleisch sei-
„ner Brust roth, aber an den Keulen weiß, schmackhaft und leicht zu verdauen."

Zusätze zum pyrenäischen Haselhuhn.

Der Ritter von Linné hat den Namen *Alchata*, dem er diesem Vogel beylegt, von der gleichen arabischen Benennung nach dem Aldrovand entlehnt.
Das Männchen ist ungemein schön, olivenfarbig, gelb, schwarz und röthlich melirt;
am Bauche weiß, und am Halse schwarz bandirt. Ueber den Augen ist ein schwarzer Strich; vorne an der Brust ist der untere Theil des Halses mit einem halb-
mondförmigen breiten, gelben und schwarzgerändelten Ringe eingefaßt. Die vörder-
sten Schwungfedern sind aschgrau, und die Deckfedern derselben rostfärbig mit einem
weißen Rande; der Schwanz ist keilförmig, gelb und braun bandirt, an der Spitze
aber weiß. Die zwo mittlern Ruderfedern sind noch einmal so lang, als die übrigen, und laufen spitzig aus. Die Füße sind von vorne etwas federicht, und haben
keine Sporne. Um die Augen gehet ein schwarzer Ring, der sich nach hintenzu in
die Länge dehnet. Das Weibchen ist bunter und schöner gezeichnet.

Dieses ist die Beschreibung des **Herrn Prof. Müllers**, im Linn. Naturf.
Th. 2. S. 487. Der sel. Herr D. Martini hat in einem Anhange zu diesem
Artikel, die Edwardische Beschreibung beygefügt, welche aber nichts weiteres als
dieses Angeführte enthält.

„Herr Gmelin, setzt mein verewigter Freund hinzu, giebt seinem langge-
„schwänzten Waldhuhne einen kegelförmigen, gekrümmten, blaß fleischfarbenen
„Schnabel, dessen obere Kinnlade etwas größer, als die untere ist. Die Zunge be-
„schreibt er kurz, lanzenförmig, an ihrer Grundlage mit Warzen besetzt, und in eine
„ganze Spitze auslaufend; die Nasenlöcher am untersten Theile des Oberkiefers, sind
„eyförmig schief und gänzlich mit Federn bedeckt, die Augenbraunen zwar bloß, aber
„kaum sichtbar warzig, der Regenbogen bläulich, der Stern schwarz."

Das

Das rothe oder gehaubte Haselhuhn oder der Attagas ¹) *).

Siehe unsere zwanzigste Kupfertafel.

Dieser Vogel ist des Belons Frankolin, den man nicht, wie einige Vogel-beschreiber gethan haben, mit dem Frankolin verwechseln muß, den Oli-na beschrieben hat **). Dieses sind zween sehr verschiedene Vögel, sowohl in Anse-hung der Gestalt ihres Körpers, als auch in Ansehung ihrer Naturtriebe. Letzterer hält sich in ebenen und niedrigen Gegenden auf. Er hat nicht jene schönen, feuer-farbenen Augenbraunen, die dem andern ein so unterscheidendes Ansehen geben. Er hat einen kürzern Hals, einen gedrungenern Körper, röthliche Füße mit Spo-ren und ohne Federn, so wie auch keine ausgezackten Zeen, das heißt, er hat fast nichts mit dem Frankolin gemein, von dem hier die Rede ist, und ich werde daher diesem, um aller Zweydeutigkeit vorzubeugen, den Namen Attagas vorbehalten, der ihm, wie man sagt, nach dem Laut seines Geschreyes gegeben worden ist.

Die Alten haben viel von dem Attagas oder Attagen gesprochen, welche beyde Benennungen sie ohne Unterschied brauchten. — Alexander Myndius †) sagt bey dem Athenäus, daß er etwas dicker als ein Rebhuhn sey, und sein Gefieder, das einen röthlichen Grund habe, wäre mit mancherley Farben aus-geziert. Aristophanes habe mehrentheils dasselbe gesagt. Aristoteles aber, der nach

---

¹) S. Martini Naturgesch. Th. III. S. 569. Kleine Vogelhist. S. 217. Linnéi O. d. Au. p. 117. n. 5 in? p. 173. n. 7. Hallens Vögel, S 453 n 476. Pen-nants britt. Thiergeschichte, S. 87. t. 38. B. d' Au. 800. p 58. n 9. Larcipus altera Plinii W'Longyb. p. 175. Sibbald. Sect. 16. Aldrov. L. III. 10 t. 2 f 6. Perdix escle-pica quibusl. B. II. cf Jonston. t. 28. Char-let. Onom p. 37. n 7 Gallina campestris Gesnal' Topogr Hilern p. 7 6 Ray. Sy-nops. Av p. 54. Romane Dictionn IV. p 173. Dictionn des Animaux, I. 101. Cours d'Hist. naturelle III. p. 111. M.

*) Griech Ατταγας; lat Attagas oder At-tagen; engl. Redgame; — Attagen Gesner de Avib. p 215. — Francolin, Belon Hist. nat. des Ois p. 251. — Coq de marais, Al-bin, T. 1 t 23. das Männchen und tab. 24. das Weibchen. — Attagen Frisch, tab. 112, mit einer gut gemahlten Figur vom Weib-chen. — La Gelinotte huppée, Brisson, T. I. p. 219.

**) Olina, Vccellaria, p. 33.

†) Athenaeus, L. IX.

nach seiner vortrefflichen Gewohnheit, einen unbekannten Gegenstand, durch die Gegeneinanderhaltung alltäglicher Gegenstände kenntlich macht, vergleicht das Gefieder
des Attagen, mit dem Gefieder der Schnepfe (σκόλοπαξ) *). Alexander Myndius fügt hinzu, er habe kurze Flügel und fliege schwer. Theophrastus merkt
an, er habe die Eigenschaft, welche alle schwere Vögel, als das Rebhuhn, der
Hahn, der Fasan, u. s. w. haben, daß er mit Federn auf die Welt komme, und in
dem Augenblick, da er auskrieche, laufen könne. — Weiter scharret er als ein schwerer
Vogel im Staube (Puluerratrix) **) und frißt Körner, und lebt von Beeren und Körnern, die er bald von den Pflanzen selbst nimmt, oder sie im Scharren mit seinen
Klauen in der Erde findet ***). Da er mehr läuft als fliegt, so ist man auf den
Einfall gerathen, ihn mit Windhunden zu jagen, und der Versuch hat geglückt †).

Plinius, Aelianus und einige andere sagen, daß er mit dem Verluste seiner
Freyheit, auch seine Stimme verlöhre, und eben das unbiegsame Naturel, das sie
im Stande der Gefangenschaft stumm macht, verursache auch Schwierigkeiten, sie
kirre zu machen ††). Jedoch giebt Varro eine Anweisung zu ihrer Aufziehung,
die meist mit der Pfauen, Fasanen, der numidischen Hühner, und Rebhühner ihrer u. s. w. auf eins hinausläuft †††).

Plinius versichert, dieser Vogel sey ehedem sehr rar gewesen, wäre aber zu
seiner Zeit gemeiner worden, man fände ihn in Spanien, in Gallien und auf den
Alpen, man mache aber aus den jonischen am meisten ††††). Anderswo sagt er,
daß es auf der Insel Kreta keine gäbe *). Aristophanes redet von denen, welche in der Gegenden von Megara, in Achaja **) befindlich waren. Klemens
von Alexandrien berichtet uns, daß die Schwelger das Meiste aus den Aegyptischen
machten. Es waren auch nach dem Aulus Gellius in Phrygien welche, die
er für asiatische ausgiebt. Apicius giebt Anweisung, wie man den Frankolin

E 3

zurück-

---

*) Arist. Hist. anim. L. XI. c. 26.

**) Die Alten haben diejenigen Vögel
Puluerratrices genennt, welche einen Trieb
zum Scharren haben, und mit ihren Flügeln im Staube herum wühlen, wodurch
sie sich des Stechens der Insekten so wie die
Wasservögel dadurch erwehren, daß sie ihre Federn ins Wasser tauchen. A. d. V.

***) Arist. hist. anim. L. IX. c. 49.

†) Oppian, in Ixenticis. Dieser Schriftsteller setzt hinzu, daß sie die Hirsche gut

leiden möchten, hingegen vor den Hähnen einen Abscheu hatten.

††) Plin Hist. nat L. X. c. 48. Socra-
tes und Aelian bey dem Athenäus.

†††) Varro, Geopon. Graec. im Artikel von
dem Fasan.

††††) Plin. Hist. nat. L. X. c. 49.

*) Plin. Hist. nat. L. VIII. c. 58.

**) Aristophan. in Acharnensibus.

zurichten soll, und setzt ihn mit dem Rebhuhn in eine Klasse °). Der heilige Hieronymus spricht in seinen Briefen von ihm, als einem auserlesenen Leckerbissen °°).

Um zu beurtheilen, ob der Attagen der Alten, unser Attagas oder Frankolin ist, wollen wir jetzt seine Geschichte nach den Bemerkungen der Neuern beschreiben und beyde gegen einander halten.

Gleich anfangs merke ich an, daß der Name Attagen bald ächt, bald verdorben °°°), von den neuern Schriftstellern, welche lateinisch geschrieben haben, am allermeisten zur Bezeichnung dieses Vogels gebraucht wird. Es ist wahr, daß einige Vogelbeschreiber, als Sibbald, Ray, Willoughby, Klein, in ihm den Plinischen *Lagopus altera* haben finden wollen °°°°): aber außer diesem, daß Plinius nur im Vorbergehen und nur mit wenig Worten von ihm spricht, nach welchen man schwerlich die Gattung würde bestimmen können, auf die er gezielt hat, so kann man auf der andern Seite nicht annehmen, daß dieser große Naturforscher, der ziemlich weitläuftig vom Attagen in eben dem Kapitel gehandelt hatte, einige Zeilen weiter von ihm unter einem andern Namen reden sollte, ohne es anzuzeigen. Diese Betrachtung beweiset, deucht mich, ganz allein, daß der Plinische Attagen und seine Lagopus altera verschiedene Vögel sind, und weiter unten werden wir sehen, was es für Vögel sind.

Gesner hatte sagen hören, daß er zu Bologna im gemeinen Leben *Franguello* genennt würde †). Aldrovand aber, der von Bologna war, versichert, daß diese Benennung Franguello oder Hinguello, nach dem Olina, den Buchfinken beygelegt würde, die auch ziemlich deutlich von seinem lateinischen Namen fringilla herstammt ††). Olina setzt hinzu, daß sein Frankolin, der, wie wir angezeigt haben, von dem unsrigen verschieden ist, in Italien gemeiniglich *Franguellina* heiße, welches ein von *Franguellino* herkommendes verstümmeltes Wort ist, dem man, um es von *Fringuello* zu unterscheiden, eine weibliche Endigung gegeben hatte †††).

Ich weiß nicht, warum Albin, der Willoughby's Beschreibung der Plinischen Lagopus altera abgeschrieben ††††), den Namen dieses vom Willoughby beschriebenen Vogels, in Sumpfhahn verwandelt hat; vielleicht deswegen, weil
Tourne-

°) *Apicius*, VI, 3.

°°) *Attagenem eructat et comesto ansere gloriaris* sagt derselbe zu einem Heuchler, der sich seiner mäßigen Lebensart rühmte, heimlich aber Delicatessen genoß.

°°°) *Attago, Attago, Atago, Atchenigi, Atacnigi, Tagenarios, Taginari,* voces corruptae ab Attageno, quae leguntur apud Syl-

vaticum. S. *Gesn.* p. 226. und *les Obseru. de Belon*, col. II.

°°°°) *Plin. Hst. nat.* L. X. c. 48.

†) *Gesner, de nat. Auium*, p. 225.

††) *Aldrou. de Au.* T. II. p. 73.

†††) *Olina, Vccelleria*, p. 33.

††††) *Albin. Ornith.* p. 128.

Tournefort vom Frankolin aus der Insel Samos erzählt hat, daß er sich in
Morästen aufhalte. Wenn man aber die Abbildung und Beschreibung gegen einander hält, so ist leicht wahrzunehmen, daß der Frankolin von Samos, von dem Vogel
ganz und gar verschieden ist, den Albin oder sein französischer Uebersetzer, Sumpfhahn (Coq de marais) zu nennen beliebt hat *), da er dem Birkhuhn mit dem gespaltenen Schwanz, schon die Benennung Frankolin beygelegt hatte **). Bey den
Arabern heißt der Attagas Duraz oder Aldaragi, bey den Engelländern Redgame, weil
er etwas Rothes in seinen Augenbraunen, oder in dem Gefieder hat. Man hat ihm
auch den Namen Perdix asclepica gegeben ***).

Dieser Vogel ist größer als das rothe Rebhuhn und wiegt neunzehn Unzen.
Ueber seinen Augen stehen zwo große rothe Augenbraunen, die aus einer fleischichten, dicken, runden und oben abgestutzten Haut bestehen, und über dem Kopf hervorragen,
die Nasenlöcher sind mit kleinen Federn besetzt, welches ganz gut aussiehet. Das
Gefieder ist mit roth, schwarz und weiß untermengt; die Henne hat weniger Rothes,
aber mehr Weißes als der Hahn in ihrem Gefieder. Die Haut über den Augen ist
weniger beweglich, weit weniger abgestumpft, und weniger hochroth. Ueberhaupt
sind die Farben ihres Gefieders weit schwächer †); weiter hat sie auch weder die
weißgepünkelten Federn, welche bey dem Männchen auf dem Kopfe einen Federbusch ausmachen, noch die Art von Bart unter dem Schnabel ††).

Sowohl der Hahn als die Henne haben beynahe den Schwanz des Rebhuhns, nur
ist er etwas länger. Er besteht aus sechzehn großen Federn, und die zwo mittelsten sind
bunt, wie die auf dem Rücken, da hingegen die Seitenfedern schwarz sind. Die
Flügel sind sehr kurz; jeder hat vier und zwanzig Ruderfedern, und die dritte von
dem Ende des Flügels angerechnet, ist die allerlängste. Die Füße sind, nach dem
Brisson, mit Federn bis an die Zeen, und nach dem Willoughby bis an die Klauen
bewachsen. Die Klauen sind schwärzlich, so wie der Schnabel; die Zeen grau-
braunlich, und mit einem häutigen, schmalen und gekannteten Streifen eingefaßt.
Belon versichert, er habe in Venedig zu gleicher Zeit Frankoline, — so nennte
er unsern Attagas, — gesehen, deren Gefieder, wie das itzt beschriebene war,
und andere, die ganz weiß waren, und welche die Italiener auch Frankoline nannten.
Die letztern waren den Erstern völlig ähnlich, nur die Farbe ausgenommen. Auf einer andern Seite hatten sie aber wieder soviel Gleichheit mit dem weißen Rebhuhn von
Savoyen, daß Belon sie unter die Gattung rechnet, welche Plinius mit dem Namen
Lagopus altera bezeichnet hat †††). Dieser Meynung nach, die mir Grund zu haben scheint, würde der Attagen des Plinius, unser bunter Attagas, und die
andere Gattung des Lagopus unser weißer Attagas seyn, welcher vom erstern
durch

*) Albin, Hist. nat. des Ois. T. I. p. 22.　　†) British Zoology, p. 85.
**) Ibid. p. 22.　　††) Aldrouand, de Avibus, T. II. p. 76.
***) Jonston, Charleton, u. s. w.　　†††) Belon. nat. des Ois. p. 242.

durch sein weißes Gefieder unterschieden ist. Von der ersten Gattung des Lagopus aber, die gemeiniglich das weiße Rebhuhn genannt wird, unterscheidet er sich durch die Größe und durch die Füße, die unterwärts nicht zottig sind.

Alle diese Vögel leben, nach dem Belon, von Körnern und Insekten, und wie die britische Zoologie hinzusetzt, von den Spitzen der Heydelbeer und den Beeren von solchen Pflanzen, die auf Gebürgen wachsen *).

Das rothe Haselhuhn ist würklich ein Bergvogel. Willoughby versichert, daß es selten in die Ebenen gehe, ja nicht einmal auf die Abschüsse der Berge, und daß es blos auf den höchsten Gipfeln sich aufhalte. Man findet es auf den Pyrenäen, den Alpen, den Gebürgen von Auvergne, des Delphinats, der Schweiz, in der Landschaft Jolk, Spanien, Engelland, Sicilien, in Vizens und in Lappland **). Endlich auch auf dem Olymp in Phrygien, wo die neuern Griechen es in der gemeinen Sprache Taginari ***) nennen, welches Wort offenbar von dem, bey dem Suidas befindlichen griechischen Worte ταγηνάριος und dieses von Attagen oder Attagas wieder herkömmt, welches das Stammwort ist.

Ob gleich dieser Vogel von sehr wilder Natur ist, so hat man doch auf der Insel Cypern, so wie ehedem zu Rom, das Geheimniß erfunden, sie in Vogelbehältnissen aufzufüttern †), wofern der Vogel, von dem Alexander Benedictus redet, unser Attagen ist. Was mich darüber zweifelhaft machen könnte, ist, daß der auf der 246sten Kupfertafel des Edwards vorgestellte Frankolin, der doch gewiß von der Insel Cypern herkam, weniger Aehnlichkeit mit unserm, als des Olina's hat, und daß wir außerdem noch wissen, daß letzterer auch in Vogelbehältnissen gefüttert und aufgezogen werden kann ††).

Diese zahmen Haselhühner können größer als die wilden seyn; aber die letztern haben wegen ihres wohlschmeckenden Fleisches, immer den Vorzug. Man zieht sie den Rebhühnern vor. Zu Rom nennt man den Frankolin vorzugsweise, einen Kardinalsbissen †††). Uebrigens ist es ein Fleisch, das sehr geschwind verdirbt, und nicht gut weit verschickt werden kann. Die Jäger unterlassen deswegen auch nicht, sie, so bald sie sie getödtet haben, auszunehmen, und sie mit grünen Heidelbeerkraut auszustopfen *). Das Nämliche sagt Plinius von dem Lagopus **), und man muß gestehen, daß diese Vögel viel Aehnlichkeit mit einander haben.

Im

*) Brittish Zoology, p. 85.
**) Willoughby, Ornithol. p. 128.
***) Klein, Hist. Auium, p. 173.
†) Belon, nat. des Ois. p. 242.
††) Gesner, nat. Auium, p. 227.
†††) Olina, Vccellaria, p. 33.
*) Gesner, p. 228.
**) Willoughby, p. 128.

Im Frühlinge suchen die rothen Haselhühner einander auf, und paaren sich. Das Weibchen legt auf die Erde, wie alle schwere Vögel. Sie legen acht bis zehn Eyer, die an dem einen Ende spitzig, achtzehn bis zwanzig Linien lang und bis auf ein paar Stellen am dicken Ende rothbraun gepünkelt sind. Die Zeit der Brütung dauert zwanzig Tage, die Brut bleibt bey der Mutter, und geht mit ihr den ganzen Sommer. Im Winter, wenn die Jungen meist ausgewachsen haben, versammlen sie sich schaarweise bey vierzig bis funfzig, und werden gar besonders wild. So lange sie jung sind, pflegen sie sehr mit Darmwürmern geplagt zu seyn. Man sieht sie bisweilen mit einer solchen Art Würmern herum hüpfen, die aus ihrem Hintersten einen Fuß lang hängen *).

Wenn man jetzt das, was die Neuern von dem Haselhuhn gesagt, mit demjenigen vergleicht, was die Alten davon aufgezeichnet haben, so wird man finden, daß die erstern alles mit mehrerer Genauigkeit gesagt haben. Zugleich aber wird man auch sehen, daß die Hauptkennzeichen von den Alten sehr gut angegeben worden sind. Aus der Gleichheit dieser Charaktere aber wird man schliessen, daß der Attagen der Alten und unser rothes Haselhuhn ein und ebenderselbe Vogel sey.

So viel Mühe ich mir übrigens gegeben habe, die Eigenschaften aus einander zu setzen, welche den verschiedenen Gattungen der Vögel, die man Frankoline genennt hat, ohne Unterschied beygelegt worden sind, und unserm Haselhuhne das ihm wirklich zukommende Eigenthümliche beyzulegen, so muß ich doch gestehen, daß ich nicht allemal gleich glücklich gewesen bin, diese Verwirrung aus einander zu setzen. Meine Unwissenheit hierinnen, kömmt bloß von der Freyheit her, die einige Naturbeschreiber sich genommen, und vermöge der sie einerley Benennung verschiedenen Gattungen, und verschiedene Benennungen einerley Gattung gegeben haben; eine Freyheit, die ganz unvernünftig ist, und wider welche man sich nicht genug auflehnen kann, weil sie blos zur Verdunkelung der Materie, und zur unendlichen Vermehrung der Mühe desjenigen abzweckt, der seine eigenen und die Kenntnisse seines Jahrhunderts, mit den Entdeckungen der vorhergehenden Jahrhunderte verbinden will.

Zusätze zur Geschichte des Attagas.

Konnte der Herr Graf von Büffon, der fleißige Leser der Alten, und der feinste Kritiker in der Naturgeschichte, den Attagas der Alten und Neuern nicht

aus

---

*) Willoughby, am angeführten Orte, und die brittische Zoologie, 1c. S. 68. Sollte nicht das, was man für einen Wurm gehalten hat, das männliche Glied seyn, so

wie ich von jungen Hühnern gesehen habe, daß sie auch die Ruthe eines Enterichs für einen Wurm hielten.   A. d. V.

einander setzen, so ist es mir leicht zu verzeihen, wenn ich die nämliche Unwissenheit bekennen muß. Besonders muß ich gestehen, daß ich diesen Vogel nicht nach dem System des Ritters von Linne' zu ordnen vermag. Der bey dem Grafen gleichbedeutende Name Frankolin ist im System der *Tetrao Francolinus*, es ist aber nach den dabey angeführten Stellen und Kupfern der Frankolin des *Olina*, welchen Büffon sorgfältig von des Belonius seinem, welches der nun beschriebene ist, unterschieden wissen will. Auch geht die linneische Beschreibung von der büffonischen weit ab, da ihm die erstere kahle rothe, die zweyte aber rauche bis an die Zehen mit Federn bewachsene Füße giebt. Wäre das nicht, so wollte ich beyde für Abänderungen der Gattung des Frankolin halten. Der aldrovandische Attagen ist vom Herrn Grafen beschrieben. In der edwardischen Figur ist ein rothes Halsband gezeichnet, welches im linneischen System, wo sie zugleich mit dem *Olina* citirt ist, nicht angezeigt wird. Es ist möglich, daß es eine Abänderung vom eigentlichen Haselhuhn ist, welches Klein nach Schwenkfelden auch Rothhuhn nennt, ohngeachtet er das rothe Haselhuhn mit der Synonymie *Lagopus altera* Plin. und Redgame Willouhgb. und Albin. besonders anzeigt.

Das weiße Haselhuhn.

Dieser Vogel findet sich auf den Schweizergebürgen und auf denen in der Gegend von Vizenz. Mir ist nichts mehr übrig zu dem, was ich in der Geschichte des rothen Haselhuhns gesagt habe, hinzuzusetzen, außer daß der Vogel, aus welchem Gesner die zweyte Gattung des Lagopus macht *), mir einer dieser weißen Haselhühner zu seyn scheint. Zwar ist sein Gefieder wohl nur am Bauche und an den Flügeln ganz weiß, und an den übrigen Theilen des Körpers mehr oder weniger mit Braun oder Schwarz untermischt; aber wir haben oben gesehen, daß unter den rothen Haselhühnern die Hähne weniger Weiß, als die Hennen haben. Weiter weis man auch, daß die Farbe der jungen Vögel, und besonders der Jungen dieses Geschlechts, erst ihre Festigkeit nach dem ersten Jahre annimmt. Da außerdem Gesners übrige ganze Beschreibung lauter Bezeichnungen eines Haselhuhns in sich enthält; als die rothen, kahlen, runden und hervorstechenden Augenwimpern, die bis auf die Klauen, aber nicht unterwärts befiederten Füße, seinen kurzen, schwarzen Schnabel, auch schwarzen Schwanz, seinen Aufenthalt auf den schweizerischen Gebürgen, u. s. w. so bilde ich mir ein, daß der von Gesnern beschriebene Vogel ein weißes Haselhuhn, und ein noch junger Hahn gewesen, der sein Wachsthum noch nicht erreicht hatte, und um dieses so mehr, da er nur

*) *Gesner, Alterum Lagopodis genus De Avibus*, p. 579.

nur 14 statt 19 Unzen wog, welches die Schwere der gemeinen Haselhühner zu seyn pflegt.

Eben dieses sage ich aus eben denselben Gründen von der dritten Gattung des gesnerischen Lagopus *), der mit des Jesuiten Rzaczynsk seinem, welcher ihm die pohlnische Benennung Parowa giebt **), einerley Vogel zu seyn scheint. Sie sind beyde an einem Theil der Flügel und am Bauche weiß, der Rücken aber und der übrige Körper sind bunt. Beyde haben zottigte Füße, einen schweren Flug, vortreffliches Fleisch, und sind wie eine junge Henne groß. Rzaczyneki kennt zwo Gattungen davon, die eine ist kleiner, und von dieser rede ich hier; die andere ist größer, und könnte wohl eine Art Haselhuhn seyn. Dieser Schriftsteller setzt hinzu, daß man von diesen Vögeln ganz weiße in der Woywodschaft Novogrod finde. Ich setze diese Vögel nicht unter die Rauchfüße, wie Büffon mit der zweyten und dritten Gattung des gesnerischen Schneehuhns gethan hat, weil sie würklich nicht rauchfüßig sind, das heißt, sie haben keine Zotten bis unter die Füße. Dieses aber ist ein um so entscheidenderes Kennzeichen, je gewisser man es von Alters her gekannt hat, und je mehr es folglich Beständigkeit zu haben scheint.

Zusätze zu dem weißen Haselhuhn.

Klein vermengt diesen Vogel offenbar mit dem Schneehuhn, und citirt auch die dazu gehörigen Kupfer. Linne' hat daraus eine Abänderung des Lagopus gemacht, wenigstens ist die gesnerische Synonymie und Stelle citirt. Sie heißt Lagopus varia. S. N. XII. S. 274. Klein Vögelhist. durch Reyhern S. 220.

*) Gesner, Alterum Lagopodis genus de Auibus, p. 579.   **) Rzaczynski, Auctuarium Poloniae, p. 410. und 411.

Das

Das Schneehuhn, oder der Lagopus [1] *).

Siehe die 129ste illum. und unsere 21ste Kupfertafel.

Dieses ist der Vogel, den man sehr uneigentlich das weiße Rebhuhn genannt hat; denn er ist gar kein Rebhuhn, und wird nur im Winter wegen der großen Kälte weiß, welcher er in dieser Jahrszeit auf den hohen Bergen der nördlichen Länder ausgesetzt ist, wo er sich gewöhnlich aufhält. Aristoteles, der das Schneehuhn gar nicht kannte, wußte, daß die Rebhühner, die Wachteln, Schwalben, Sperlinge, Raben, und sogar Hasen, Hirsche und Bären unter den nämlichen Umständen einerley Veränderung des Gefieders erleiden [**]. Skaliger fügt zu den vorigen noch die Adler, die Geyer, die Sperber, die Weyher, die Turteltauben und Füchse hinzu [***]. Es würde etwas Leichtes seyn, das Verzeichniß der Namen von Vögeln und vierfüßigen Thieren, bey welchen die Kälte ähnliche Wirkungen hervorbringt, oder hervorbringen könnte, zu vermehren. Hieraus folgt, daß die weiße Farbe eine abänderliche Eigenschaft ist, welche man nicht als ein unterscheidendes Zeichen derjenigen Gattung anführen muß, von der wir hier reden, und dieses um so weniger, da verschiedene Gattungen von einerley Geschlecht, als die Gattung des weißen Birkhuhns,

nach

---

[1] Martini Naturler. III. 491. Schneehuhn, Schneehase. Weißes Birk= oder Haselhuhn, weißes Rebhuhn, weißes Wildhuhn, Steinhuhn, Ptarmigan. Seeligm. III. t. 39. Pennants Thierg. S. 83. t. 39. Kleins Vögelhist. S. 215. Attagen niualis. Scopoli annus I. hist. nat. durch Günther, S. 100. n. 17. Hallens Vögel S. 452. n. 475. Müllers linn. Naturf. II. 487. — Sibbald. Scotia p. 76. Schefferus Lappon. 351. tab. 351. Perdix alba, Lagopus, a pedibus leporinis et villosis. Perdix petrosa Charlet. Onom. 74. n. XII. 5. Kramer. Austr. 355. n. 2. Brunniche Ornithol. boreal. p. 79. n. 198, 399. Muller. Prodrom. Zool. Dan. p. 28. n. 223. Lagopus auis. Willoughb. Ornith. 121. t. 72. — Edw. Au. t. 72. Lagopus Plin. X. 48. Tetrao lagopus pedibus lana-

tis remigibus albis, rectricibus nigris, apice albis, intermediis albis. Linn. S. N. XII. p. 274. o. 4. Fn. Suec. p. 73. n. 203.
M.

*) Lagopède — Lagopus. Gesner, Au. p. 576. — Perdix alba siue Lagopus. Aldrou. de Auibus, T. II. p. 143. — Perdix blanche, Belon. Hist. nat. des Ois p. 259. — Lagopus, Frisch 110te und 111te Platte mit ausgemahlten Figuren. — La Gelinotte blanche Brisson. Ornithol. T. I. p. 216.

**) Aristot. de Coloribus, c. 6. und Hist. anim. L. III. c. 12.

***) Scaliger, Exercit. in Cardan. fol. 88. und 89.

nach Weygand †) und Rzaczynski ††), und des weißen Rebhuhns nach Belon †††), gleichen Abänderungen in der Farbe des Gefieders unterworfen sind.
Wundern muß man sich, daß Frisch nicht wußte, daß sein weißes Berghuhn,
welches unser Schneehuhn ist, dieser Abänderung auch unterworfen ist, oder daß er,
wenn er es gewußt, nichts davon erwähnt hat. Er sagt blos, man habe ihm erzählt, daß man im Sommer keine weißen Berghühner wahrnehme. Weiter unten
fügt er hinzu, daß man deren einige, vermuthlich im Sommer, geschossen habe,
die braune Flügel und einen braunen Rücken gehabt, er hätte aber nie welche davon gesehn. Hier hätte er nun sagen sollen, daß diese Vögel nur im Winter
weiß wären *).

Ich habe oben bemerkt, daß Aristoteles unser Schneehuhn nicht gekannt
hat. Man kann dieses aus der Stelle seiner Thiergeschichte beweisen, wo er versichert, daß der Hase das einzige Thier sey, welches unter den Füßen zottig wäre **). Wenn er auch einen Vogel mit Zotten unter den Füßen gekannt hätte,
so würde er gewiß nicht unterlassen haben, seiner an dieser Stelle zu gedenken, wo
er, nach seiner Gewohnheit, von der Aehnlichkeit der Theile in den Thieren handelte,
und folglich sich auch eben sowohl mit dem Gefieder der Vögel, als mit den Haaren der
vierfüßigen Thieren beschäftigte.

Der Name Lagopus, den ich diesem Vogel gebe, ist nichts weniger als
neu. Im Gegentheil haben Plinius und die Alten ihm denselben schon gegeben ***);
unrechtmäßiger Weise aber hat man einige Nachteulen damit belegt, die oben, aber
nicht unten rauchfüßig sind †). Eigentlich sollte er nur für die Gattung, von welcher hier
gehandelt wird, einzig und allein beybehalten werden, und zwar um desto mehr,
weil er eine unter den Vögeln nur diesen zukommende Eigenschaft ausdrückt, welche
darinnen besteht, daß sie wie der Hase unter dem Fuße rauch sind ††).

Plinius setzt zu diesen unterscheidenden Kennzeichen des Lagopus noch seine
Größe, die der Größe einer Taube gleich kommt, seine weiße Farbe, die vortreffliche Beschaffenheit seines Fleisches, seinen vorzüglicher Aufenthalt auf den Gipfeln der

Alpen,

---

†) Breßlauische Sammlung im November 1725. Claſſ. 4. art. VII. p. 39. u. ſ. f.

††) Rzaczynski, Auctuar. Pol. p. 421.

†††) Belon, nat. des Oiſ. p. 242.

*) Friſch, tab. 111. und 111.

**) Ariſtot. L. III. c. 12.

***) Plin. Hiſt. nat. L. X. c. 48.

†) Si mens aurita gaudet Lagope placens.
Martial. Der Poet redet in dieser Stelle
oftmals vom Uhu, aber der Uhu ist unter
den Füßen nicht rauch.

††) Belon, nat. des Oiſ. p. 259. Willoughby p. 127. Klein, Prodr. p. 173.

Alpen, und endlich sein sehr wildes Wesen, das fast keiner Zähmung fähig ist. Er schließt seine Abhandlung damit, daß er sagt, sein Fleisch verdürbe sehr bald.

Die mühsame Genauigkeit der Neuern hat diese Beschreibung der Alten vollständiger gemacht, die nur die Hauptzüge darstellt. Der erste Zug, den sie dem Gemälde zugesetzt haben, der auch dem Plinius, wenn er diesen Vogel selbst gesehen hätte, nicht entgangen seyn würde, ist die kleine drüsichte Haut, die über den Augen eine Art von rothen Augenwimpern ausmacht, die aber bey dem Hahne hellröther als bey der Henne ist. Letztere ist auch kleiner, und hat auf dem Kopfe nicht die beyden schwarzen Streifen, welche beym Männchen vom Ursprung des Schnabels nach den Augen, und selbst über die Augen weg nach den Ohren zu laufen. Außer diesem gleichen der Hahn und die Henne einander durchaus in der äußern Gestalt. Deswegen wird, was ich von ihnen in der Folge sagen werde, beyden gemein seyn.

Die weiße Farbe der Schneehühner ist nicht allgemein, und selbst zu der Zeit, da sie am meisten weiß sind, nämlich in der Mitte des Winters, ist sie nicht ganz ohne Mischung. Die vorzüglichste Ausnahme steckt in den Schwanzfedern, wovon die meisten schwarz, und nur an den Spitzen ein wenig weiß sind. Aber aus den Beschreibungen erhellet, daß es nicht immer die nämlichen Federn sind, welche diese Farbe haben. Der Ritter von Linne' sagt in seiner *Fauna Suecica*, daß die mittelsten Ruderfedern schwarz wären *); in seinem Natursystem aber macht er **) mit Brisson und Willoughby ***) die nämlichen Federn weiß, und die Seitenfedern schwarz. Alle diese Naturforscher haben dies nicht genau genug untersucht. In demjenigen Vogel, welchen ich habe zeichnen lassen, und in andern, die ich genau untersucht habe, bestand der Schwanz aus zwo Reihen Federn, eine über der andern. Die obere Reihe war über und über weiß, und die untere schwarz, und jede hatte vierzehn Federn †). Klein redet von einem Vogel dieser Gattung, den er den 20 Januar 1747 aus Preussen bekommen hatte, welcher ganz weiß war, den Schnabel, den untern Theil des Schwanzes und den Kiel der sechs Schwungfedern des Flügels ausgenommen. Der von ihm angeführte lappländische Prediger, Samuel Rheen, versichert, sein Schneehuhn, welches das unsrige ist, hätte keine einzige schwarze Feder, ausgenommen das Weibchen, welches eine von dieser Farbe in jedem Flügel hat ††). Das weiße Rebhuhn, von welchem Gesner redet

---

**) Tetrao rectricibus albis, intermediis nigris, apice albis. *Faun. Suec.* n. 169.

***) Tetrao pedibus lanatis, remigibus albis, rectricibus nigris, apice albis, intermediis totis albis. *Syst. nat.* Edit. X. p. 259. n. 91. art. IV.

***) *Willughby*, p. 127. n. 5.

†) Man kan die Federn eher nicht genau zählen, als wenn man, wie ich gethan habe, den Bürzel dieser Vögel oben und unten rupft. Und auf diese Weise habe ich mich überzeugt, daß oben 14 weiße, und unten 14 schwarze sind.

††) *Klein*. p. 173.

det *), war wirklich ganz weiß, um die Ohren aber hatte es einige schwarze Flecken. Die weißen Deckfedern des Schwanzes, die über dessen ganze Länge sich erstrecken, und die schwarzen Federn bedecken, haben zu diesem Mißverständniß Anlaß gegeben. Brisson rechnet achtzehn Schwanzfedern, da hingegen Willoughby und die meisten andern Vogelbeschreiber nur sechzehn zählen, würklich aber sind ihrer nicht mehr als vierzehn. So mancherley Abänderungen auch das Gefieder dieses Vogels hat, so hat es deren doch nicht so viele, als man in den Beschreibungen der Naturkenner findet **). Die Flügel haben vier und zwanzig Ruderfedern, unter denen die dritte von den äußersten die längste ist. Diese drey Federn, so wie die drey darauf folgenden auf jeder Seite, haben einen schwarzen Kiel, ob sie gleich übrigens weiß sind. Die Pflaumfedern um die Zeen bis auf die Klauen sind sehr weich und dichte; daher man denn gesagt hat, daß die Natur diesen Vögeln eine Art gefütterter Strümpfe ertheilt habe, die sie vor der großen Kälte, der sie ausgesetzt sind, schützen sollten. Ihre Klauen sind sehr lang, selbst die an der kleinen Hinterzee. Die Klaue an der Mittelzee ist von unten zu, der Länge nach, ausgehöhlt, und die Ränder sind scharf, und es ist daher ihnen was leichtes, sich Löcher in den Schnee zu scharren.

Das Schneehuhn hat, nach dem Willoughby, wenigstens die Größe einer zahmen Taube. Es ist 14 bis 15 Zoll lang, die Flügelbreite beträgt 21 bis 22 Zoll, und seine Schwere 14 Unzen. Das unsrige ist etwas kleiner. Linnäus hat aber angemerkt, daß sie von verschiedener Größe sind; die kleinste ist nach ihm das auf den Alpen ***). Es ist wahr, er fügt in eben der Stelle hinzu, daß dieser Vogel in den Wäldern der nordischen Provinzen, und besonders in Lappland, gefunden würde. Dies macht mich zweifelhaft, ob dieses mit unserm Lagopus der Alpen einerley Gattung ist, indem sie andere Gewohnheiten hat, und sich nicht auf den höchsten Gebürgen aufhält. Wollte man aber sagen, daß die auf den Alpen herrschende Witterung mit der Witterung der Thäler und Wälder in Lappland einerley sey, so würde

*) Gesn. p 577.

**) Es ist nicht zu verwundern, daß die Schriftsteller in Ansehung der Farbe der Seitenfedern im Schwanze dieses Vogels uneinig sind. Denn wenn man diesen Schwanz mit der Hand anteinander faltet, so beruht es lediglich auf uns, an den Seiten die schwarzen oder weißen Federn hervorsehen zu lassen, weil man sie willkührlich auf der Seite auseinander machen und legen kann. Daubenton der Jüngere hat sehr richtig angemerkt, daß man noch auf eine andere Art sich aus dem Widerspruch der Schriftsteller helfen, und klärlich sehen könne, daß der Schwanz nur aus 14 schwarzen Federn bestehe. Doch muß man die äußerste, welche mit weiß da eingefaßt ist, wo sie ihren Anfang nimmt, und auch die Spitze, welche bey allen weiß ist, ausnehmen. Es sind nämlich die Kiele dieser 14 schwarzen Federn doppelt so dick, als die Kiele der 14 weißen Federn, und sie gehen nicht so weit hervor, indem sie nicht einmal die Kiele der schwarzen ganz bedecken. — Solchergestalt kann man glauben, daß diese weißen Federn nur zur Deckung dienen, obgleich die vier mittelsten so lang als die schwarzen sind, welche letztern meist eine Länge haben. A. d. V.

***) Linnæus, Fauna Suecica, p. 169.

würde mich doch die Uneinigkeit der Schriftsteller in Ansehung des Geschreyes des Schneehuhns vollends überzeugen, daß hier eine Gattung mit der andern vermengt wird. Nach
Belon schreyt es wie ein Rebhuhn *), nach Gesnern hat es einigermaßen eine
Stimme wie der Hirsch **). Linnäus vergleicht seine Stimme mit einem schwatz-
haften Gewäsche und mit einem höhnischen Gelächter. Willoughby endlich beschreibt seine Federn an den Füßen als zarte Pflaumfedern, und Frisch vergleicht sie
mit den Schweinborsten ***). Wie kann man aber wohl Vögel unter einerley Gattung
rechnen, die in der Größe, in den natürlichen Gewohnheiten, in der Stimme, in
der Beschaffenheit der Federn, ich könnte hinzusetzen, auch in den Farben unterschieden sind. Denn wir haben gesehen, daß die Farbe der Schwanzfedern nichts weniger als beständig ist. Hier aber sind die Farben des Gefieders bey einerley Subject
so veränderlich, daß es nicht vernünftig seyn würde, sie zum Unterscheidungszeichen
der Gattung zu wählen. Ich glaube also, die Schneehühner der Alpen, der Pyrenäen und anderer solcher Gebürge von denjenigen Vögeln eben dieser Art mit Grunde ab-
sondern zu können, welche sich in den Wäldern, und selbst in den Ebenen der nördlichen
Länder befinden, und die mir vielmehr Tetrasse, Haselhühner und Rebhühner zu seyn
scheinen. Und hierinn mache ich keine Neuerung, sondern nähere mich nur der plinia-
nischen Meynung, nach welcher sein Lapogus ein den Alpen eigenthümlicher
Vogel ist.

Oben haben wir gesehen, daß seine Farbe im Winter weiß sey; im Sommer
aber besteht sie in braunen Flecken, die auff einem weißen Grunde zerstreut sind.
Demohngeachtet kann man von diesem Vogel sagen, daß es keinen Sommer für ihn giebt,
denn vermöge seiner besondern Organisation ist er nur geneigt, sich in eiskalter Witterung aufzuhalten. Denn so wie der Schnee an den abschüßigen Stellen der Berge
schmilzt, so steigt es höher, und sucht sich die höchsten Gipfel auf, wo der Schnee
nie weggeht. Es rückt ihm aber nicht nur näher, sondern es gräbt sich in ihm selbst Löcher,
die es wie eine Art Gänge einrichtet, durch welche es sich vor den Sonnenstrahlen,
die es zu blenden oder zu beschweren scheinen, beschirmt †). Es würde der Mühe werth
seyn, diesen Vogel in der Nähe zu betrachten, seine innere Bauart, die Einrichtung
seiner Organe zu durchforschen, und die Ursache zu entdecken, warum ihm die Kälte
so nothwendig ist, und warum er die Sonne mit so vieler Sorgfalt vermeidet, da
doch im Gegentheil alle lebendige Wesen nach ihr verlangen, sie aufsuchen, sie als die
Mutter der Natur begrüßen, und mit Wollust den angenehmen, Einfluß ihrer be-
fruchtenden und wohlthätigen Wärme annehmen. Sollte es wohl etwan aus eben
den Ursachen geschehn, welche die Nachtvögel zwingen, das Tageslicht zu scheuen,
oder stellen die Schneehühner vielleicht die Kakrelas unter den Vögeln vor? —

Wie

*) Belon. nat. des Ois. p. 259.   ***) Frisch, tab. 110.

**) Gesner, 578.   †) Belon, p. 259.

Dem ſey aber wie ihm ſey, ſo iſt leicht zu begreifen, daß ein Vogel dieſer Art ſchwer zahm zu machen iſt; welches Plinius auch, wie wir oben geſehn haben, ausdrücklich ſagt. Doch ſpricht Redi von ein Paar Schneehühnern, die er die pyrenäiſchen weißen Rebhühner nennt, welche in einem Vogelhauſe des dem Großherzog zugehörigen Gartens zu Boboli auferzogen worden *).

Die Schneehühner fliegen ſchaarweiſe und nie hoch, denn es ſind ſchwere Vögel. Wenn ſie einen Menſchen gewahr werden, ſo bleiben ſie, um nicht geſehen zu werden, unbeweglich auf dem Schnee liegen. Ihre weiße Farbe aber, die glänzender als der Schnee ſelbſt iſt, wird oft ihre Verrätherin. Uebrigens geben ſie ſich entweder aus Dummheit, oder Unerfahrenheit mit den Menſchen gar leicht ab. Um ſie zu fangen, iſt oft nicht mehr nöthig, als ihnen Brodt vorzuwerfen, oder auch nur in ihrer Gegenwart einen Hut kollern zu laſſen, und den Augenblick in Acht zu nehmen, um ihnen, indeß daß ſie ſich mit dieſen neuen Gegenſtande abgeben, eine Schlinge über den Hals zu werfen, oder ſie von hinten zu mit Ruthenſchlägen zu tödten **). Auch ſagt man, ſie wagten nie über eine Reihe nach der Linie dicht geſetzter Steine, ſo wie: etwa der erſte Anfang einer Mauer iſt, überzuſetzen, ſondern ſie giengen ſtets längſt dem niedrigen Bolwerke auf die Falle zu, die ihnen die Jäger gelegt haben.

Sie leben von den Kätzchen, Blättern und jungen Sprößlingen der Fichten und Birken, von Heydelbeerkraute und andern gewöhnlichen Berggewächſen ***): Die kleine Bitterkeit, welche man an ihrem Fleiſche ausſetzt †), das ſonſt ein gutes Eſſen iſt, iſt unfehlbar der Beſchaffenheit ihrer Nahrung zuzuſchreiben. Man ſieht es als ein Wildpret an, und es iſt übrigens ſehr gäng und gebe, ſowohl auf dem Berge Cenis, als in allen Städten und Dörfern auf den ſavoyiſchen Gebirge ††). Ich habe welches gegeſſen, und finde in Anſehung des Geſchmacks ſehr viel Aehnliches mit dem Haſenwildpret.

Die Hennen legen und brüten ihre Eyer auf der Erde, oder vielmehr auf Felſen †††); das iſt alles, was man von ihrer Vermehrungsart weis. Man würde Flügel nöthig haben, um die Gebräuche und Gewohnheiten der Vögel aus dem Grunde kennen zu lernen, beſonders derer, welche ſich unter das Joch des häuslichen Zuſtandes nicht ſchmiegen wollen, ſondern blos in unbewohnten Gegenden ſich aufhalten.

Das

---

*) Collect. Acad. Part. Etrang. Tom. I. p. 520.

**) Gesn. p. 578.

***) Willoughby, p. 127. Klein, p. 116.

†) Gesn. 578.

††) Belon, p. 259. Gesn. p. 578. Rzaczynski. p 411.

Büffon Vögel III. B.   3

Das Schneehuhn hat einen sehr geraumen Kropf, und einen muskulösen Magen, worinn man kleine Steinchen unter ihren Speisen findet. Der Darmkanal ist 36 bis 37 Zoll lang. Die Blinddärme sind groß, gerippt, und sehr lang, aber, nach Redi, von ungleicher Länge, und oft mit kleinen Würmern angefüllt *). Die Häute der dünnen Gedärme formiren ein sehr besonderes Netz, das aus einer Menge kleiner Gefäße, oder vielmehr aus kleinen mit Ordnung und Symmetrie angebrachten Falten zusammengesetzt ist **). Man hat angemerkt, daß das Herz etwas kleiner, die Milz aber viel kleiner als beym Attagas ist ***), und daß sich der Gallen- und Lebergang, ein jeder vor sich, und in einem ziemlich weiten Abstande von einander in die Därme öffnen †).

Ehe ich diesen Artikel schließe, muß ich nach Aldrovand noch anmerken, daß Gesner unter die mancherlen dem Schneehuhn beygelegten Namen auch die Benennung Urblan, als ein italienisches in der Lombardey gebräuchliches Wort setzt. Dieses Wort aber ist für ein lombardisches und für jedes italiänisches Ohr ganz fremd. Eben so möchte es mit dem Worte Rhoncas und Herbey gehen, welche ebenfalls nach Gesnern Benennungen sind, welche die Graubünder, die Italienisch sprechen, den Schneehühnern beylegen. In dem Theile von Savoyen, der an Valais stößt, nennt man sie Arbenne. Dieses durch verschiedene theils schweizerische, theils graubünderische Sprachverderbungen und Mundarten verschiedentlich veränderte Wort hat einige von den jetzt angeführten Benennungen veranlassen können.

Zusätze zur Geschichte des Schneehuhns.

„Wenn die Schneehühner ruhig in Wäldern herumlaufen, schnattern sie beständig, „wenn sie aber erschreckt werden, geben sie ein lachendes Geschrey. Sie leben „im Sommer von Mücken und im Winter von Birkenknospen. Ihr Nest ist, wie „oben gesagt, unter dem Schnee, und wenn die Norweger einen Ring von Stei„nen um selbiges legen, so getrauen sie sich nicht heraus. Stellen denn die Raub„vögel nach, so fliegen sie vor Angst bald den Menschen in die Hände. Man ver„kauft viele Tausende auf den Märkten in Bergen und Stockholm, und verschickt sie „auch halb gebraten, und in Fäßlein gepackt, als ein schmackhaftes Essen sehr weit. „Müller l. c.

In

*) Collect. Acad. Part. Etrang. Tom. I. P, 520.

** Klein, p. 117. und Willoughby, 127. n. 5.

***) Roberg beym Klein Hist. Aui. p. 117.

†) Redi, Collect. Acad. Part. Etrang. T. I. p. 467.

In Island *) wird es überall häufig gefunden, es heißt daselbst Riura. Der Falke ist sein Verfolger, daher suchen ihn auch die Falkenfänger, um diesen damit ins Netz zu locken. An einigen Orten gegen Westen fängt man ihn auch zur Speise. Man geht je zween und zween Mann auf die Felsen hinaus, wenn viel Schnee gefallen ist; man hat ein, zwanzig bis dreyßig Faden, langes Seil von Welle oder Seegelgarn bey sich, woran in der Mitte Schlingen von Pferdehaaren sind, worein die Riura den Kopf steckt, in dem Augenblick aufstiegt, und sich also darinn verwickelt. Wenn der Falke ihn getödtet, und ein Loch in ihn gehauen hat, fängt er an zu schreyen. Die Einwohner glauben, daß dieses aus Traurigkeit geschähe, weil der Riura seine Schwester ist, die er nicht kennt, bevor er ans Herz kommt. Wahrscheinlich aber ist es ein Freudengeschrey.

Das Schneehuhn aus der Hudsonsbay ¹) *).

Die Verfasser der brittischen Zoologie **) machen dem Brisson mit Recht einen Vorwurf darüber, daß er den Ptarmigan und Edwards weißes Rebhuhn (Taf. 72.) als einerley Vogel ansieht ***), da es doch in der That verschiedene Gattungen sind. Denn Edwards weißes Rebhuhn ist zweymal größer als der Ptarmigan, und die Farben ihrer Sommerfedern sind auch sehr verschieden. Jener hat breite, weiße, dunkle, orangenfarbige Flecken, der Ptarmigan aber auf hellbraunem Grunde dunkelbraune Flecken. Uebrigens gestehen beyde Schriftsteller ein, daß die Sommertracht dieser Vögel einerley sey, nämlich,

B 2 fast

---

*) Anm. S. Eybert Olaffens Reise nach Island, Th. I. S. 309.

¹) Anm D. Martini Naturles. Th. III. S. 652. Anders. Island I. p. 43. II. p. 194. Rypen Snaeryper. Horrebows Island S. 68. Debes Feroe I. p. 119. Der Schneevogel Seligm. Th. III. tab. 39.

M. . . .

*) Perdrix. Anderson, Hist. d'Islande & de Groenland, T. I. p. 77. und T. III. p. 49. — Perdrix blanche. Voyage de la baie d'Hudson, T. I. p. 51. mit einer Figur. — Perdrix blanche. Edwards Hist. des Ois. T. II. Platte 78. mit einer guten Figur.

**) Brittish Zoologie, p. 75. in der Uebers. S. 88.

***) Brisson. Ornith. T. I. p. 216. und 217.

saſt ganz weiß. Edward verſichert, daß die Seitenfedern des Schwanzes ſelbſt im Winter ſchwarz, an der Spitze aber weiß wären. Gleichwohl ſagt er weiter unten, daß einer dieſer Vögel, der im Winter getödtet, und von Light aus der Hudſons-bay mitgebracht worden, völlig weiß geweſen wäre. Dies beweiſt je mehr und mehr, wie mancherley die Federfarben bey dieſer Gattung ſind.

Des weißen Rebhuhns, von welchem hier gehandelt wird, ſeine Größe fällt zwi-ſchen des Rebhuhns und des Faſans ſeine, und es würde ziemlich wie ein Rebhuhn geſtaltet ſeyn, wenn es nicht einen etwas längern Schwanz hätte. Der Hahn auf der 72ſten Tafel des Edwards iſt ſo vorgeſtellt, wie er im Frühlinge ausſieht, wenn er ſeine Sommerfarbe beginnt anzunehmen, und wenn durch den Einfluß der Begattungszeit ſeine häutigen Augenwimpern röther, hervorſtechender und erhabener, kurz, wie des Rothhuhns ſeine geworden ſind. Er hat ferner kleine weiße Federn um die Augen, und noch einige an der Schnabelwurzel, welche die Naſenlöcher bedecken. Die mittelſten zwo Federn ſind bunt, wie die am Halſe. Die zwo darauf folgen-den ſind weiß, und alle die andern ſchwärzlich mit Weiß an der Spitze, im Som-mer ſowohl als im Winter.

Die Sommertracht erſtreckt ſich nur auf den obern Theil des Körpers. Der Bauch iſt immer weiß, die Füße und Zeen ſind über und über mit Federn, oder vielmehr mit weißen Haaren bedeckt. Die Klauen ſind weniger krumm, als es bey den Vögeln gewöhnlich iſt *)

Dieſes weiße Schneehuhn hält ſich das ganze Jahr über in der Hudſonsbay auf. Die Nächte bringt es in den Löchern zu, die es ſich in Schnee gräbt, wel-cher in daſiger Gegend wie feiner Sand iſt. Des Morgens ſchwingt es ſich gerade in die Höhe, und ſchüttelt dadurch den Schnee eben auf den Flügeln ab. Es frißt des Morgens und Abends, und ſcheint ſich für der Sonne nicht zu fürchten, wie unſer Schneehuhn der Alpen, denn es ſetzt ſich den ganzen Tag über der Würkung ihrer Strahlen in der Tageszeit aus, da ſie am heftigſten ſind. Herr Edward hat den nämlichen Vogel aus Norwegen bekommen, der mir die Mittelgattung zwiſchen dem Schneehuhn, dem es in Anſehung der Füße gleich, und dem Rothhuhn, deſſen große rothe Augenwimpern er hat, zu ſeyn ſcheint.

Zuſätze

*) Wir haben zween aus Siberien unter dem Namen des Schneehuhns geſchickte Vö-gel geſehn, die wahrſcheinlich mit dem Schneehuhn aus der Hudſonsbay von einerley Gattung waren, und die würklich ſolche flache Klauen hatten, daß ſie mehr den Nägeln der Affen, als den Vögelklauen gleich ſahen.

A. d. V.

Zusätze zum Schneehuhn der Hudsonsbay.

Anderson sagt: daß sie von ihrer Speise im Sommer so viel in ihren Nestern hinlegten, daß sie im Winter nothdürftig davon leben könnten.

Dieses Schneehuhn ist vermuthlich eine Abänderung von dem vorigen. Egbert Olasse, der sonst in der natürlichen Geschichte sehr genau ist, unterscheidet es in seiner Reise nach Island auch nicht davon.

Sommervögel,

welche mit den Auerhühnern, Haselhühnern und Rothhühnern Gleichheit haben.

I. Das Haselhuhn aus Kanada *).

Siehe die 131ste, 132ste und 134ste illuminirte und unsere 22ste, 23ste und 24ste Kupfertafel.

Hier scheint Brisson zweyerley Namen einem und demselben Vogel beyzulegen, weil das kanadensische Haselhuhn, das er gesehen, und das er für eine von dem Haselhun aus der Hudsonsbay, das er würklich nicht gesehen hatte, unterschiedene Gattung ausgiebt, im Grunde einerley Vogel ist. Man darf aber nur das kanadensische Haselhuhn in der Natur mit dem edwardischen ausgemahlten Haselhuhn aus der Hudsonsbay vergleichen, so wird man gewahr werden, daß es ebenderselbe Vogel ist, und unsere Leser werden es selbst bey der Gegeneinanderhaltung der 131sten und 132sten mit der 71sten und 118ten Tafel des Edwards gleich einsehen. Man

Z 3   hat

---

*) Gelinotte de Canada. — Der braune und gesprenkelte Auerhahn. Ellis Voyage de la baie d'Hudson, T. I. p. 50. mit einer Figur. — Der braune sprenklichten Frankolin, auf Edwards 118 Tafel, das Männchen, und auf der 71 Tafel das Weibchen. — Gelinotte de Canada. Brisson, Tom. I. p. 203. Gelinotte de la baie d'Hudson. Idem, ibid. p. 201.

hat also eine dem Namen nach vorhandene Gattung weniger, als Brisson angegeben, und man kann dem kanadensischen Haselhuhn alles das beylegen, was Ellis und Edward von dem Haselhuhn der Hudsonebay gesagt haben.

Dieses Huhn ist das ganze Jahr über in Menge in den Gegenden um die Hudsonsbay anzutreffen, am liebsten aber bewohnt es dort die Ebenen und niedrigen Gegenden. Hingegen hält sich, wie Ellis sagt, die nämliche Gattung unter andern Himmelsstrichen blos in sehr hohen Gegenden, und sogar auf den Spitzen der Berge auf.   In Kanada wird sie mit dem Namen des Rebhuhns belegt.

Das Männchen ist kleiner als das gemeine Haselhuhn.   Es hat rothe Augenwimpern, die Nasenlöcher sind mit kleinen schwarzen Federn überzogen, die Flügel sind kurz, die Füße zottig bis an die Fußwurzel, die Zeen und Klauen grau, der Schnabel schwarz.   Ueberhaupt aber fällt seine Farbe sehr in das Bräunliche, und sie wird nur um die Augen, auf den Seiten, und an einigen andern Stellen durch einige weiße Flecke lebhafter gemacht.

Die Henne ist kleiner als der Hahn; ihr Gefieder ist an Farbe eben so beschaffen, aber nicht dunkel, und bunter.   In allem Uebrigen sieht sie aus wie der Hahn.

Beyde fressen Fichtenäpfel, Wachholderbeeren, u. s. w. man findet sie in Nordamerika sehr häufig.   Bey der Herannahung des Winters versorgt man sich mit einem Vorrathe davon, und sie halten sich lange, wenn sie vorher gefroren sind.   So viel als man davon zum Essen brauchen will, lässet man allemal vorher in kaltem Wasser aufthauen.

II. Das

II. Das Kragenhuhn ¹⁾, oder das dicke kadanensische Haselhuhn *).

Siehe die 104. illuminirte Kupfertafel.

Auch hier vermuthe ich, daß Brisson einem Vogel zweyerley Namen giebt, und ich bin geneigt zu glauben, daß dieses dicke kanadensische Haselhuhn, welches er für eine neue und von dem pensylvanischen gehäubten Haselhuhn unterschiedene Gattung hält, mit demselben doch einerley Vogel, nämlich das edwardische Kragenhuhn sey. Wahr ist es, wenn man diesen Vogel in der Natur, oder selbst unsere ausgemahlte 104te Platte, mit der 248sten des Edwards vergleicht, so wird man beym ersten Anblick sehr beträchtliche Verschiedenheit zwischen diesen zween Vögeln finden. Wenn man aber auf die Aehnlichkeit, und zugleich auf die verschiedenen Gesichtspunkte der Zeichner Achtung giebt, da nämlich der edwardische das Gefieder über den Flügeln und dem Kopfe gesträubt, und nicht nur den Vogel lebend, sondern in der Balze hat vorstellen wollen, und hingegen der martinetische auf der 421sten Tafel Figur I. ihn todt und ohne gesträubte Federn gezeichnet hat, so wird sich unter beyden Platten wenig Unterschied wahrnehmen lassen. Ja wenn man voraussetzt, daß der edwardsche Vogel das Männchen, der martinetische aber das Weibchen sey, so wird aller Unterschied verschwinden ²⁾. Ueberdies sagt dieser geschickte Naturforscher ausdrücklich, er habe den Federbusch an seinem Vogel nur daher wegen vermuthet, weil die Federn auf dem Wirbel des Kopfs länger als die übrigen waren, und daher sey es ihm wahrscheinlich vorgekommen, daß er sie nach seinem Gefallen, so wie die über den Flügeln, sträuben könne. Da nun übrigens die Größe,

¹⁾ Anm. D. Martini Naturlex. B. III. S. 581. Seeligm. Th. VII. t. 38. Hallens Vögel S. 459. n. 480.

Tetrao Vmbellus pedibus hirsutis, cervicali vmbone exstante. *Linn.* S. N. XII. 286. n. 8. Das Kragenhuhn. Müllers linn. Naturf. II. B. 48. M . . .

*) *Brisson*, T. I. p. 67. — — La gelinotte huppée de Pensylvanie. Idem, ibid.

p. 214. *Coq de Bruyère à fraise. Edwards, Glanures,* p. 248.

¹⁾ Linné macht aber doch aus dem kanadensischen großen Haselhuhn eine besondere Gattung, die er *Tetrao lagopus* pedibus hirsutis pennis axillaribus maioribus nigris azureis nennt. *Syst.* Nat. XII. p. 275 n. 8. Müller Naturf. II. S. 485. nennt ihn das Mantelhuhn.
M . . .

Größe, Figur, Gewohnheiten und Himmelsstrich mit einander übereinkommen, so deucht mir, kann man mit Grunde vermuthen, daß das dicke oder große kanaden= sische Haselhuhn, das pensylvanische gehäubte Haselhuhn des Brissons, und des Edwards Auerhahn mit der Halskrause, nur eine und dieselbe Gattung sind, zu welcher man noch den amerikanischen Waldhahn, den Katesby beschrie= ben und gezeichnet hat [*]), rechnen kann.

Dieses Kragenhuhn ist etwas dicker, als das gemeine Haselhuhn, und hat in Ansehung der kurzen Flügel und darinnen eine Aehnlichkeit mit ihm, daß die Federn, welche seine Füße decken, nicht bis auf die Zeen gehen. Es hat aber weder rothe Augen= wimpern, noch rothe runde Streifen um die Augen. Sein vornehmstes Unterschei= dungszeichen sind zween Federbüschel oben an der Brust, auf jeder Seite einer, in welchen die Federn länger, und niederwärts krauser als die andern sind. Die Fe= dern dieser Büschel haben ein schönes Schwarz, und an den Rändern einen glänzen= den Wiederschein, der zwischen der grünen und gelben Farbe spielt. Der Vogel kann diese Art falscher Flügel emporsträuben, wenn er will. Wenn sie zusammen= gezogen sind, hängen sie an beyden Seiten über den obern Theil der würklichen Flü= gel hervor. Der Schnabel, die Zeen und Klauen sind rothbraun.

Dieser Vogel ist, nach Edward, in Maryland und Pensylvanien sehr ge= mein, und man nennt ihn daselbst Fasan. Aber er ist in Rücksicht seines Naturels und seiner Gewohnheiten dem Auerhahne ähnlich. Seine Größe hält zwischen dem Fasan und dem Rebhuhn das Mittel. Die Füße sind mit Federn versehen, und die Zeen an den Rändern zackicht, wie bey den Auerhühnern. Der Schnabel ist wie des gemeinen Hahns sein Schnabel beschaffen, und seine Nasenlöcher sind mit kleinen Federn bedeckt, die von dem Anfange des Schnabels ihren Ursprung nehmen, und sich nach vorne zu richten. Der ganze obere Theil des Körpers, der Kopf, der Schwanz und die Flügel sind mit verschiedenen braunen, bald hell, bald dunkeln, orange= farbigen und schwarzen Flecken durchmischt, und die Kehle hat ein blitzendes, wiewohl etwas dunkles Orangengelb. Der Kopf, der Bauch und die Schenkel haben halb= mondförmige, regelmäßige schwarze Flecken auf weißem Grunde. Auf dem Kopfe und um den Hals hat dieser Vogel einige Federn, die er nach seinem Gefallen auf= sträuben kann, und daraus er einen Federbusch, und eine Art Halskrause macht, wel= ches vorzüglich in der Balzzeit geschieht. Zur selben Zeit trägt er seine Schwanz= federn in Gestalt eines Rades in der Höhe, mit aufgeblasenem Kropfe und hangen= den Flügeln, und begleitet seine Bewegung mit einem dumpfigen Getöse und Kullern, gleich dem kalekutischen Hahne. Ueberdies klatscht er, um seine Weibchen zu locken, auf eine gar besondere Art mit den Flügeln, und zwar stark genug, um bey stillem Wetter eine halbe Meile weit gehört zu werden. Dieses thut er besonders im Früh= jahre und Herbste, welches seine Balzzeit ist, und wiederholt es alle Tage zu ge=
wissen

[*]) Catesby. Appendix, fig I.

wissen festgesetzten Stunden, nämlich des Morgens um neun Uhr, und Nachmittags um vier Uhr, dabey er immer auf einem verdorrten Baume sitzt. Anfangs macht er zwischen jedem Schlage eine Pause von zwo Secunden, nachher folgen diese Schläge immer geschwinder, und endlich so schnell auf einander, daß es ein ununterbroche-nes Getöse, und dem Schall einer Trommel, oder, wie andere sagen, einem fernen Gewitter ähnlich ist. Dieses Getöse dauert ohngefehr eine Minute, und fängt nach einer Pause von sieben Minuten eben so stufenweise wieder an. Es ist aber dasselbe weiter nichts als ein Zeichen der Liebe, das der Hahn an die Hennen giebt, welches die letztern in der Ferne vernehmen. Unterdessen pflegt jedoch diese Verkündigung einer neuen Zeugung oft eine Loosung der Vertilgung zu seyn, denn die Jäger werden durch diesen Lärm aufmerksam gemacht, nähern sich unvermerkt dem Vogel, und nehmen den Augenblick dieser Entzückung in Acht, um ihn mit Gewißheit zu schießen. Ich sage, unvermerkt; denn so bald dieser Vogel jemanden sieht, hält er inne, wenn er auch noch so verliebte Regungen empfindet, und fliegt drey bis vierhundert Schritte weg. Fast eben dieses Getöse machen auch unsere europäischen Auer- und Birkhähne, nur aber nicht in einem so übertriebenen Grade.

Die gewöhnliche Nahrung der pensylvanischen Kragenhühner sind **Körner, Früchte, Weinbeeren,** und besonders **Epheubeeren,** welches letztere vornehmlich deswegen merkwürdig ist, weil diese Beeren für manche andere Thiere ein Gift sind.

Sie brüten nur zweymal im Jahre, und wahrscheinlich im Frühjahre und Herbste, in welchen beyden Jahrszeiten der Hahn mit seinen Flügeln klatscht. Ihre Nester machen sie auf der Erde auf Blättern, oder an der Seite eines auf der Erde liegenden Baumstammes, oder auch am Fuße eines stehenden Baums, welches eine Anzeige eines schweren Vogels ist. Sie legen zwölf bis sechszehn Eyer, und bebrü-ten sie drey Wochen. Die Henne sorgt sehr für die Erhaltung ihrer Jungen. Sie setzt sich, um sie zu schützen, aller Gefahr aus, und sucht die ihnen drohenden Ge-fahren über sich selbst ergehen zu lassen. Ihrerseits verstehn die Jungen sich sehr ge-schickt unter den Blättern zu verstecken. Aber diesem allen ohngeachtet reiben die Raubvögel doch viele auf. Die Brut hält sich zusammen, und zertheilt sich erst im Frühlinge.

Diese Vögel sind sehr wild, und man kann sie durch nichts zähmen. Wenn man sie durch gemeine Hühner ausbrüten läßt, so gehen sie davon, und flüchten in Holzun-gen, so bald sie ausgekrochen sind.

Ihr Fleisch ist weiß, und ein sehr zartes Essen, und deswegen machen die Raubvögel vielleicht so begierig Jagd auf sie. Wir haben diese Vermuthung schon bey Gelegenheit der europäischen Auerhühner geäußert. Wenn dieses durch hin-reichende

reichende Bemerkungen beſtätigt würde, ſo würde nicht nur daraus folgen, daß ge-
fräßig und leckerhaft zu ſeyn, gar wohl mit einander beſtehen könne, ſondern daß die
Raubvögel auch meiſt den Geſchmack der Menſchen haben, und dieſes würde unter
beyden Gattungen noch eine Aehnlichkeit mehr ausmachen.

III. Das langſchwänzige Haſelhuhn aus der Hudſonsbay.

Der amerikaniſche Vogel, den man das langſchwänzige Haſelhuhn, (Gelinotte à longue Queue), heißen könnte, und der vom Edward gezeichnet,
und unter dem Namen *Heath-Cock* oder *Grous* (Coq de bruyère de la baie d' Hud-
ſon) *) beſchrieben worden iſt, ſcheint mir den Haſelhühnern näher als den Auerhühnern oder Faſanen, deren Namen man aber doch ihm beygelegt hat, zu kommen.
Das langſchwänzige auf der 117ten edwardiſchen Platte vorgeſtellte Haſelhuhn iſt
ein Weibchen, und es hat die Größe, die Farbe und den langen Schwanz des Faſans. Das Gefieder des Männchen iſt bräunlicher, leuchtender, und wirft am
Halſe einen Widerſchein von ſich. Es hält ſich auch ſehr aufrecht, und hat einen
ſtolzen Gang; ein Unterſchied, der ſich beſtändig zwiſchen dem Männchen und Weibchen
in allen unter dieſes Vogelgeſchlechts gehörenden Gattungen findet. Edward
hat es nicht gewagt, dem Weibchen rothe Augenwimpern beyzulegen, weil er es
nur ausgeſtopft geſehen hat, und folglich an ſeinem Vogel ſolches Kennzeichen nicht
ſichtbar genug war. Die Füße waren mit Federn bekleidet, die Zeen an den Rändern ausgezackt, und die hintere Zee ſehr kurz.

Man giebt dieſen Haſelhühnern in der Hudſonsbay den Namen Faſan. Ihr
langer Schwanz macht auch in der That eine Mittelgattung zwiſchen den Haſelhühnern und den Faſanen aus. Die zwo mittelſten Schwanzfedern gehen über die
zwo an jeder Seite darauf folgenden um zween Zoll hinaus, und ſo werden die
äußerſten

---

*) Tab. 117. Seligmann V. Tab. XII. Vrogallus minor, femina, cauda longiore, Ca-
nadenſis.

äußersten an beyden Seiten immer kürzer. Man findet diese Vögel auch in Virgi-
nien in Gehölzen und unbewohnten Gegenden.

Zusatz zu der Geschichte der fremden Vögel, die zu den Auerhühnern u. s. w. gehören.

Der sel. Herr D. Martini setzt zu diesen noch drey Vögel hinzu:

1) Den amerikanische Waldhahn des Katesby, den er den Schneemer-
kur nennt, und

2) Den Bastardberghahn des Pallas.

3) Das russische Land- oder Steppenhuhn, eben desselben.

I. Der Schneemerkur.

So nennt er Martini den Vogel aus Amerika, welchen der Ritter von Linné wegen
eben der besondern Kennzeichen, von welchen dieser Name entlehnt ist, Tetrao
Cupido nennt. Dieses specifische Kennzeichen sind aber die Nebenflügel *), welche über den eigentlichen am Genicke sitzen. Die catesbische Beschreibung enthält
Folgendes:

„Die Größe beträgt ohngefähr ein Drittheil mehr als beym Rebhuhn. Der
„Schnabel ist braun, die Augen schwarz mit einem haselfärbigen Ringe. Die
„Beine sind bis an die Zeen mit gelblichen Wollenfedern bekleidet. Der Schwanz
„ist kurz, an der Unterfläche dunkelschwarz. Der Vogel hat übrigens ein roth-
„braunes Gefieder, welches in der Quere mit schwarzen und weißen Strichen
„wellicht bezogen ist. Auf dem Kopfe hat er lange Federn, die, wenn sie auf-
„gerichtet stehen, einen kleinen Busch vorstellen. Das Unterscheidende und
„Merkwürdigste desselben, welches er vor allen bekannten Vögeln voraus zu ha-
„ben scheint, bestehet ohnstreitig in den zween Federbüschen, die kleinen Fitti-
„gen ähnlich sehen, drey Zoll in der Länge betragen, und hinten am Nacken
„beym

Aa 2

---

*) Tetrao Cupido, pedibus hirsutis, alis succenturiatis cervicalibus, Linn. S. N. XII.
p. 274. n. 5.

„beym Kopfe einander gerade überstehen. Jeder von diesen Büschen ist aus „fünf über einander liegenden Federn zusammengesetzt, welche den Flügelfedern „gleichen, und allmählig an Länge abnehmen.“

„Diese kleinen Flügel sind am Halse auf eine solche Art befestiget, daß sie der „Vogel willkührlich zusammenziehen und ausbreiten kann. Wird er beunruhi- „get, so pflegt er sie horizontal auszubreiten, zu andern Zeiten aber an jeder „Seite des Halses herabhängen zu lassen.“

„Der Henne fehlen diese Halsfedern gänzlich, obgleich übrigens zwischen ihr „und dem Hahne wenig Unterschied bemerkt wird. Sowohl der Bau als die „Halsfedern können dem Vogel im Laufen oder Fliegen, und vielleicht in beyden „Fällen, zu statten kommen, um so mehr, da seine wahren Flügel in Ansehung „der Schwere seines Körpers ziemlich kurz ausfallen. Ursprünglich stammen „diese Vögel aus Amerika, und gehören unter die Seltenheiten dieses Welt- „theils — —

De Herr Prof. Müller nennt diesen Vogel den pensylvanischen Fasan, weil er die Größe eines Fasans hat. „Nach seiner von der königlichen Societät zu Lon- „den entlehnten Beschreibung kann er den Schwanz nach Art der Truthähne aufborsten, „wobey zugleich sein Kragen aufschwillt. Sein Vaterland sind die pensylvanischen, „maryländischen und andere nordamerikanische Wildnisse — Die Männchen machen „zur Begattungszeit ein besonderes Geschrey, treiben gleich den Täubern die Brust „auf, und bewegen dabey die Flügel, welches einen trommelartigen Ton giebt, der „eine Minute lang fortdauert, und immer wieder von neuem anfängt, bis sie sich den „Jägern verrathen haben, welche alsdann noch Zeit genug gewinnen, auf sie anzule- „gen, zumal da die Vögel dieses allezeit auf den Bäumen, und zwar Morgens, wenn „es Tag wird, und Abends, wenn die Sonne untergehet, thun. Sie haben ein weißes „und sehr schmackhaftes Fleisch. Müller linn. Naturs. Th. II. S. 483. 484.

II. Das Bastardberghuhn.

Dieser Vogel, welcher nicht im linnäischen System steht, ist vom Herrn Professor Müller aus Pallas Reise *) entlehnt, und in den Zusätzen zum linnäischen
Thier-

*) Lin. Pallas Reise Th. II. S. 712. n, 1.

Thierreiche *) unter dem Namen *Tetrao paradoxa* eingerückt worden. Es soll ein Kettenglied vom Schneehuhn zum Trappen seyn. Die Beschreibung ist folgende:

„Der Schnabel ist dünne, wie bey allen Berghühnern, und der obere Kiefer „ist weder gewölbt, noch über den andern hinspringend. Die Füße sind ganz „ungewöhnlich fast bis an die Krallen federig, sehr kurz, nur dreyfingerig, mit „ganz kurzen Zeen versehen, die an einander gewachsen sind, so daß eine ordentlich „breite dreyzackigte Fußsohle herauskommt, welche mit hornartigen Schuppen „ziegelförmig besetzt ist. Der Kopf und Hals sind bis zur Kehle weißgrau, doch „an der Gurgel gelblich, und an beyden Seiten des Halses mit einigen pomeran- „zenfarbigen Flecken versehen. Der Rücken ist zwischen den Flügeln bis zum „Schwanze, wie bey den Trappen, greiß- und schwarzschuppig gezeichnet, „und der Kreis, der die Gurgel umgiebt, bestehet aus vielen schwarzen Quer- „linien. Die Brust ist röthlicht aschgrau blaufärbig, der Bauch aber von hier bis „zum Bürzel schwarz und blaß gefleckt.

„Die langen zugespitzten Flügel sind unten weiß, aber an der Wurzel blaß „aschgrau röthlich, und mit großen schwarzen Punkten besprengt. Die Bastard- „flügel sind schwarz wellenförmig gestreift, und haben an der Spitze gleichsam „blutige Striemen. Die ersten Schwungfedern werden allmählig größer, und „sind sehr zugespitzt. Alle haben eine braune Farbe, auswendig am äußern „Rande nach der Wurzel zu gräulich, inwendig bis zur Spitze weiß. Diese „Art hält sich in der tartarischen Wüste auf.“

Wenn dieses Berghuhn im äußerlichen Ansehen würklich so viel Aehnliches mit dem Trappen hat, so ist es eine sehr merkwürdige Mittelgattung, welche nicht nur zwey entfernte Geschlechter, nämlich das Berghuhn (*Tetrao*) mit dem Trappen ver- bindet, sondern auch den Zusammenhang zwoer Ordnungen, der Stelzenläufer (*Grallae*) und den Hühnerartigen (*Gallinae*) macht.

III. Das russische Sand- oder Steppenhuhn.

Dieses Huhn **) ist ebenfalls aus des Herrn Pallas Reise entlehnt. Er hat es an der Wolga im Sande gesehen, wo es hauptsächlich von dem Saamen des Tra- gant oder Wirbelkrautes (*Astragalus*) lebt. Seine Beschreibung ist folgende:

Aa 3 „Art

*) Supplem. S. 127. n. 9. b.

**) Anm. *Tetrao arenaria*. Pallas Reise B. III. S. 699. it. Nov. Comment. Acad. Imper. Petropolit. T. XIX.

„An Größe übertrifft es das Rebhuhn, sonst gleicht es am Ansehen und am
„Schnabel der arabischen Alchata oder dem pyrenäischen Haselhuhn. Kopf
„und Hals, bis an den Kropf, sind bey dem Hahne grau, die Kehle rothbraun
„mit einem schwarzen Dreyeck unter der Mitte des Halses. Auf dem Rücken
„herrscht eine reizende Abänderung von weißlichten, rothbraunen und gelben
„Federn. Durch einen schwarzen Zirkel wird hier die weiße Brust von der
„Kehle getrennt. Der Bauch hat, wie die untern Deckfedern des Schwanzes,
„eine schwarze Farbe.

„Das Weibchen ist fast gänzlich blaßgelb, schwarz gesprengt und betröpfelt, und
„wie der Hahn am Bauche schwarz, oben am Halse mit einem halben Mond,
„und an der Kehle mit einem Zirkel von schwarzen Federn bezeichnet."

An beyden Geschlechtern findet man die Flügel so lang und eben so zugespitzt,
wie am Bastardhuhn des vorigen Artikels. Der spitzige Schwanz hat sechzehn Ruderfedern. Die Beine sind kurz und klein, vorn bis an die Zeen befiedert. Die hinter-
Zee hat beynahe das Ansehen einer bloßen Warze, mit einer pfriemenförmigen Klaue
oder einem hervorstehenden Sporen.

Dieses sind, vom Auerhahne an gerechnet, lauter Vögel aus dem Geschlechte
Tetrao des Ritters. Sein Uebersetzer und Commentator, Herr Professor Müller
nennt dieses Geschlecht Berghühner. Der Ritter hat es unter zwo Abtheilungen gebracht, nämlich unter rauchfüßige (pedibus hirsutis) und kahlfüßige (pedibus nudis). Sein Uebersetzer schlägt vor, jene eigentliche Berghühner, diese aber Felds
hühner zu nennen. Herr von Büffon scheint erstere unter einem generischen Namen
les *Tetras* zu begreifen, denn er hat von den kahlfüßigen blos die *Alchata* Linn. mit
genommen, welche der Ritter selbst halbrauchfüßig (pedibus subhirsutis) beschreibt,
ob er sie gleich unter die zwote Abtheilung setzt. In der Folge werden wir unter den
Artikeln der Rebhühner und Wachteln auch die kahlfüßigen bekommen, welche
nach der linneischen Ordnung nun folgen würden. Der Herr Graf von Büffon
hat diese Reihe aber durch Einschaltung der Pfaue und Fasane unterbrochen.

Verzeichniß

Verzeichniß
der in diesem Bande beschriebenen Vögel.

Das Trappengeschlecht.

Fremde Vögel, welche mit den Trappen einige Aehnlichkeit haben.

Das Hahn- und Hühnergeschlecht.

Der

Verzeichniß der in diesem Bande beschriebenen Vögel.

Vögel, welche mit den Auerhühnern, Haselhühnern und Rothhühnern Gleichheit haben.

Register
der merkwürdigsten Sachen.

Bb   Bastard,

E. Edwards

Bb 2

C c

Nessel.

Register der merkwürdigsten Sachen.

Register der merkwürdigsten Sachen.

Tab. 1.

Der Trappe

Tab II.

Der kleine Trappe.

Tab. III.932

Der Lohong, oder arabische Trappe

Der Haushahn

Der gehaubte Hahn

Tab. VI p.7.

Der Kruphahn

Tab VII p 74

Die Kruphenne.

Tab. VIII. p.74

Der engländische Hahn.

Tab. IX. pag. 7.

Die engländische Henne

Tab. X *pag. 3*

Der straubichte Hahn

Tab. XI pag. 76

Der japannifche Hahn

Tab XII.

Der perfische Hahn.

Tab. XIII pag. 96

Die perſiſche Henne

Tab XIV. pag. 82

Der kalekutische oder Trut. Hahn.

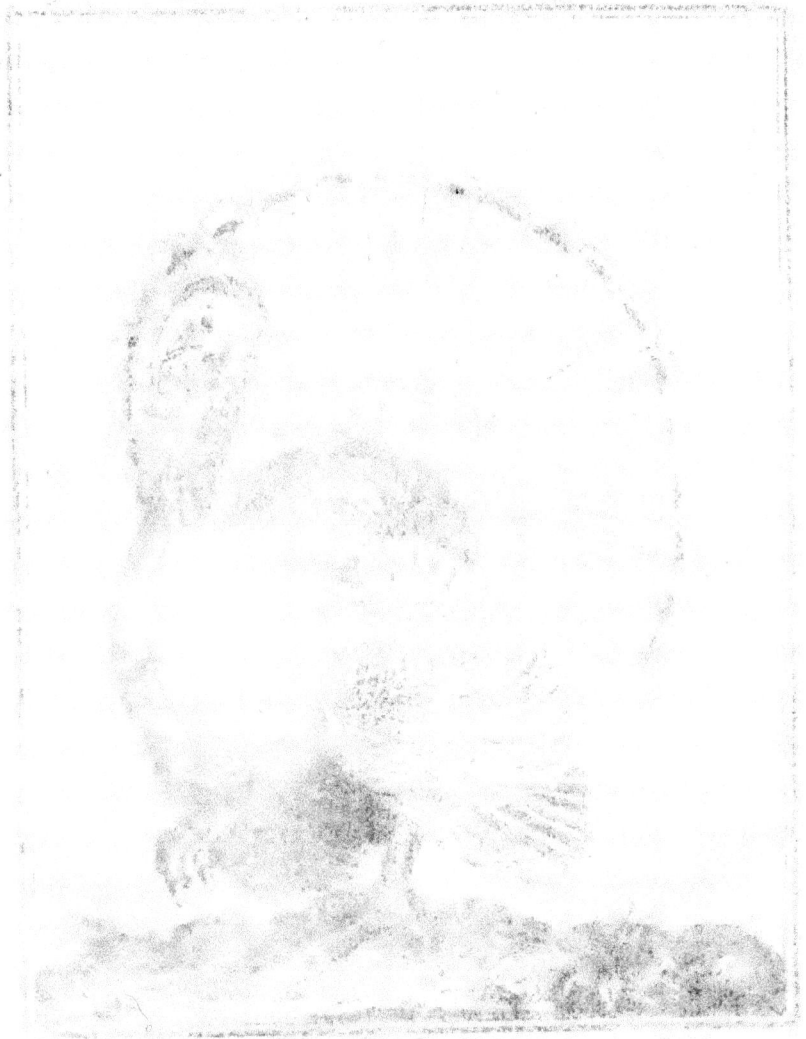

Tab. XV. pag. 101.

Das Perlhuhn.

Tab XVI pag. 12

Der Auerhahn

Tab.XVII. pag. 134.

Der Birkhahn.

Tab XVIII pag. 151.

Das Hafelhuhn

Tab XIX.

Der Ganga

Tab. XI. pag. 104

Der Atagas

Tab.XXI pag. 172

Das Schneehuhn

Tab XXII pag. 181

Das Canadensische Haselhuhn

Tab. XXIII.p.2.

Die canadensische Häselhenne.

Tab. XXIV. p. 18.

Das Dicke canadeißiſche Haſelhuhn

www.ingramcontent.com/pod-product-compliance
Lightning Source LLC
Chambersburg PA
CBHW021948220326
41599CB00012BA/1376